Technik für das Backen

프로 제빵 테크닉

에자키 오사무 (츠지조그룹 오사카 아베노 츠지 제빵기술전문칼리지) 著

월간 파티시에 譯

머리말

유럽의 아침은 베이커리에서 시작된다. 새벽부터 믹서 돌리는 소리, 반죽하는 소리가 들리고 얼마 지나지 않아 빵 구워지는 냄새가 퍼져 나온다. 빵이 구워지는 냄새는 거리에 스며들어 생활의 냄새가 된다. 도시 부근에는 대형 베이커리가 많지만, 기본적으로는 마을마다 주민 수에 비례해 소규모 베이커리가 있다. 빵은 기본적인 식품이기 때문에 역사적으로 보면 통제를 받던 시대로부터 자유경쟁 시대인 지금에 이르기까지 주민생활을 지탱하고 있는 데에는 변함이 없다. 빵 만들기는 이전에 비해 대단히 쉬워지고 있다. 이는 재료의 연구, 제법의 보급, 기기의 발달, 또는 반죽과 발효 간의 메커니즘의 이해 등으로, 간단하게 빵을 만들 수 있는 노하우를 만들어 냈기 때문이다. 그러나 결과적으로 빵 맛은 균일화되어 특별한 것이 없는 평범한 빵이 되어 가는 것도 부정할 수 없다.

소규모 베이커리는 대형 베이커리와는 달리 기술적인 테크닉이 요구된다. '프로의 빵' 만들기라는 것은 만들 빵을 이미지화하여 그 이미지화한 빵을 만드는 것이다. 어떤 크러스트와 크럼을 가진 빵을 만들 것인가를 결정하고, 식감과 향 등에 관한 과학적인 근거를 확인하고, 그것에서 얻어지는 상상력을 구사하여 배합이나 제법을 선택하고, 자유자재로 제품을 변화시킬 수 있는 기술이 필요하다. 여기에 소개하는 빵은 기본적인 빵으로 생각해줬으면 한다. 더욱 질 높은 빵이 있을 것이며 지역에 맞는 빵 맛도 있을 것이다. 여러 타입의 빵을 이해해 소비자의 세세한 요구에 대응해 나가는 것과 함께 질 높은 빵을 보급시켜 지역빵의 수준을 높여 가는 것도 베이커리의 과제라 할 수 있다. 제법은 결코 새로운 것이 아니다. 오래된 것은 시대에 뒤떨어졌다거나 반대로 오래된 것이 무조건 좋다는 것도 아니다. 그저 맛있었던 옛 맛을 재현하는 것도, 새로운 맛을 찾아내는 것도 필요하다는 것이다.

이 책은 빵 만들기를 쉽게 배울 수 있도록 저배합에서부터 고배합 빵의 순으로 순서를 배열해 놓았다. 빵 종류는 지금까지 소개된 빵을 포함해 별로 만들어지지 않는 빵 등 넓은 범위에서 선택하였으므로 같은 계열의 빵에 응용하는 것도 좋을 듯하다. 첨가물은 최소한의 양만 사용하고 있다. 이것은 질리지 않는 빵을 만들고 싶다는 의도도 있지만 반죽의 상태를 세밀하게 관찰하는 것에서부터 빵 만들기의 요령을 파악할 수 있다고 생각했기 때문이다.

빵 만들기에는 기본과 응용이라는 것이 없다. 모든 것이 기본이며 응용이다. 대부분을 같은 제법으로 만들 수 있지만 상상한 빵을 만들기 위해서는 이렇게 만드는 것이 간편하다는 힌트를 줄 뿐이다. 소규모 베이커리는 손으로 빵을 만들기 때문에 맛있는 빵을 만들기 위해서는 어느 정도 번잡함을 극복하지 않으면 안 된다. 대형 베이커리의 손이 닿지 않는 부분에 신경을 쓴다면 길은 열려 있다. 이 책이 소규모 베이커리에게 어떤 힌트가 되었으면 한다. 그리고 더욱 맛있는 빵을 만들 수 없을까? 라는 의문을 항상 가지고 구워진 빵을 평가하길 바란다.

츠지조그룹 오사카 아베노 츠지 제빵기술전문칼리지
주임교수 에자키 오사무

한국어판을 내며

1백여 년 남짓의 짧은 역사지만 우리 근대사에 있어 빵은 시대마다 나름대로 먹거리로서 상징적 위치를 점하며 발전해 왔다. 도입기에는 희귀식으로, 전파기에는 선망의 대상으로, 성장기에는 보조식으로, 현대에 와서는 거의 필수식품으로 자리잡아 가고 있다. 서양에서의 밥의 개념인 빵이 이제 우리 식생활에 없어서는 안 될 중요식품이 된 것이다.

빵이 밥의 문화권인 우리나라에서 이와 같이 주식화되고 있는 이유는 빵만이 가질 수 있는 간편성과 영양성이 현대인의 생활패턴에 매우 잘 부합되기 때문이다. 바쁘고 복잡한 현대인들이 별도의 상차림 없이도 손쉽게 식사를 해결할 수 있고, 필요한 영양소를 공급받을 수 있다는 장점이 크게 어필하고 있는 것이다. 실제로 20~30년 전의 빵 종류와 현재 인기를 끌고 있는 품목들을 비교해 보면 간식으로 분류되는 단과자빵류보다 식사용 빵의 비중이 점점 더 커지고 있음을 알 수 있다.

제빵기술 또한 여러 단계를 거치며 눈부시게 발전해 왔다. 도입 초기, 단지 몇 사람만이 알고 있던 제빵기술로 만들던 빵이 이제는 누구라도 마음만 먹으면 간단한 도구들을 이용해 쉽게 만들어 먹을 수 있는 식메뉴가 되었다. 뿐만 아니라 지구촌 곳곳의 음식을 접할 기회가 많아진 소비자들도 단순 기호식으로서의 빵보다는 건강과 편의성, 그리고 빵식 자체를 식생활의 한 축으로 생각하려는 경향이 강해지고 있다. 그만큼 고객들의 요구와 기호도 다양화되고 빵을 선택하는 안목 또한 높아지고 있다. 빵을 만드는 프로 제빵사들의 수준이 고객들의 기대수준을 만족시킬 수 있어야만 하는 시대가 도래한 것이다.

이번에 본사가 개정·발행하는 『프로 제빵 테크닉』은 일본의 제빵기술인들이 빵의 교과서처럼 애독하고 추천하는 江崎 修 저, 柴田書店 간, 『プロのためのわかりやすい製パン技術』 2001년도 판을 더욱 꼼꼼하게 재번역한 것이다. 어려운 표현이나 개념이 다소 모호했던 부분들을 명확하고 이해하기 쉽게 바로잡았다. 본서는 자신이 의도한 빵을 자유자재로 실패 없이 만들어 내는 데 필요한 가장 핵심적이고 필수적인 바탕이론과, 제품다양화의 줄기가 되는 세계 각국의 각종 기본 빵들의 제법이 재료의 특성 및 사용법과 함께 체계적으로 기술되어 있는 보기 드문 명저이다.

한국어판을 내면서 다소 어렵게 생각되었던 점은 유럽의 전통빵들을 기본으로 설명하다 보니 독일어나 불어, 영어 등의 용어가 일어식 표현으로 혼용되고 있어 읽기에 불편한 점이 있을 수 있다는 점이었으나, 전통 빵 기술의 보급이라는 차원에서 약간의 설명 외에 크게 고치지 않았음을 밝혀 둔다. 또한, 외래어표기법의 기본 원칙에 따라 표기하였으나 관용적으로 굳어진 단어는 그 용례를 고려하여 그대로 표기하였는데, 빵을 뜻하는 팽은 빵으로 르뱅은 르방으로 표기하였다.

아무쪼록 본서가 우리 제빵업계의 기술을 한 차원 높일 수 있는 계기가 되길 바라며, 초판 초벌 번역을 담당해 준 김상애, 윤남기 씨와 전정판을 위해 원문을 일일이 대조해가며 재번역을 해준 본사 스탭진에게 감사드린다.

발행인 장 상 원

목차 CONTENTS

이 책에서 사용한 재료와 기기

재료명		내용	
밀가루	강력분	단백질 12.4	회분 0.38
	강력분	13.8	0.42
	프랑스분	11.2	0.38
	프랑스분	12.0	0.43
	박력분	7.7	0.37
	그레이엄분	멧돌 사용	
호밀	보통분	단백질 8.0	회분 0.9
	보통분	9.0	1.1
설탕	그라뉴당	세립(細粒)	
꿀		라벤더	
달걀		보통란 노른자 20g 흰자 30g	
	달걀물 칠	전란(全卵)	
유지	버터	무염	
	파이용 버터	무염 저수분	
	쇼트닝	유산제 무첨가	
	튀김용	도넛용 오일	
몰트 엑기스		유럽형	
치즈		프레시 치즈	
로마지팬		뤼벡산	
초콜릿	반죽용	스위트초콜릿	
	데니시용	준초콜릿	

기기			
스파이럴 믹서		속도 1 단	90회전/분
		2 단	180회전/분
수직형 믹서		속도 1 단	77회전/분
		2 단	133회전/분
		3 단	187회전/분
		4 단	265회전/분
발효실	도 컨디셔너 3 프로세스		
오븐	하드계 전용 오븐	하드계, 세미하드계 빵	
오븐	겸용 오븐	호밀빵, 틀에 굽는 빵, 소프트계 빵	

기본적인 제빵 용어

○ 베이커스 퍼센트 (baker's percent)

백분율로 나타내는 재료의 배합표시법. 일반적으로 사용하고 있는 퍼센트와 다르다. 재료 배합 가운데 밀가루의 양을 100으로 하여 다른 재료인 소금이나 설탕, 이스트 등을 밀가루에 대한 퍼센트로 나타낸다. 밀가루를 기준으로 하는 이유는 제빵 재료 중 가장 많이 사용하는 재료이기 때문이다.

배합 예 - 화이트 팬 브레드

재료	베이커스 퍼센트	실제 분량	재료	베이커스 퍼센트	실제 분량
강력분	100.0%	2,000g	버터	3.0%	60g
설탕	5.0%	100g	쇼트닝	3.0%	60g
소금	2.0%	40g	이스트	2.0%	40g
탈지분유	3.0%	60g	물	70.0%	1,400g

위와 같은 배합표를 식빵 2kg의 반죽이라고 한다. 밀가루 2kg으로 반죽을 만들 때 나머지 재료를 밀가루에 대한 퍼센트로 표시한다. 예를 들면 설탕은 밀가루 양의 5%를 넣는다. 즉 2,000g×0.05=100g이 된다. 다른 재료도 같은 방법으로 계산한다. 이 방법을 이용하면 소량 반죽은 물론 대량 반죽도 간단히 분량을 산출할 수 있다.

○ ppm (parts per million)

비타민C를 첨가하는 경우에 사용. ppm은 밀가루 양의 100만분의 1을 가리킨다. 예를 들어 밀가루 5kg의 배합에 4ppm의 비타민C를 배합할 경우 5,000×4/1,000,000=2/100 즉 0.02g를 첨가하게 된다. 그러나 보통 이런 소량은 계측하기 어렵기 때문에 비타민C 분말 1g을 99g의 물에 타서 1%용액을 만든다. 즉 용액 100㎖에 1g의 비타민C를 사용한 것이 된다. 비타민C를 0.02g 배합하려면 1%의 용액을 2㎖ 혹은 2cc 사용하면 된다.

○ pH

산성, 알칼리성의 정도를 나타내는 지수로, 용액 중 수소이온의 양을 1ℓ에 맞춰 환산하면 pH 7은 중성, 7 이하는 산성, 7 이상은 알카리성으로 본다. 측정은 pH시험지나 측정기를 이용한다.

○ 크리밍 (creaming)

고배합 반죽일 때 먼저 유지와 설탕을 섞으면서 공기를 넣어 더욱 부드러운 반죽이 되도록 하는 믹싱 전처리를 말한다. 스위트 롤이나 도넛에 적용한다.

○ 조정수 (調整水)

믹싱 초반에 반죽의 되기를 조절하기 위해 물 양의 2~3%를 미리 빼 놓는데 이 물을 가르킨다.

○ 크러스트 (crust)

빵 바깥쪽의 껍질 부분.

○ 크럼 (crumb)

빵 안쪽의 부드러운 부분.

○ 기공

구워진 빵의 단면에 보이는 기포의 상태. 조밀하고 균일한 단면이면 기공이 좋다고 한다.

○ 굽기 손실

구워진 빵은 분할했을 때의 중량보다 가벼워진다. 이것은 발효가스의 생성과 휘발물질의 발산 및 수분 증발에 의한 것이다. 구운 빵의 무게는 빵이 의도대로 잘 구워졌는지 알 수 있는 판단기준이 된다. 또한 빵을 무게로 파는 경우 분할 중량의 계산에도 필요하다.

	대표적인 빵의 굽기 손실	
굽기 손실 = $\dfrac{\text{분할 중량 - 구워진 후의 빵의 무게}}{\text{분할 중량}}$ X 100%	· 뺑 트레디셔널 바게트	22~25%
	· 로겐미슈브로트 (6:4)	15~18%
	· 화이트 팬 브레드 (산형)	13~15%
	· 화이트 팬 브레드 (각형)	9~12%
	· 테이블 롤	12~15%
	· 브리오슈	12~15%
	· 크루아상	15~18%

소규모 베이커리를 위한 재료와 사용기기

'요리는 재료에서부터'라는 말이 있듯이 빵도 재료가 나쁘면 좋은 빵을 만들 수 없다. 또 재료가 좋다고 반드시 맛있는 빵을 만들 수 있는 것도 아니다. 빵에 들어간 각각의 재료가 서로 어우러져 잘 맞춰지면 그 안에서 균형 잡힌 맛있는 빵이 되는 것이다. 재료에 대해 아는 것은 빵을 만드는 데 필수적일 뿐 아니라 새로운 빵을 만드는 데에도 힌트가 된다. 여기에서는 빵 재료에 대한 일반적인 상식을 간단히 정리해 본다.

1. 밀가루

제빵에서의 밀가루는 일반적으로 강력분이다. 그러나 제분회사에 따라 수십 종류의 강력분이 판매되고 있다. 만드는 사람에게는 빵 반죽을 만들 때 어떤 밀가루가 자신이 생각한 빵과 맞는지가 가장 큰 문제이다. 빵 만들기는 밀가루 선택에서부터 시작된다. 밀가루는 저배합 빵에서는 풍미를, 소프트계 빵에서는 볼륨과 크럼, 그리고 식감을 좌우한다. 기술자는 밀가루의 특성을 잘 알고 구워진 빵 맛을 확인하며 적극적으로 밀가루를 고르는 자세가 요구된다.

○ 밀가루의 종류

밀가루를 선택할 때 도움이 될 만한 정보라면 강력분, 박력분과 같은 제품별 분류나 밀가루의 순도를 나타내는 등급, 회분, 단백질 양의 표시가 있다. 밀가루의 등급은 특등분, 1등분, 2등분 등으로 나눠지며 밀의 중앙부분이 많을수록 등급이 높고, 외피에 가까운 부분이 많을수록 등급이 낮아진다. 이것은 밀의 외피나 배아가 포함되어 있는 회분(미네랄)의 양과도 관련이 있어 회분이 많을수록 등급이 떨어지고 적을수록 높아진다. 빵에 밀가루의 풍미를 내고 싶다면 특등분보다는 낮은 등급의 밀가루가 좋다. 회분의 양은 보통 빵은 밀가루라면 제빵성에는 그다지 영향이 없다. 단, 회분이 많으면 밀가루의 색이 회색에 가까워진다. 따라서 구워진 빵도 어두침침한 색을 띤다. 몇십 년 전에는 빵의 하얀 크럼을 맛있는 것으로 생각했지만 최근에는 단순한 하얀 크럼은 맛이 약하다는 평가를 받고 있다. 요즘은 자연의 색과 맛이 강조돼 무표백 밀가루가 더욱 환영받고 있다.

제빵성에 있어서 중요한 요소는 단백질의 함유량이다. 강력분, 박력분이라는 분류도 단백질이 많고 적음과 관련이 있다. 단백질과 밀가루 등급의 관계는 단백질이 밀의 중앙부보다는 외피에 가까울수록 많이 함유되어 있으므로 특등분에는 적게 들어 있다. 단백질을 많이 필요로 하는 빵의 경우에 특등분이 아닌, 1등분이나 2등분을 많이 사용하는 것도 이러한 이유에서다. 단백질은 글루텐 조직을 형성해 빵의 골격을 만든다. 단백질이 많이 함유되어 있으면 물과 결합해 형성하는 글루텐의 양도 비례해 증가한다. 그만큼 강인한 조직을 만드는 것이 가능하고 반죽의 팽창도 커진다고 할 수 있다.

예를 들어 잉글리시 브레드를 만들 때 크럼이 아래·위로 잘 부푼, 볼륨이 풍부하고 식감 좋은 빵을 만들고 싶다면 단백질이 많은 밀가루를 사용하고, 크럼이 부드러운 풀먼 브레드라면 비교적 단백질이 적은 것을 선택한다. 그러나 빵은 잘 부푼다고 좋은 것만은 아니다. 바게트나 브뢰트헨에 단백질이 많은 밀가루를 사용한다면 크럼이 아래·위로 너무 부풀어서 밋밋한 맛을 내거나 크러스트의 허리가 강해져서 씹는 느낌이 나빠지므로 단백질이 적은 강력분을 선택한다. 또한 부드러운 테이블 롤에는 단백질이 적은 과자용 밀가루(박력분)를 섞어 식감을 부드럽게 할 수 있다.

타입별 분류 예

타입	단백질 양(%)	용도
강력분	10.5~13.5	빵
중력분	8.0~10.5	면, 과자
박력분	6.5~ 8.5	과자, 요리

등급별 분류 예

등급	단백질 양(%)	회분(%)	타입	용도
특등분	7.2	0.32	박력분	과자용
1등분	12.7	0.43	강력분	빵용
1등분	10.7	0.45	강력분	프랑스빵용
2등분	13.5	0.54	강력분	빵용

○ 강력분과 빵용 밀가루

단백질의 함유량이 많은 강력분은 아메리카 북부에서 캐나다 중부에 걸쳐 재배되고 있는 경질소맥으로 만든다. 이 밀가루는 단백질의 함유량이 일반적으로 12.4~13.5% 정도다.

빵용 밀가루란 제빵성을 향상시키기 위해 맥아나 비타민을 첨가하거나 글루텐을 첨가해 단백질 양을 늘려, 더욱 간편하게 빵을 만들게 하는 밀가루다. 단백질 양이 14~15%나 되는 밀가루도 생겨나 더욱 볼륨 있는 빵을 만드는 것도 가능해졌다.

또한 물과 두세 가지 재료를 섞는 것만으로 빵 반죽이 만들어지는 프리믹스 종류도 증가했다. 원래는 도넛이나 핫케이크를 만들 때 밀가루와 베이킹파우더를 섞어 2~3회 체로 치는 번거로움을 줄이기 위해 개발되었으나 현재는 프랑스빵용, 크루아상용 등 제품별 프리믹스도 나왔다.

○ 밀가루의 주요기능

밀가루의 성분은 전분 65~78%, 단백질 6~17%, 지질 2%, 회분 0.3~0.5%, 수분 14~15%로 구성되어 있다. 이 중 제빵성을 좌우하는 중요한 성분이 전분과 단백질이다. 전분의 일부는 이스트의 영양분이 되고 나머지 대부분은 물을 머금어 빵을 구울 때 글루텐 조직과 결합해 빵의 골격을 만든다. 밀가루의 단백질은 글리아딘과 글루테닌으로 이뤄져 있다. 두 성분 모두 물에 녹지 않으며, 반죽을 하면 물을 흡수해 글루텐이라는 망조직을 형성한다.

이 글루텐은 점탄성이 뛰어나 효모가 활동하면서 배출하는 탄산가스를 새어 나가지 않도록 해 크게 팽창한다. 글루텐을 많이 가지고 있는 밀가루일수록 빵을 크게 부풀게 한다. 반죽을 가열하면 글루텐 조직이 열변화해, 가지고 있던 물을 방출하며 골격을 만든다.

전분은 그 물을 흡수하여 호화한 후 페이스트 상태로 글루텐이 만든 골격 사이를 채운다. 전분의 호화는 물 비율에 따라 변한다. 빵 반죽인 경우엔 약 65℃에서 호화가 시작돼 85℃ 정도에서 끝난다.

○ 밀가루의 품질

밀은 재배작물이므로 품질이 그해 날씨에 따라 좌우된다. 또한 수확하는 시기가 정해져 있으므로 쌀과 마찬가지로 신맥과 구맥이 있다. 제분회사가 품질을 안정시키기 위해 조절한다고는 하지만 해마다 아주 똑같은 것이 나올 수는 없다. 간혹 반죽을 똑같이 쳐도 반죽이 느슨할 때가 있다. 이는 초봄에 많이 보이는 현상으로 신맥이 덜 숙성되었을 경우 많이 나타난다. 이런 밀은 수분이 많아 부드러우므로 제분단계에서 손상을 받아 전분이 증가하게 된다.

이런 밀가루는 물을 많이 흡수해 효소 아밀라아제의 활동이 활발해져 반죽 안의 전분을 분해해 물과의 결합을 방해하므로 시간이 지날수록 반죽 표면에 물이 흘러 질퍽해진다. 반죽을 강화시키는 개선책으로는 반죽을 되게 하거나 믹싱을 강하게 돌리고 가스빼기를 확실히 하는 등의 방법이 있다.

2. 호밀

○ 제빵성

호밀의 성분은 전분 70%, 단백질 12%, 지질 1.7%, 회분 2%, 수분 10.5%로 구성되어 있다. 제빵에 중요한 단백질 양은 밀가루와 마찬가지지만 성분이 다르다. 밀의 단백질은 물과 결합해 글루텐을 형성하지만 호밀은 글루텐을 형성하지 못한다. 호밀의 단백질은 점착성이 있어 물과 결합하면 질퍽한 반죽이 되고 만다. 글루텐을 만들지 못하므로 가스를 보존하는 능력도 없어 빵이 부풀지 못하고 묵직한 빵이 된다.

또 다른 특징은 펜토산이 많다는 것이다. 펜토산은 펜토즈(5단당)로 결성된 고분자의 탄수화물로 호밀에는 7~8% 포함돼 있고, 가루로 만들면 5% 정도가 된다. 이 중 30~40%가 수용성으로 콜로이드 상태의 점액물질을 만들고 비수용성인 나머지는 물과 결합해서 단단한 조직을 만든다. 수용성 부분이 약 10배의 물을 흡수하기 때문에 호밀반죽은 부드럽고 촉촉한 빵으로 구워진다. 그러나 호밀분이 많을수록 전분 분해효소에 의해 구울 때 물이 분리되므로 설익은 상태가 되거나 질퍽한 빵이 된다. 이러한 면을 보완하기 위해 산화시킨 발효종이나 사워종을 사용한다. 반죽의 산화가 펜토산이나 전분의 분해효소에 작용해 크럼은 탄력성 있는 조직이 되고, 촉촉한 상태로 구워진다.

○ 호밀분의 종류

[보통분]

현재 시판되고 있는 호밀분은 회사마다 다소 차이가 있으나, 일반적으로 호밀의 중앙부를 빻아 만든다. 이런 호밀분은 제빵성은 좋지만 호밀의 풍미가 약하다. 회분이 많은 호밀분은 외피에 가까운 부분을 빻아 제빵성은 나쁘지만 호밀의 풍미가 강하다. 만들려는 빵에 맞게 가루를 섞어 쓰는 것이 좋다.

[전립분]

호밀의 전립분은 세분, 중간분, 조분으로 나눠져 있으므로 빵의 풍미나 식감을 생각해 고른다. 제빵성은 입자가 굵을수록 나빠진다. 세분이나 중간분은 밀가루에 섞어서 그대로 사용할 수 있지만 조분은 많은 양을 사용할 경우 물에 불리는 등의 전처리가 필요하다.

3. 이스트

○ 이스트의 활동

이스트는 밀가루나 그 외 재료 속의 당을 영양분으로 삼아 활동한다. 탄산가스와 알코올 및 부산물(유기산)을 생성한다. 탄산가스에 의해 빵 반죽이 부풀며 알코올과 부산물에 의해 빵의 풍미가 만들어진다. 이스트는 단백질과 전분을 그대로 섭취하지 못하기 때문에 자신이 가지고 있는 효소로 분해한다. 이스트가 가지고 있는 효소는 인베르타아제, 말타아제, 치마아제이다.
인베르타아제는 자당을 포도당과 과당으로 분해하고 말타아제는 맥아당을 포도당으로 분해한다. 치마아제는 포도당과 과당을 분해해 탄산가스와 알코올로 만든다.

○ 이스트의 종류

[일본산 이스트]

인베르타아제가 많이 포함돼 있어 그 활동이 강하다. 즉, 자당을 포도당과 과당으로 분해하는 능력이 강하다. 설탕을 직접 분해할 수 있어서 당분이 많은 반죽에 효과적이고 발효도 빠르다고 한다. 당분이 많은 반죽은 수분농도가 높아 이스트 기포막 안과 밖의 수분농도 차이가 커진다. 때문에 삼투압에 의해 살아 있는 이스트 세포로부터 수분이 빠져나와 세포파괴가 일어난다. 일본의 이스트는 삼투압에 강해 여러 가지 반죽에 폭넓게 사용된다.

[유럽형 이스트]

말타아제의 활동이 강해 밀가루의 맥아당을 분해하므로 자당이 들어 있지 않은 저배합 반죽에 알맞다. 또한 삼투압에 약해 설탕이 많이 들어간 고배합 반죽은 세포가 파괴되기 때문에 적정한 발효가 불가능하고 반죽이 잘 부풀지 않는다.
저배합 반죽의 발효 시간이 긴 이유는 말타아제에 의한 맥아당의 분해가 복잡하기 때문이다.
이 이스트는 반죽 안의 전분이 포도당으로 분해되지 않으면 활동할 수 없다. 먼저 밀가루 안의 전분이 분해효소에 의해 맥아당으로 분해되면 그것을 이스트 안에 있는 말타아제가 포도당으로 분해하는 2단계를 거쳐야 하므로 시간이 걸린다.

[생이스트]

빵용 효모를 순수 배양해 압축한 것으로 약 500g 단위로 포장되어 있다. 믹싱할 때 직접 넣어도 되지만 잘 섞이지 않으므로 물에 풀어서 넣는다.

[드라이이스트]

생이스트 제조의 마지막 단계에서 건조시켜 수분을 증발, 과립형으로 만든 것이다. 사용 전에 5~6배의 물에 20분 정도 불려서 사용한다. 이때 이스트 활동을 활발하게 하기 위해 물의 온도는 35~40℃로 한다. 또한 사용량은 생이스트의 1/2 정도가 좋다.

[인스턴트 드라이이스트]

드라이이스트를 물에 불리는 수고를 줄여, 밀가루에 직접 섞어서 사용할 수 있도록 만든 세립형 드라이이스트이다. 그러나 발효 시간이 짧은 빵에는 완전히 반죽에 섞이지 않을 수도 있으므로 이런 경우엔 물에 풀어서 사용하는 편이 좋다. 효소활성이 좋아 발효력이 강하므로 사용량은 드라이이스트의 80%, 생이스트의 40%지만 같은 발효력을 가진다.

생이스트는 일본, 드라이이스트는 유럽에서 수입된 것이 많다. 따라서 드라이이스트는 저배합 반죽에 사용되는 경우가 많고, 생이스트는 가당 반죽에 많이 사용된다. 또 인스턴트 드라이이스트는 무당 반죽용과 가당 반죽용 두 종류가 있어, 각각의 반죽에 맞춰 사용할 수 있다. 프랑스빵에 드라이이스트가 좋은지 인스턴트 드라이이스트가 좋은지는 만드는 사람의 취향에 달려 있다. 반죽단계에서는 드라이이스트의 향이 인스턴트 드라이이스트보다 우수하나 빵이 구워지면 별 차이가 없다.

○ 이스트의 활동

이스트의 활동 온도는 4~40℃로 적정 온도는 25~35℃이다. 4℃ 이하에서는 활동이 정지되며 60℃를 넘으면 사멸한다. 또한 pH 4.5~5.5의 산성 환경을 좋아한다.

○ 이스트의 보존

생이스트는 살아 있기 때문에 개봉 후 밀폐용기에 옮겨 냉장보관하며 보존기간은 2주다.
냉동하면 이스트 안의 수분이 팽창해 이스트 세포를 파괴하므로 냉동은 피한다. 드라이이스트, 인스턴트 드라이이스트는 밀폐용기에 담아 저온에서 보관하며 보존기간은 6개월이다.

4. 유지

제빵에 사용되는 유지는 주로 버터, 마가린, 쇼트닝이다. 그 밖에 가끔 사용되는 라드, 올리브오일이 있다. 유지는 반죽단계에서 글루텐이 늘어나는 것을 도와 반죽의 팽창을 쉽게 해 볼륨이 풍부한 빵으로 만드는 역할을 한다. 또한, 빵의 노화를 방지하는 효과가 있다. 노화란 전분이 수분을 잃어 딱딱하게 굳는 것을 말하는데 유지는 수분 증발을 방지하는 효과가 있어 유지가 많이 들어간 빵은 비교적 보존기간이 길다.

프랑스의 빵 트레디셔널에는 유지가 들어가지 않지만 독일의 브뢰트헨 같은 대부분의 하드계 빵에는 1~3%의 유지가 들어 있다. 유지가 들어가지 않은 것과 비교하면 크럼의 기포가 골고루 퍼져 있고, 크러스트는 바삭거리는 식감이 있다. 겨우 1%의 유지 첨가로도 빵의 분위기가 달라진다.

버터는 자연적인 풍미가 있어 아직 그 향을 인공적으로 만들어 내지 못한다. 이것이 버터와 마가린의 결정적인 차이다. 버터 향은 질리지 않으나 마가린의 인공적인 향료는 계속해서 먹으면 질리고 만다. 따라서 크루아상에는 역시 버터를 쓰는 게 좋다.

그러나 데니시는 유지의 양이 많고 거기에 크림과 과일이 첨가되기 때문에 버터를 사용하면 풍미는 좋지만 제품이 약간 무겁게 느껴진다. 그래서 마가린을 사용하거나 버터와 마가린을 혼합해 사용하면 빵이 가볍게 구워져 크림과 합쳐져도 산뜻한 맛을 낼 수 있다.

라드는 오래 전부터 사용된 동물성 유지였지만 쇼트닝의 출현으로 그 위치를 상실했다. 하지만 쇼트닝만큼 빵이 가벼워지지 않으므로 지금도 전통적인 빵에 사용되고 있다. 올리브오일도 오래 전부터 사용된 유지로 올리브 향이 빵의 풍미를 만들기 때문에 강한 향을 필요로 할 때 주로 사용된다.

유지의 배합 예

빵의 종류	가루 대비율(%)	빵의 종류	가루 대비율(%)
프랑스빵, 호밀빵	0		
독일의 하드계 빵	1~3	테이블 롤	8~15
슈탕겐, 빵 비에누아	3~5	과자빵(스위트 롤)	15~25
식빵	2~6	브리오슈	40~60
빵 드 미	5~10	크루아상, 데니시	50~120

5. 소금

소금은 저배합 반죽의 경우 기본적으로 밀가루 양의 2%를 첨가한다. 그 이상 들어가면 빵이 짜게 느껴진다. 고배합 빵은 설탕이 들어가 짠맛이 덜하지만 역시 2% 이상 들어가면 빵 전체에 짠맛이 느껴진다.

소금이 들어가지 않으면 반죽이 늘어져서 적당한 볼륨을 가지지 못한다. 소금은 단백질 분해효소를 억제하고 글루텐 조직을 잡아당겨 반죽의 골격을 안정시키는 역할을 한다. 소금은 제빵성에서 빠지면 안 되는 소재 중 하나다. 하지만 신장병 환자 등 염분을 제한해야 하는 사람을 위해 소금 없는 빵이 만들어지고 있다. 이 경우엔 글루텐을 강화하기 위해 분말 글루텐을 첨가하거나 포아타이크(발효종)에 의해 글루텐 조직을 강화하는 반죽법 등이 사용되고 있다.

짠맛에 익숙해진 사람에게는 소금을 넣지 않은 빵이 매우 맛없게 느껴질 수도 있다. 그러나 옛날에는 소금이 귀해서 빵에 넣지 못했다고 한다.

소금은 1) 암염이나 천일제염 등 수입된 것을 원료로 한 것, 2) 해수를 농축(이온교환막법)시킨 후 바짝 졸여서 재결정화한 것이 있다.

식염과 정제염은 후자를 이용하는데 염화나트륨의 순도가 높아 짠맛이 강하게 느껴진다. 최근의 자연염이나 천일염은 전자를 이용하며 간수나 미네랄이 함유되어 있어 그대로 먹어도 짠맛이 부드럽게 느껴진다. 그러나 빵에 들어갈 경우엔 그 맛까지 나타나진 않는다. 단지 염화나트륨의 절대량이 줄어 약간 짠맛이 덜하다.

6. 설탕

설탕은 단맛을 내는 것 이외에 이스트의 영양제 역할을 한다. 배합량에 따라 다르지만 5% 정도까지는 이스트의 영양분이 되어 발효력을 증가시킨다. 그러나 과자빵 반죽처럼 20%가 넘는 경우는 발효에 마이너스로 작용한다. 이것은 삼투압에 의해 이스트의 세포가 파괴돼 활동이 둔해지기 때문이다. 또한 글루텐 조직에 이물질처럼 작용, 반죽의 연결을 방해해 팽창을 저해한다. 당분이 많은 과자빵은 이 부분을 해결하기 위해 가당 중종법을 이용한다. 중종과 본 반죽에 설탕을 나누어 넣어서 이스트와 반죽에 대한 손상을 줄여 숙성시킨다.

설탕은 흡습성이 높아 반죽단계에서는 반죽의 흡수가 약간 감소하게 된다. 그러나 구워진 빵에서는 설탕의 보습성으로 수분 증발을 막기 때문에 결국 노화방지의 효과가 있다. 당분이 많은 빵이 촉촉한 상태를 오래 보존할 수 있는 것은 이런 이유에서다.

굽기단계에서는 반죽 안에 남아 있는 당분의 캐러멜화 반응과 메일라드 반응으로 인해 크러스트가 착색되고 빵의 향에 반영된다. 설탕 중 상백당은 그라뉴당보다 보습성이 높아 과자빵이나 스위트 롤 등에 사용하면 촉촉한 상태를 오래 보존한다.

○ 설탕의 배합 예

하드계 빵에는 기본적으로 설탕이 들어가지 않지만 빵의 착색이 나쁘거나 생이스트를 사용하는 경우는 1% 정도 넣으면 제빵성이 향상된다. 이 정도면 단맛이 빵에 반영되지 않으므로 달게 느껴지는 일은 없다.

설탕의 배합 예

빵의 종류	가루 대비율 (%)	빵의 종류	가루 대비율 (%)
식빵	2~5	크루아상	8~12
빵 드 미	5~8	브레히쿠헨	20~25
브리오슈	6~10	과자빵(스위트 롤)	15~30
테이블 롤	8~12		

7. 달걀

하드계의 브뢰트헨에 달걀이 5% 들어간 것이 있다. 들어가지 않은 것과 비교하면 크럼이 균일하면서 부드럽게 부풀어 있고 윤이 난다. 크러스트는 얇고 알맞은 색을 띤다. 달걀의 풍미를 주고 싶을 땐 밀가루의 10% 정도 넣어야 한다.

달걀의 성분 중 제빵성에 관여하는 것이 노른자의 지질로 이 중 레시틴은 천연유화제로 알려져 있다. 물과 유지를 어우러지게 해 크럼을 부드럽게 하거나 노화를 지연시킨다. 빵의 속을 촉촉하고 부드럽게 하고 싶다면 달걀을 더 넣으면 된다. 단, 브리오슈 같이 달걀이 많이 들어간 경우엔 노른자만 넣게 되면 식감이 무거워지므로 전란과 노른자를 섞어야 적당히 가벼우면서도 촉촉한 크럼을 만들 수 있다. 달걀은 보통 개수로 표시하지만 크기가 클수록 흰자의 비율이 커져 그대로 배합하면 노른자 부족으로 인해 원하는 맛이 나지 않으므로 주의해야 한다. 이럴 땐 달걀 1개를 흰자 30g, 노른자 20g으로 기준 삼아 계산한다.

8. 우유

우유에는 유당이 들어 있어 빵이 구워질 때 캐러멜 반응과 메일라드 반응을 일으켜 빵의 표면을 윤기 있는 갈색으로 만든다. 우유의 배합이 높으면 우유 향 때문에 빵의 풍미가 좋아진다. 단 50% 이상 들어가지 않으면 효과가 확실하게 나타나지 않는다. 우유는 고형분도 있으므로 만약 배합에 들어가는 물을 그대로 우유로 바꾸면 수분의 절대량이 부족해져 반죽이 되직하므로 10% 정도 양을 늘린다.

[탈지분유]

우유는 보존기간이 짧아 냉장보관해야 한다. 이런 이유로 빵에 분유를 사용하는 경우가 많은데 특히 탈지분유는 보존기간이 길고 싸기 때문에 많이 사용된다. 탈지분유를 이용할 경우 주의점은 흡습성이 뛰어나 습기를 금방 머금기 때문에, 계량 후 즉시 밀가루나 설탕에 섞어 두거나 물에 풀어서 밀가루에 섞는 등의 배려가 필요하다. 또한 반죽의 흡수가 증가하므로 1% 사용할 때마다 물을 2% 증가시키는 것을 잊으면 안 된다. 첨가량은 우유를 사용할 경우의 10% 정도이다.

9. 그 밖의 곡물, 너트류, 말린 과일

빵에 독특한 맛과 식감을 주는 소재로 일반적으로 15~20% 정도 들어가야 맛을 느낄 수 있다. 그렇지만 개성이 강한 것은 적게 들어가는 편이 좋다. 제빵성면에서 보면 글루텐 조직을 방해하는 요소로 인해 빵 반죽의 힘이 약해지고 볼륨이 작아진다. 예를 들어 호두와 건포도가 들어간 경우 반죽의 힘을 보강하기 위해서 글루텐이 많은 밀가루를 사용하거나 발효종을 이용해 반죽을 충분히 혼합하여 본 반죽을 만든다.

사용기기

1. 박코르프 (Backkorb)

호밀빵을 발효시킬 때 사용하는 등나무로 만든 틀. 원형과 타원형(긴 것, 짧은 것)이 있고, 밀가루를 뿌린 후 사용한다. 남부 독일, 오스트리아에서는 심펠(Simmpel)이라고 한다.

2. 바느통 (Banneton)

프랑스 대형빵을 발효시킬 경우 사용. 틀의 안쪽에 천이 대어져 있으며 밀가루를 뿌린 후 사용한다. 원형은 둥근빵에, 중앙부가 솟아 있는 원형은 크로느와 쉬베르에 이용한다. 타원형도 있다.

3. 구겔호프 틀 (Kugelhopf)

도자기와 금속제가 있다. 도자기로 만든 것은 열 전도율이 좋아 부드러운 이스트 반죽에 좋다.

4. 저울

기울어짐으로 무게를 가늠하며 반죽을 일정하게 분할할 때 사용한다. 충격에 민감하므로 이동할 때 주의가 필요하다.

5. 전자저울

디지털 저울로 아주 가벼운 것도 계량할 수 있어 재료를 계량할 경우 편리하다. 소형 저울은 밀가루가 들어가면 불안정해지므로 주의해야 한다.

6. 철판 30×40×3.5㎝

깊이가 있어 브레히쿠헨 등 굽는 과자에 쓰인다. 식은 후 철판을 뒤집어서 제품을 빼낸다.

7. 번용 철판

분할 중량에 맞춰 여러 종류가 있다. 형태가 고정되므로 부드러운 반죽도 퍼지지 않게 한다.

8. 잉글리시 머핀용 철판

구멍의 크기는 분할 중량에 따라 고른다. 윗면은 열 전달이 좋지만, 아랫면은 나쁘기 때문에 오븐의 온도조절이 필요하다.

9. 바게트 틀 (Gaufer)

주로 빵 비에누아에 사용된다. 빵 트레디셔널 바게트에도 사용 가능하지만 바닥부분의 열 전달이 나쁘기 때문에 크러스트가 두꺼워진다거나 오븐 부족현상을 보인다. 간격의 두께에 따라 여러 가지가 있다.

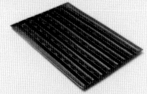

10. 파이 커터

5개의 바퀴가 연결된 파이용 커터. 크루아상이나 데니시 반죽을 자를 경우 사용한다.

11. 화이트 팬 브레드용 틀

대, 중, 소형의 3종류가 있다. 윗부분이 아랫부분보다 넓다. 회사에 따라 용적의 차이가 있어 주의해야 한다.

12. 토스트 식빵용 틀

프랑스나 독일의 이스트 빵에 사용하며 직사각형이다.

13. 슈톨렌 틀

바닥 없이 씌우기만 하는 것과 바닥이 달려 있는 것이 있다. 바닥이 있는 것은 반죽의 수분이 빠져나가기 힘들기 때문에 촉촉하게 구워진다.

14. 사각 틀 (스테인리스제)

소형빵을 모아서 굽거나, 커피 케이크, 제누아즈 등을 구울 때 사용한다.

15. 파네토네용 종이 케이스

종이로 만든 틀로 구운 후 그대로 판매대에 내놓을 수 있다는 이점이 있다. 크기와 종이 두께에 따라 여러 종류가 있다.

16. 밀대

용도에 따라 두께와 길이를 고른다. 가는 것은 팡뒤, 브리트헨을 성형할 때 사용한다.

17. 브리오슈 틀

소형에 골이 파여 있는 것이 일반적이며, 대소형 세트로 판다. 입이 넓은 각형은 낭테르(브리오슈를 사각 틀에 넣어서 굽는 것)에 사용한다. 브리오슈 소형 틀의 용적은 75㎤.

18. 피케 롤러 (플라스틱제)

브레히쿠헨의 피케(반죽을 일정하게 팽창시키기 위해 뚫는 구멍)나 호밀빵의 구멍을 뚫을 때 사용한다.

19. 스크레이퍼

반죽을 자르는 데 사용. 연철제(탄력 있음)와 스테인리스제가 있다.

20. 로제타용 커터와 모양쇠

로제타 반죽을 분할할 경우 사용하는 커터와 표면에 모양을 넣는 틀.

21. 카이저젬멜용 모양쇠

카이저젬멜의 표면에 장미 모양을 내는 틀. 회전식으로 반죽이 팽창하면서 누른 형태가 남도록 돼 있다.

22. 도넛용 커터

링을 짜 맞춰 사용하거나 전용틀을 사용한다.

23. 브뢰트헨용 모양쇠 (플라스틱제)

밀히브뢰트헨에 사용하며 중앙에 갈라지는 곳을 만든다. 반죽 뒷면에서 누르는 것이 특징이다.

24. 브뢰트헨용 모양쇠

빵 표면에 꽃 모양을 내는 틀로 중앙부가 둥글다.

25. 쿠프 나이프

빵 트레디셔널에 사용하는 칼. 면도칼과 웨이브가 들어간 프티 나이프.

26. 온도계

봉 형태의 100℃ 온도계와 디지털로 표시되는 반죽용 온도계.

27. 메스피펫

주로 비타민C를 계량할 때 사용한다.

28. 반죽용 천

하드계의 성형한 반죽을 올려놓는 데 사용한다. 면과 마가 있는데 마는 부드럽고 통풍성이 좋다. 면은 형태 보정에 좋다.

29. 반죽이동용 판 (천으로 감싼 것)

발효한 반죽을 슬립벨트에 옮길 경우 사용한다. 합판을 면으로 감싼 것.

30. 연결 빵틀

연결된 빵을 구울 경우 사용. 틀의 옆면은 단열돼 크러스트가 생성되지 않는다. 슈로트브로트 등 호밀빵에 사용한다.

31. 붓

털이 거친 것은 살구잼이나 퐁당을 바를 경우 사용하고, 부드러운 것은 달걀물 칠을 할 경우 사용한다.

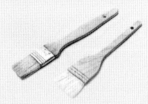

32. 브러시

반죽의 여분 밀가루를 제거할 때 사용한다.

33. 카드 (플라스틱제)

반죽을 정리하거나 크림을 바를 때 쓰는 등 사용 용도가 넓다.

34. 바바루아 틀 (엔젤 틀)

원래 바바루아나 엔젤 케이크에 사용하는 틀. 여기서는 몬게백이나 누스게백을 구울 때 사용된다.

35. 앙금주걱

앙금빵이나 크림빵의 앙금 혹은 크림을 반죽에 넣을 때 사용한다.

36. 짤주머니와 모양깍지

37. 분무기

38. 오븐용 철판

오일리스 가공을 한 것이 떼어 내기 편리하지만 빵 바닥이 퍼지는 경우가 있다. 보통의 철판은 쇼트닝을 바른 후 반죽을 올려놓는다.

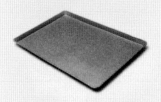

39. 비커(플라스틱제)

자가제 효모 액종을 만들 때 사용한다. 액체의 기포나 팽창을 확인하기 쉽다

40. 수직형 믹서

41. 스파이럴 믹서

42. 발효실

43. 리버스 시터(reverse sheeter)

반죽을 얇게 밀어 펴거나 결반죽 제조에 사용한다.

44. 오븐

빵 만들기의 기초

제빵 기술자는 빵을 만들기 전에 전체 분위기와 볼륨, 크러스트의 색이나 크럼의 조밀도 등을 고려해 완성된 빵을 상상한다. 이렇게 이미지화한 빵에 최대한 가까운 빵을 만들기 위해 제법과 배합을 결정하고 재료의 계량을 시작한다. 제빵의 공정표에는 매일 똑같은 레벨의 빵을 만들기 위해 필요한 데이터가 적혀 있어 빵이 완성된 후 수정을 거쳐 다음 제빵에 반영된다. 맛있는 빵을 매일 구워내기 위해서는 각 공정에 대한 의미를 이해하고 환경과 반죽의 변화에 대응할 수 있는 지식과 경험을 갖춰야 한다.

각 공정의 기초지식

1. 믹싱

믹싱은 배합된 밀가루, 소금, 물, 이스트, 그 밖의 재료를 혼합, 반죽해 하나의 덩어리로 만드는 것을 말한다. 만드는 사람은 단순히 재료를 혼합하는 것이 아니라 구워진 빵을 이미지화해 거기에 알맞는 반죽이 만들어질 수 있도록 적극적인 행동을 해야한다.

'믹싱은 그 빵의 70%를 결정한다'고 할 정도로 매우 중요하다. 반죽은 믹싱에 의해 반죽이 하나로 뭉쳐지는 순간부터 활동을 시작해 구워질 때까지 성장을 계속하기 때문이다. 반죽이 적절하게 되면 다음 공정이 쉬워지며, 맛있는 빵을 구울 수 있는 제1단계를 통과했다고 본다. 반죽이 나쁘면 다음 공정까지 결점이 이어져 빵이 맛있게 구워지지 않는다. 믹싱은 만들려는 빵의 종류나 크러스트, 크럼에 따라 달라진다. 또한 사용하는 기기나 환경에 의해서도 달라진다. 만드는 사람은 반죽의 연결 정도를 믹싱 도중 확인해 끝내는 시점을 결정해야 한다. 믹싱이 끝나는 시점을 결정하는 데는 믹싱의 메커니즘 즉, 발효와의 관계 등을 이해하고 경험을 쌓는 게 큰 도움이 된다.

중요한 것은 목적에 맞는 믹싱을 해 그 결과를 기록하고 구워진 빵을 평가한 후 경우에 따라 수정을 거쳐 다음 제빵에 적용하는 것이다.

○ 믹싱의 판단방법

1) 믹싱 초기

재료를 분산, 혼합한다. 밀가루가 물을 서서히 흡수해 하나의 반죽이 된다. 약 1분 후에는 가루기가 없어지면서 끈적한 반죽으로 변한다. 이 단계에서 반죽의 단단함 즉, 흡수 정도를 판단하고 수분을 조절해야 한다. 배합하는 액체의 양은 보통 65~72% 정도로 이해한다.

저속으로 재료를 분산하면서 혼합한다. 반죽에 점성이 생기기 전에 재료의 분산과 혼합이 충분히 이루어지는 것이 중요하다. 이 단계에서 빠른 속도로 돌리면 재료의 분산과 혼합이 충분히 이루어지기 전에 밀가루와 물이 결합해 글루텐을 형성하기 때문에 다른 성분의 혼합이 균일하게 이뤄지지 않는다. 이 단계의 반죽을 할 경우는 대부분 저속으로 적어도 3분 정도 실시하는 것이 좋다. 소량인 유지의 투입은 이 단계의 다음이 좋다.

2) 믹싱 중기
빵 반죽의 골격을 만든다. 믹싱을 중속으로 변환해 반죽하는 것을 목적으로 한다. 반죽은 차츰 점성을 가져 믹서볼에 달라붙거나 떨어지면서 탄력을 가지게 된다. 반죽의 일부를 떼어 늘이면 반죽의 연결을 확인할 수 있다. 노른자가 많이 들어간 경우의 반죽은 점성이 강해 믹서볼에 달라붙게 되고, 믹서의 훅(hook)이 공회전하기 때문에 가끔씩 볼에 붙어 있는 반죽을 정리하면서 믹싱한다. 유지의 배합이 10% 정도라면 이 시기에 넣어도 좋다.

밀가루의 단백질이 물을 흡수해, 믹싱과 동시에 글루텐 망이 형성된다. 반죽은 점차 탄력이 증가해 강해지고 강력한 팽창에 대응하는 반죽이 되어간다. 글루텐 망은 믹싱의 경과에 따라 형성되고 일부는 파괴되기도 한다. 반죽이 한 덩이가 되어 믹서볼에서 떨어지기 시작한다.

3) 믹싱 후기
 빵 반죽이 완성된다. 믹싱 속도는 중속에서 고속으로 돌린다. 반죽은 탄력이 증가하면서 믹서볼에서 떨어져 표면이 매끄러워지며 약간 마른 상태로 변한다. 반죽의 일부를 떼어서 늘이면 군데군데 기포가 들어간 얇은 막이 된다.
글루텐 조직은 반죽의 산화(공기를 품는 것)에 의해 신축성이 생기고, 수화(물이 조직의 안에 들어가 섞이는 것)가 진행되면서 잘 늘어나게 된다.
믹싱을 더 하게 되면 반죽의 표면이 습기를 머금어 탄력 있는 반죽이 되어 부드럽게 늘어난다. 이것은 일단 연결된 글루텐 조직의 일부가 늘어나기 때문이며 이 단계까지 반죽하는 빵은 식빵, 브리오슈 등이다.

○ 적당한 믹싱
부드러운 빵을 만들고자 할 때는 반죽의 수분량을 늘리거나 노른자를 많이 배합하는데, 이런 반죽으로 적절한 상태를 얻고자 한다면 장시간 믹싱한다. 또한 단백질 양이 많을수록 믹싱 시간을 길게 한다. 저배합 반죽일수록 믹싱을 짧게 하며, 또한 발효 시간을 길게 갖는 반죽일수록 믹싱을 짧게 한다.
너무 된 반죽은 잘 늘어나지 않아 볼륨이 나오지 않는다. 또한 너무 진 반죽은 수분이 많아 반죽의 막이 느슨하고 약해서 역시 볼륨 없는 빵이 된다.
반죽 안에 균일하게 분산된 탄산가스가 글루텐 막에 의해 보전돼 오븐 안에서 일제히 부풀면 볼륨 좋은 빵이 나오게 된다. 글루텐 막은 늘어나는 성질이 있는데 탄산가스가 팽창할 때 이것을 견뎌 내면 일반적으로 최적의 믹싱 상태라고 한다. 빵을 만들 때 믹싱이 가장 중요한 이유는 완성된 반죽이 발효, 성형, 굽기의 과정을 좌우하기 때문이다. 또 다른 이유는 부적절한 반죽은 발효 이후의 공정에서 수정하기가 어렵기 때문이다.

적당한 믹싱의 정도는 빵의 종류에 따라 다르다. 따라서 믹싱의 완료점을 항상 '반죽이 얇은 막을 형성할 때까지'라고 할 수 없다.

믹싱과 발효는 밀접하게 연관돼 있어 믹싱할 때처럼 발효 공정에서도 반죽이 형성과 신장을 계속한다. 발효 시간이 길었다면 믹싱을 짧게 하는 것이 적당하다. 반대로 발효 시간이 짧은 경우엔 충분한 믹싱으로 반죽의 숙성을 촉진시켜야 한다. 하드계 빵은 믹싱 시간을 모자란 듯 돌리고 발효 시간을 길게 가지면서 반죽의 팽창을 최소로 제한해 재료의 풍미를 최대한 끌어낸다. 또한 과다한 믹싱은 반죽을 너무 늘어지게 해 빵 맛을 옅게 한다. 반죽이 어느 정도 진행된 시점부터는 믹싱을 아무 때나 그만두어도 그런 대로 빵은 구워진다. 중요한 것은 만드는 사람이 어떤 맛의 빵을 만들고 싶은가에 따라 믹싱의 완료를 판단하는 것이라고 하겠다.

○ 믹싱의 포인트

1) 믹싱 초기

반죽의 되기는 되도록 빠른 시기에 결정하는 것이 좋다.

수분이 밀가루에 흡수된 후에 물을 추가하면 글루텐 조직이 이미 형성되었기 때문에 충분한 수화가 이루어지지 않으며, 외관상의 조절에 지나지 않는다. 반죽은 결국 응집력이 나빠져 퍼지고 볼륨없는 빵이 되고 만다.

2) 믹싱의 종점

반죽의 정도를 결정한다. 빵의 종류, 발효 시간, 원하는 크럼 조직 등을 고려해 진행 정도를 확인한 후 완료한다.

3) 반죽 온도

반죽 온도가 낮으면 발효 활동이나 효소의 활성이 느려져 반죽의 적정한 숙성이 이루어지지 않는다. 보통 빵은 24~30℃의 범위로 반죽한다. 반죽 온도는 발효에 영향을 줌과 동시에 매일 같은 레벨의 빵을 만드는 지표가 된다.

반죽 온도는 발효가 진행됨에 따라 상승해간다. 그리고 오븐에 구울 때 이스트의 최적 활동 온도인 32~35℃가 되는 게 환경 설정의 기본적인 방법이다. 결국 반죽 온도는 최종 온도에서 발효 등 공정에 걸리는 시간을 역산해 정한다. 발효 시간이 긴 것은 반죽 온도를 낮게 하고, 빨리 구워지는 것은 반죽 온도를 높게 설정한다. 일반적으로 반죽 온도는 발효 공정에서는 30℃의 환경에서 1시간에 1℃ 상승한다. 그러나 2차 발효 단계에서는 저배합 빵의 경우 32~33℃의 환경에서는 3~4℃, 소프트계의 경우엔 35℃ 정도에서 5~6℃ 상승한다.

○ 반죽 온도의 조절법

반죽 온도를 결정하는 요소는 재료의 온도, 공장의 실내 온도, 사용하는 기계의 종류, 믹싱 시간 등이다. 이 가운데 쉽게 온도를 조절할 수 있는 것이 배합에 들어가는 물이다. 물의 온도를 바꿔 반죽온도를 조절하면 되기 때문이다.

수온을 구하는 공식이 있지만 환경에 따라 달라지는 경우가 많다. 각각의 공장에 맞는 반죽의 수온을 찾을 필요가 있다. 빵 종류에 따라 밀가루 온도와 기온, 수온의 합을 정확한 수치(정수)로 정해두는 것도 한 방법이다. 이 수치는 50~68 정도로, 귀찮지만 매일 밀가루 온도와 기온을 재서 수온을 결정하고, 실제 반죽 온도를 재서 그 공장에 알맞은 수치를 정하는 것이 확실하다.

예) 빵 트레디셔널　　　정수 = 기온 + 밀가루 온도 + 물 온도
　　　　　　　　　　　정수를 54로 하면, 기온 22℃, 밀가루 온도 21℃
　　　　　　　　　　　수온은 54 - 22 - 21 = 11℃가 된다.

---

2. 발효

이 공정에서 반죽은 시간이 지남에 따라 팽창한다. 또한 동시에 반죽의 숙성도 진행된다. 만드는 사람은 그동안 반죽을 관찰해 숙성이 순조로운가를 판단해야 한다. 판단기준이 되는 것은 반죽 팽창과 표면의 탄력 그리고 반죽 온도와 발효실 온도, 발효 시간이다. 대략의 발효 시간을 정해 반죽을 손으로 만져 본 후 발효의 상태를 확인한다. 반죽의 팽창 정도는 일반적으로 원래 체적의 2.5~3배 정도가 된다. 발효가 끝난 반죽은 가스빼기를 한 후 다시 한 번 발효시키는 것과 그대로 분할하는 것으로 나눠진다.

반죽의 숙성은 반죽을 연화시켜 잘 늘어나게 하면서 한편으로는 반죽을 긴장시켜서 항장력(반죽의 힘)을 증가시키는, 두 가지 상응하는 변화의 균형에 의해서 이뤄진다. 효모가 만들어 내는 가스에 의한 팽창력과 반죽이 가스를 포집하려는 힘의 관계가 적절하게 이뤄져 있는가가 판단기준이 된다.

이스트는 효소로 반죽 안의 자당과 전분의 일부를 포도당과 과당으로 분해하고 그것을 영양원으로 삼아 활동한다. 그 결과 탄산가스, 유기산(향미 성분), 알코올을 배출한다. 이 탄산가스에 의해 반죽이 팽창한다. 글루텐에 의해 조직화된 반죽은 연화, 신장성을 가져 탄산가스를 충분히 포집할 수 있는 힘을 가지게 된다.

발효에 의해 배출된 향미 성분과 알코올은 빵의 향기가 된다. 이것들을 반죽 안에 축척시키는 것도 발효의 목적 중 하나다.

이스트 활동에 의한 효소의 작용으로 반죽 안 전분의 일부는 이스트의 영양원이 돼 발효를 촉진시

킨다. 단백질도 효소의 영향을 받아 반죽을 연화시키거나 긴장시킨다. 반죽이 때에 따라 쉽게 건조되기도 하고, 퍼지는 상태가 되기도 하는 것은 이 때문이다.

[가스빼기(펀치)의 의미]
반죽 안의 공기나 탄산가스의 기포를 잘게 골고루 분포시킨다.
글루텐 조직을 자극해 글루텐을 강화시킨다(항장력을 높임).
새로운 산소를 넣어 이스트의 활동을 활발하게 해 발효를 촉진시킨다.
가스빼기(펀치)는 하드계 등 단순한 배합으로 천천히 숙성을 시키는 반죽이나 고배합 반죽에 힘이 필요한 경우 실시한다.

3. 분할 · 성형

발효를 마친 반죽은 만들 크기에 맞춰 분할한다. 분할 후에는 대부분의 빵이 둥글리기 작업을 거친다. 이것은 발효에 의해 불규칙해진 기포를 잘고 고르게 정리해서 반죽의 표면을 매끈하게 하기 위해서다. 둥글리기의 자극으로 반죽은 팽창력이 커지고 힘도 증가한다. 둥글리기로 인해 반죽이 탄력을 가지게 되므로 성형에 들어가기 전 휴식이 필요하다. 이 시간을 벤치타임이라고 하며 소형빵의 경우 15분 정도, 대형빵이나 탄력이 강한 빵의 경우엔 20~30분을 준다. 분할과 둥글리기는 연속적으로 진행, 완료시킨다. 시간이 너무 걸리면 반죽 온도가 떨어지거나 발효 과다를 초래한다. 한편 반죽을 쉬게 하는 장소는 온도의 변화가 적은 발효실이나 작업대 위가 좋고 표면이 건조해지지 않도록 해야 한다. 성형은 빵 모양을 만드는 일로 빵의 표정이 여기서 결정된다. 반죽의 힘을 생각하면서 성형의 강약을 조절한다. 힘이 부족하다고 느낄 경우엔 강하게, 반죽이 강할 경우엔 부드럽게 성형한다. 반죽의 표면이 거칠어지지 않게 성형하고, 성형 후의 반죽은 자극에 의해 다시 탄력을 가지게 된다.

4. 2차 발효

성형에 의해 긴장된 반죽의 신장성을 다시 회복시켜 오븐 안에서 최대의 볼륨을 얻기 위해 숙성시키는 것을 목적으로 한다.
반죽은 다시 한 번 발효하면서 향미 성분을 배출하고, 이것이 빵의 향이 된다. 발효실의 온도는 반죽에 따라 다르다. 소프트계의 팽창력을 가지고 있는 반죽, 즉 화이트 팬 브레드나 롤계열은 35~36℃까지 올려 반죽 온도를 확 올려 준다. 하드계의 연약한 반죽은 32~33℃로 억제해 천천히 숙성시키는 것이 좋다. 또한 크루아상이나 브리오슈 같이 유지가 많은 반죽은 버터의 융점을 고려해 30℃를 넘기지 않도록 한다.
발효는 오븐 안에서의 발효력과 팽창력을 발휘할 수 있는 힘이 반죽 안에 남아 있는 시점에서 끝내는 것이 중요하다. 따라서 반죽에 적당한 탄력이 남아 있는 상태에서 발효를 끝낸다. 발효가 지나치면 발효력이 피크를 넘어 반죽의 힘이 더 이상 남아 있지 않아 오븐 안에서 볼륨이 나오지 않게 된다. 또한 발효가 부족하면 반죽의 신장성이 충분치 않아 발효력이 반죽의 힘보다 커서 적당한 볼륨이 나오지 않거나 종종 반죽이 파열을 일으키는 경우도 있다.

이렇게 발효의 완료를 판단하는 것은 빵 맛은 물론 볼륨이나 분위기에도 영향을 주므로 정확하게 판단하는 것이 필요하다. 틀에 굽는 빵은 팽창 정도를 쉽게 알 수 있지만, 그 외의 빵은 만져서 탄력을 확인해야 한다.

5. 굽기

발효를 마친 반죽은 오븐에 넣으면 반죽 온도의 상승에 따라 팽창한다. 서서히 착색이 시작되며 시간이 경과함에 따라 점점 진해져 전체가 황금색이 되는 시점에서 굽기가 완성된다. 잘 굽는 기준은 오븐의 온도, 시간, 구워진 색이다. 굽기 과정은 지금까지 반죽이 순조롭게 됐는지를 증명하는 공정이며 반죽이 먹을 수 있는 빵으로 변신하는 신비한 순간이다. 만드는 사람은 굽는 과정을 정확히 판단해 빵을 오븐에서 꺼낸다.

○ 굽기의 단계

1) 제1단계 : 반죽 온도 40~60℃, 15~20%

효소가 활발히 활동해 이스트는 지금까지 이상으로 탄산가스를 배출하고, 반죽은 글루텐의 연화와 전분의 물 흡수로 인해 팽창한다. 여기서 보통 반죽이라면 30% 정도 커진다. 오븐 스프링(oven spring)이라고 표현한다.

2) 제2단계 : 반죽 온도 60~80℃, 20~70%

이스트의 활동이 정지하고 가스발생에 의한 팽창이 멈춘다. 반죽은 겉면에 크러스트를 만들기 시작한다. 지금까지 반죽을 지탱하고 있던 글루텐은 온도 상승으로 연화되어 반죽의 팽창을 돕는다. 잠시 후 가지고 있던 물을 전분에 공급해 80℃ 정도에서 응고시키고 역할을 마친다. 전분은 효소에 의해 액화해 유동적인 상태가 되고 70℃ 정도에서 호화되기 시작해 글루텐 막 안의 물을 대량 흡수하고 크럼을 형성한다.

3) 제3단계 : 반죽 온도 80~95℃, 70~100%

글루텐과 호화된 전분이 열변화해 크럼을 만들고, 크러스트는 가열돼 수분이 증발한 후 메일라드 반응, 캐러멜화 반응을 일으켜 황금색으로 착색되면 완성이다. 빵의 향은 이 크러스트에서 나온다.

빵의 향은 발효의 부산물인 유기산물(유산, 초산, 프로피온산, 피르빈산 등), 알코올류(에칠알코올, 아밀알코올, 이소아밀알코올)에 의해 만들어진다.

크러스트는 아미노-카르보닐 반응(메일라드 반응)과 캐러멜화 반응에 의해 착색된다.

빵의 향은 수분이 가장 적은 크러스트 부분에 집약되어 빵이 식으면서 크럼의 수증기와 알코올 성분이 증발해 크럼 내부로 향이 옮겨진다.

향 성분은 시간이 경과함에 따라 수분과 함께 크럼, 크러스트를 뚫고 방출돼 빵은 향을 잃어 간다. 노화한 빵에 향이 없는 것은 이런 이유다.

○ 굽는 시간과 온도의 관계

굽는 온도는 오븐에 따라 다르지만 특수한 빵을 제외한 소프트계는 200℃ 전후, 하드계는 220~240℃ 사이다. 기계나 빵의 종류에 따라 미세한 조정이 필요하지만 원하는 빵의 크럼과 크러스트를 만들기 위한 온도를 찾는 것이 중요하다. 굽기 도중의 온도 변경은 착색 상태를 보아 당연히 해야 할 일이며, 빵의 종류에 따른 굽는 시간과 온도의 데이터를 만들어 각 오븐의 메뉴얼로 작성해 둔다. 굽는 시간은 온도와의 관계를 생각해 소프트계 소형빵은 10분 전후, 중형은 15~20분, 틀에 굽는 것은 30분으로 한다. 또한 하드계 소형빵은 20분 전후, 중형은 30분 전후로 한다.

○ 색

빵의 향이 크러스트 부분에 많기 때문에 저배합 반죽은 약간 진하게 굽고, 부재료가 풍부해 크럼의 맛을 중시하는 소프트계 빵은 약간 연하게 굽는다. 호밀이 섞인 빵은 호밀 특유의 향을 내기 위해 진한 색의 크러스트를 만드는 것이 좋다.

빵의 제법

빵에는 대대로 전해 오는 제법이 있는가 하면 오랜 연구를 통해 개발된 기술도 있다. 소재의 질적 향상과 과학의 발달로 빵의 체계가 갖춰지면서 다양한 빵의 제법이 생겨났다.

같은 빵이라도 제법에 의해 맛, 크럼, 식감 등이 달라진다. 여러 가지 제법을 이해하는 것은 빵의 종류를 늘릴 뿐 아니라 빵을 고객의 취향에 맞게 만드는 일을 높은 수준에서 가능케 한다.

현재 소규모 베이커리의 빵 제법은 크게 두 가지로 나눌 수 있다. 배합한 재료를 한 번의 믹싱으로 완성하는 스트레이트법과 먼저 발효종(이스트 반죽 등)을 숙성시킨 후 나머지 재료를 넣고 믹싱하는 발효종법이다. 발효종법은 다시 종의 배합과 제법, 반죽의 형태, 발효 시간 등에 따라 몇 가지로 나뉜다. 실제로 어떠한 제법으로 만들 것인가는 만드는 사람이 각각의 제법을 이해한 후 빵의 종류와 원하는 풍미, 제조 시간 등을 검토해 선택하는 것이다.

1. 스트레이트법 (직접법)

반죽 제조를 한 번의 공정으로 끝내는 것으로, 배합한 재료를 한꺼번에 전부 믹싱해 발효시킨다. 이 방법은 재료의 풍미를 살리기 쉬워 버터 롤이나 다양한 브레드 등에 이용된다.

○ 스트레이트법의 장점

(1) 발효 공정이 짧고 제빵 공정이 단순해 알기 쉽다.

(2) 재료의 풍미가 살아난다.

(3) 크럼에 당기는 힘이 있어 씹는 맛이 좋다.

○ 스트레이트법의 단점

(1) 발효 시간이 짧기 때문에 수화가 불충분해 빵의 경화가 빠르다.

(2) 반죽의 신장성이 나빠 다루기 어렵기 때문에 기계성형 등에 대응하기 힘들다. 빵의 볼륨도 나쁘다.

(3) 반죽은 환경의 변화에 민감해 각 공정의 허용범위가 좁다. 특히 발효 시간에 문제가 발생하면 그대로 제품 불량으로 이어진다.

[스트레이트법의 제빵 공정]

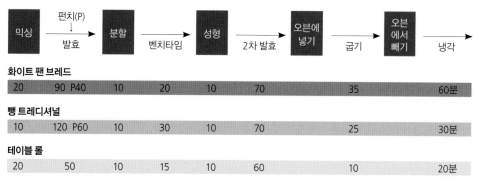

믹싱	펀치(P) ↓ 발효	분할	벤치타임	성형	2차 발효	오븐에 넣기	굽기	오븐 에서 빼기	냉각

화이트 팬 브레드

20	90 P40	10	20	10	70		35		60분

뺑 트레디셔널

10	120 P60	10	30	10	70		25		30분

테이블 롤

20	50	10	15	10	60		10		20분

○ **스트레이트법의 포인트**

1. 반죽의 흡수와 믹싱이 완료되었을 때, 반죽의 되기나 반죽 온도는 한 번의 믹싱으로 의도한 대로 이루어져야 한다. 반죽의 되기는 믹싱 후 1~2분 안에 결정되어야 한다. 물의 첨가가 늦어지면 글루텐이 먼저 형성돼 수분이 섞이기 힘들어진다. 물은 반죽에 남는 잉여수가 돼 반죽을 퍼지게 한다.

2. 어떠한 제법에서도 중요하겠지만 특히 스트레이트법에서는 반죽 온도와 발효 시간, 이스트 양의 균형이 양질의 빵을 만드는 것과 직결된다. 반죽 온도는 이스트 활동을 좌우하고 발효 시간에 영향을 준다. 반죽 온도가 너무 낮으면 발효가 둔해져 반죽이 신장성을 가져도 팽창력이 없어 볼륨이 부족하게 된다. 반대로 반죽 온도가 너무 높으면 발효가 활발해져 발효 시간이 짧아진다. 반죽 숙성에 의한 신장성이 갖춰지지 않은 상태에서 발효가스가 반죽을 팽창시켜 반죽이 파열되고 가스는 날아간다. 이 경우 역시 볼륨 없는 빵이 된다.

3. 발효 중에 펀치 여부를 확실히 결정해야 한다. 이 부분은 재료를 배합할 때 미리 결정한다. 이는 펀치를 할 경우와 안 할 경우에 따라 이스트의 양이 달라지기 때문이다. 펀치를 하면 이스트의 가스 발생량이 늘어 빵 볼륨이 증가한다. 이스트 양이 많으면 가스량이 너무 많아져 반죽의 신장성이 따라가지 못해 반죽 파열을 초래하게 된다. 따라서 펀치를 하는 반죽은 펀치를 하지 않는 반죽보다 이스트의 양을 줄여 균형 있는 제품을 만든다.

2. 발효종법

반죽 제조를 두 번의 공정이나 그 이상의 공정으로 행하는 방법의 총칭이다. 전 단계로 발효종을 만들어 숙성시켜 두기 때문에 이런 이름이 붙었다. 이 제법의 목적은 발효의 안정성, 반죽의 숙성에 의한 신장성의 증가, 향의 생성 등이다. 목적에 따라, 각각의 공정 환경에 따라 여러 가지 방법이 채택된다. 광범위하게는 효모를 처음부터 키우는 천연효모(자연 발효)에 의한 빵 제조도 여기에 포함된다.

1) 중종법

들어갈 밀가루 50% 이상에 이스트와 물을 혼합해 중종반죽을 만들어 숙성시킨 후 나머지 재료를 혼합하는 방법이다. 반죽의 되기 조절 등에 융통성이 있어 제빵 라인이 설치된 대형 베이커리에도 적절하다. 일반적으로 중종법을 이용해 만드는 빵에는 풀먼 브레드나 과자빵이 있다. 두 가지 모두 크럼이 부드럽다는 특징이 있고 스트레이트법보다는 중종법이 그 특징을 살려준다. 특히 과자빵은 설탕의 함유량이 많은 반죽이기 때문에 발효의 안정성 부분에서도 효과적이다.

○ 중종법의 장점

(1) 전체 발효 시간이 길어 반죽의 숙성이 진행됨과 동시에 수화가 충분히 이루어져 물의 흡수가 늘어나기 때문에 부드러운 크럼이 만들어진다. 완성된 빵 역시 보수력이 우수해 노화를 더디게 한다.

(2) 반죽의 신장성이 증가해 반죽이 유연하므로 취급이 쉬우며 볼륨 있는 빵이 된다.

(3) 반죽에 유연성이 있어 각 공정에서 작업의 정밀도나 시간의 로스 등에 대한 허용범위가 넓다.

○ 중종법의 단점

(1) 중종의 발효 시간이 길어 빵 제조에 시간이 걸린다. 두 번 믹싱하는 번거로움이 있다.

(2) 중종의 발효 장소가 필요하다.

(3) 재료 자체의 향을 살리기 힘들다.

(4) 크럼이 부드러워 씹는 맛이 없다.

[중종법의 제빵공정]

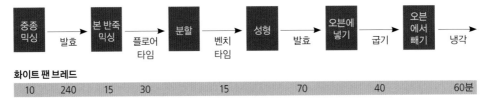

○ 중종법의 포인트

1. 중종의 믹싱은 가루기가 없어지는 정도에서 끝낸다. 필요 이상으로 글루텐을 만들면 반죽의 숙성이 더디다.

2. 중종의 숙성 정도는 탄력 없이 쉽게 반죽이 끊기는 상태가 되어 있는지, 거기에 향은 어떤지를 보고 판단한다. 발효 온도가 너무 높거나 발효 시간이 너무 길어지면 산화가 지나쳐 제품에서 시큼한 냄새가 남는다.

3. 본 반죽은 반죽의 신장성을 살리기 위해 충분히 믹싱을 한다. 플로어타임의 완료 시기는 반죽의 끈적임이 없어졌는지를 보고 판단한다.

2) 발효종법

주로 저배합 반죽의 글루텐 강화, 풍미 개선, 이스트 절약 등을 목적으로 하는 제법이다. 또한 발효종의 발효 시간 조정으로 공정 시간 단축도 가능하므로 이른 아침에 하드계 빵을 만들 때 편리하다. 발효 시간의 길고 짧음은 설정이 가능하지만 역시 가장 좋은 것은 장시간의 오버나이트 발효일 것이다. 배합하는 이스트의 일부를 사용해 종을 만드는 방법과 이전에 남은 반죽의 일부를 사용하는 방법이 있다. 한편 발효종에 사용하는 밀가루는 배합의 25~40%까지가 좋다. 발효종의 비율이 높을수록 반죽은 연화되어 볼륨이 부족해지거나 과도한 산화로 인해 풍미가 약해지는 등 마이너스 측면이 증가한다. 이 제법은 중종법과 다르게 본 반죽에 이스트를 넣어 더욱 발효를 시킨다. 이유는 이 종은 반죽을 발효시키는 것이 주목적이 아니며 발효종만으로는 본반죽을 충분히 팽창시킬 만큼 효모의 양이 충분치 못하기 때문이다.

[발효종법의 제빵 공정]

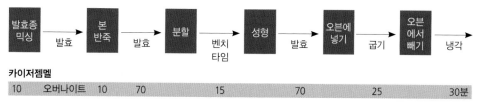

카이저젬멜

| 10 | 오버나이트 | 10 | 70 | | 15 | | 70 | | 25 | | 30분 |

발효종법은 프랑스나 독일에서 19세기부터 행해진 방법으로 이스트 제조와 질의 향상으로 한동안 사용되지 않다가 최근 빵의 향이 좋아진다고 재해석돼 주목받고 있다.

프랑스에서는 발효종을 르방(levain)이라고 한다. 이스트로 종을 만드는 것은 르방 르뷔르(levain levure), 천연효모로 만드는 것을 르방 내추럴(levain naturel)이라고 한다. 또한 남은 반죽을 이용한 종을 르방 믹스트(levain mixte)라고 한다. 이것은 남은 반죽을 그대로 냉장고에 보관했다가 다음날 새로운 반죽에 넣거나 밀가루와 물을 한 번 더 넣어 다시 발효종을 만들어 다음날 사용하기도 한다. 독일에서는 포아타이크(Vorteig)법을 이용한다. 배합된 밀가루의 20~50%를 발효, 시간에 따라 사용량을 조절해 발효종을 만들어 숙성시켜 사용한다. 목적은 역시 반죽의 수화를 개선하고 빵의 향을 좋게 하기 위함이다.

[기본적인 배합]

● **프랑스의 르방**

• 르방 르뷔르

밀가루	25%
인스턴트 이스트	0.05%
소금	0.5%
물	15%

• 르방 믹스트

남은 반죽 (혹은 발효시킨 반죽)	6%
밀가루	25%
소금	0.5%
물	15%

● **독일의 포아타이크**

• 중시간 발효 (발효 4~8시간)

밀가루	40%
인스턴트 이스트	0.5%
물	25%

• 장시간 발효 (발효 15~20시간)

밀가루	25%
인스턴트 이스트	0.05%
물	15%

20시간이 넘는 발효일 경우는 소금을 첨가(밀가루의 2%까지)하거나, 발효 도중 냉장고에 넣는 등 저온발효로 종을 두는 것이 가능하다.

소규모 베이커리에서 빵을 오전에 굽기 위해서 발효종법을 이용하고 있는 곳이 늘어나고 있다. 발효종을 이용하면 스트레이트법보다 제조 시간이 단축되고 빵의 향이 좋아지는 등의 효과가 있다. 저녁에 종을 만들면 다음날 바로 본 반죽이 가능하고 다음 발효 과정이 기본적으로 노펀치이기 때문에 오전 중에 충분히 구워낼 수 있다.

3) 액종법(폴리쉬법)

부드러운 발효종을 사용하는 것을 액종법이라 부른다. 19세기 초 폴란드에서 시작, 그 후 빈을 거쳐 1860년경 파리에 전해졌다고 한다. 당시에는 발효를 안정시키기 위해 이용되었으나 그 후 간편한 스트레이트법이나 잔종을 이용한 제법에 밀려 자취를 감추게 되었다. 최근 아침 일찍 프랑스빵을 구워낼 수 있다는 점과 볼륨이 풍부하다는 점이 부각돼 주로 하드계 빵을 만들 때 이용된다.

○ 액종법의 장점

(1) 액종은 발효가 빨라 향미 성분이 증가하고 독특한 풍미를 갖는다.
(2) 반죽이 적당히 연화되어 빵의 볼륨이 나온다.
(3) 종을 2일 전에 만들어도 되므로 휴일이 끼었을 때 편리하다.

○ 액종법의 단점

(1) 온도 관리를 확실히 하지 않으면 종이 산화돼서 빵에서 신맛이 난다.
(2) 발효에 의해 종의 부피가 급속히 커지므로 대형 용기가 필요하다.
(3) 빵의 볼륨이 지나쳐 맛이 떨어지기 쉽다.

○ 액종법의 포인트

배합의 20~40%인 밀가루에 같은 양의 물과 발효 시간에 맞춘 이스트를 혼합해 페이스트 상태의 반죽으로 만든다. 액종 반죽은 발효와 숙성이 빠르므로 발효 후 2시간째부터 사용 가능하다. 일반적으로 전날 저녁에 종을 만들고 다음날 아침 일찍 본 반죽에 넣어서 믹싱한다. 발효 시간을 길게 할 경우는 이스트 양을 줄이거나 소금의 첨가량을 늘려 조절한다. 또한 발효 온도를 중간에 저온으로 하면 시간 늘리기가 가능하다.

[액종법]

● 배합 예 (빵 트레디셔널)		● 공정	
・발효종	%	・발효종	
┌ 밀가루	20~40	┌ 믹싱	1단 - 2분, 2단 - 2분
│ 인스턴트 이스트	0.1~1	│ 반죽 온도	25℃
│ 물	20~50	└ 발효 시간	4~24시간
└ 소금	0~0.5		

• 본 반죽	%
• 밀가루	60~80
• 소금	1.8~2.0
• 인스턴트 이스트	0.5~1
• 물	15~35
• 몰트 엑기스	0.3
• 비타민C	필요할 경우, 적당량

• 본 반죽	
믹싱	1단 - 5분 2단 - 2분
반죽 온도	26~28℃
발효 시간	60~70분
발효	70분

4) 사워종법

호밀빵을 만들 때 필요한 발효종이다. 기본적으론 직접 만들지만 이미 만들어진 것도 시판된다. 호밀과 물을 반죽한 후 며칠 동안 숙성시키므로 종이 산화한다. 이때 발생하는 산과 발효부산물이 독특한 풍미를 만든다. 호밀은 글루텐을 형성하지 않기 때문에 일반적인 제법으로 반죽을 하게 되면 질퍽거리는 크림이 되어 버린다. 사워종을 배합하면 반죽 조직에 기포가 형성되어 촉촉하면서 식감이 좋게 바뀌기 때문에 풍미 있는 빵이 되는 것이다. 사워종은 종의 생성부터 시작한다. 호밀과 물을 반죽해 적정한 온도에 방치하면 효모가 자란다. 며칠 후 호밀과 물을 추가하면 이스트가 증식해 산을 형성한다. 이것을 리프레시라고 한다.

산화한 종은 숙성하면서 향이 생긴다. 이것을 스타터로 삼아 빵 반죽에 넣어 사워종을 완성한다. 완성 방법에는 몇 가지가 있으므로 빵의 취향이나 공장 환경에 맞춰서 선택한다. 만드는 공정에서 3회 정도 리프레시를 더 거쳐 효모를 증식시키면 본 반죽에 이스트를 추가할 필요 없이 만들어 놓은 사워종만으로 빵을 만들 수 있다. 스타터는 며칠간 냉장보관이 가능하며, 방법에 따라서는 수주간 보존이 가능하다.

[사워종법의 제빵 공정]

- 초종 : 안쉬텔구트(스타터)라고 하며 호밀분과 물을 반죽한 후 4~5일 숙성시킨 반죽.
- 리프레시 : 하루에 1번 또는 2번 정도 호밀분과 물을 첨가하면서 숙성시키는 작업.
- 사워종 : 초종을 1~3회 리프레시해 숙성시킨 것, 호밀빵 반죽에 넣을 수 있는 상태.

5) 자가제효모(천연효모종)

곡물이나 과일 등에서 천연효모를 채취하여 만드는 방법이다. 이것도 일종의 발효종이라고 할 수 있다. 안정도가 높은 재료는 건포도와 요구르트이며 사과, 맥주 등도 천연효모를 만들어 낼 수 있다. 천연효모의 기본적인 제법은 다음과 같다. 재료와 물을 혼합해 액종을 만들어 일정한 온도의 장소에 3~4일간 방치하면 혼합액이 발포한다. 이 혼합액을 거른 후 밀가루와 섞어 발효종을 완성한다. 이것을 본 반죽에 넣으면 천연효모 빵이 구워지는 것이다. 발효종의 단계에서 반죽의 발효력이 부족할 때는

1~3회 정도 리프레시해 효모를 증식시켜 팽창력을 높인다.

천연효모 빵은 재료가 달라지면 균의 종류나 수의 변화, 그 활동에 따라 생성되는 부산물도 달라진다. 이런 잡다한 균의 활동으로 특유의 풍미를 가진 빵이 만들어진다. 그러나 발효 시간이 길어지거나 반죽의 연화가 지나치면 반죽이 불안정해진다. 양질의 천연효모 빵을 매일, 같은 레벨로 제조하기 위해서는 반죽의 온도 관리와 경험이 중요하다. 또한 향과 반죽의 숙성도를 보고 판단할 줄 알아야 하므로 무엇보다 만드는 사람의 기술이 요구된다. 또 이러한 빵 제조법은 각 공정마다 반죽을 눈으로 보고 판단하는 것이 중요하므로 결과적으로 빵 제조의 정밀도를 높이게 된다.

[천연효모의 공정]

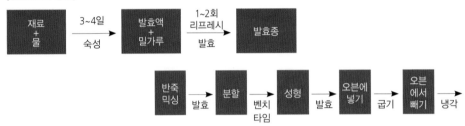

제빵 공정의 해설

1. 믹싱
○ 준비
밀가루를 체에 친다. 이것은 이물질을 제거하고 밀가루의 입자 사이에 공기를 넣어 산화를 촉진시키기 위함이다.

○ 재료의 계량
[물의 온도]

반죽 온도를 조절하기 위해 물의 온도를 결정한다. 되기 조절을 위해 2% 정도는 따로 남겨 둔다. 탈지분유를 사용할 경우는 금방 습기를 머금기 때문에 계량 후 설탕과 함께 섞어 두거나 먼저 물에 풀어 둔다. 생이스트는 잘게 부순 후 물을 부어 풀어 둔다.

▌샘플 1 ▌ 빵 트레디셔널 / 스파이럴 믹서

○ 제1단계 : 재료의 분산과 혼합, 반죽의 되기 결정
[1단 : 1~3분] 이 단계에서는 재료, 특히 물과 밀가루의 계량이 정확한지 확인한다. 밀가루가 물을 흡수해 한 덩이가 되면 남겨 둔 물(조정수)을 이용해 반죽의 되기를 조절한다.

1. 밀가루에 물, 몰트, 비타민C 섞은 것을 넣는다.

2. 저속 1분~1분 30초 정도면 가루기가 없어진다.

3. 반죽을 손으로 확인하면서 남은 조정수로 반죽의 되기를 정한다.

4. 재료가 섞여 반죽 전체가 같은 상태로 된다.

5. 반죽은 표면에 물기를 머금어 질퍽해진다.

○ 제2단계 : 반죽의 형성

[1단 : 3~5분] 빵 트레디셔널은 발효가 길기 때문에 믹싱을 약간 부족하게 한다. 반죽은 차츰 점성을 가져 조금 떼어 보면 반죽이 결합된 것을 확인할 수 있다.

1. 반죽의 일부를 떼어 내 천천히 당겨 연결 상태를 확인한다.

2. 반죽 표면이 점차 매끄러워진다.

3. 반죽의 질퍽함이 없어지고 신장성이 좋아진다.

○ 제3단계 : 반죽의 완성

[2단 : 1~2분] 반죽의 결합을 강화하기 위해서 믹서를 빠르게 돌려 반죽 형성을 촉진시킨다. 믹서의 종류와 회전수에 따라서 2단으로 바꾸지 않아도 된다. 반죽 완성여부를 판단해 믹싱을 끝낸다.

1. 반죽 표면에 윤이 나면서 전체적으로 당겨진 느낌이 든다.

2. 반죽의 질퍽함이 없어지고 얇게 늘어난다.

3. 전체가 평균적으로 늘어나며 반죽의 찢어지는 모양도 매끄럽다. 반죽 완성.

빵 오 레 / 수직형 믹서

○ 제1단계 : 재료의 분산과 혼합, 반죽 되기의 판단 및 조절

[1단 : 3분] 소프트계 반죽은 재료의 종류가 많아 분산에 시간이 걸린다. 노른자가 많은 반죽은 점성
이 생겨 볼 안쪽에 달라붙기 때문에 카드로 떼어내면서 믹싱한다.

1. 1~2분 후에 반죽 되기를 최종 조절한다.

2. 반죽은 뭉쳐진 상태는 아니지만 점성이 있다.

3. 저속 3분 후 반죽 완성. 재료의 분산을 확인한다.

○ 제2단계 : 반죽의 형성

[2단 : 3분] 반죽이 서서히 결합되어 점성을 가진다. 반죽 일부를 떼어서 늘여 보면 반죽의 결합 상
태를 확인할 수 있다.

1. 반죽은 차츰 점성을 가지면서 연결
돼 간다.

2. 반죽이 얇게 늘어난다.

[3단 : 3분] 눈으로 확인 가능할 정도로 반죽이 완성된다.

○ 제3단계 : 유지의 혼합

일반적으로 유지의 배합량이 5% 이상일 경우는 특별한 의도가 없는 한 유지를 믹싱 도중에 넣는다.
유지의 양이 늘어나면 혼합 시기가 늦어진다. 유지의 양이 매우 많은 브리오슈는 반죽이 완전히 완
성된 다음에 혼합한다.

1. 유지를 반죽처럼 부드럽게 만든 후
잘게 잘라서 넣는다.

2. 볼 안쪽에 붙어 있는 반죽을 떼며
정리한다.

[1단 또는 2단 : 2분] 유지를 균일하게 분산, 혼합하기 위해 저속으로 천천히 반죽과 섞는다.
1단이 느린 믹서는 2단으로 돌려도 된다.

1. 유지 투입 후 저속으로 천천히 분산   **2.** 반죽은 퍼지거나 부분적으로 분리
　　시킨다.　　　　　　　　　　　　　　　　되기도 한다. 2분 후 다시 하나로 뭉
　　　　　　　　　　　　　　　　　　　　　친다.

[3단 또는 4단] 반죽의 형성을 더욱 촉진한다. 팽창력도 증가시키기 위해 믹서의 속도를 빠르게 해
확실하게 반죽한다. 강력분 중 강한 밀가루를 사용할 경우는 4단으로 돌려도 된다.

[2단 또는 3단] 강력 믹싱으로 인해 완성된 글루텐 조직을 일부 파괴하면서 더욱 조직을 강화한다.
1단으로 속도를 줄여 반죽을 균일화시킨다.

1. 반죽의 표면은 다시 매끄럽게 되어   **2.** 균일하면서 얇게 늘어나는 막을 확
　　얇게 늘어난다.　　　　　　　　　　　　　인할 수 있다. 반죽 완성.

○ 반죽 완성의 판단법

완성은 반죽의 일부를 떼어 늘여가며 확인한다. 반죽이 늘어나는 상태와 찢어질 때의 점성이 판단
기준이 된다.

2. 발효

반죽의 발효 시간은 이스트 양에 따라 좌우된다.

이스트가 많으면 발효력이 증가해 가스 발생이 많아지고 반죽의 팽창이 빨라진다. 이스트의 양이 적
으면 발효가 느려 반죽의 팽창도 느려진다. 또한 발효 시간은 반죽의 온도와 환경에 따라 변화한다.
기본적으로 반죽 온도보다 2~3℃ 높은 곳에서 발효시킨다. 반죽의 부피는 2.5~3배로 증가한다. 발
효는 손가락으로 찔러 보았을 때 자국이 남는 정도로 판단한다. 손가락의 자국이 그대로 남아 있으
면 딱 좋은 발효 상태이다. 자국이 돌아와 반죽의 탄력이 느껴지면 발효가 덜 된 것이고 손가락 주
변의 반죽이 꺼지면 발효가 지나치게 된 것이다.

○ 가스빼기 (펀치)

빵의 종류에 따라 펀치를 가해 더욱 발효시킨다. 가스빼기 후의 발효는 가스빼기 전의 반죽 크기로
돌아올 때까지 하고, 그 시간은 발효 시간의 반 정도가 적당하다. 반죽은 발효력, 팽창력이 함께 늘
어나 탄력 있는 상태지만 신장성은 나쁘게 된다.

1. 발효된 반죽 상태를 손가락으로 찔러 확인한다.

2. 반죽을 발효용기에서 꺼내 가볍게 누른다.

3. 반죽을 좌·우로 접어 가볍게 누른다.

4. 다시 반죽을 상하로 접어 가볍게 누른다.

5. 발효용기에 넣는다. 반죽은 가스가 빠져 원래의 2/3 정도의 크기가 된다.

3. 분할과 둥글리기

○ 분할과 둥글리기의 의미

분할은 만들려는 빵 크기로 나누는 것으로, 반죽에 무리를 주지 않도록 스크레이퍼로 자른다. 발효
를 마친 반죽은 균일하지 않은 기포가 혼재되어있고, 늘어지고 정체되어 있다. 분할 후 가스를 빼서
커다란 기포를 잘게 만듦으로써 반죽은 균일화되고 발효력을 가진다. 한편 반죽의 둥글리기는 늘어
진 글루텐 조직에 자극을 주어 긴장력을 되살리고 팽창력을 강화시킨다.
분할한 반죽은 일단 손바닥으로 가스를 빼고 정성껏 둥글리기를 한다. 둥글리기를 한 반죽은 탄력
을 되찾고 표면이 매끄러워진다.

1. 발효용기에서 꺼내 분할 크기를 예상해 막대 모양으로 자른다.

2. 스트레이퍼를 이용해 분할한다.

3. 저울에 올려 정확하게 계량한다.

[소형]

1. 2개를 한 조로 둥글리기 한다.

2. 양손으로 각각의 반죽을 둥글게 하면서 손바닥 중심에서 뭉쳐지게 한다.

3. 반죽의 표면이 매끄러워지면 멈춘다.

4. 반죽 바닥 부분의 반죽이 뭉쳐진 것을 확인한다.

5. 나무판이나 플라스틱 상자에 올려 놓고 벤치타임을 갖는다.

[대형]

1. 하나씩 둥글리기를 하는 경우엔 양손으로 정성껏 반죽을 바닥으로 모은다.

2. 반죽을 끌면서 반죽의 표면을 매끄럽게 한다.

3. 반죽의 바닥을 봉하면서 둥글리기를 마친다.

4. 양손으로 하는 경우는 반죽을 접듯이 둥글리기를 한다.

5. 반죽을 돌리면서 바닥의 중심에서 뭉치게 한다.

6. 마지막으로 바닥을 봉해 둥글리기를 마친다.

[바게트]

1. 가능한 사각형으로 분할한다.

2. 반죽을 말아 접듯이 해 표면을 정리한다.

3. 두께를 일정하게 하고 탄력이 약간 있게 막대 모양으로 만든다.

4. 벤치타임

긴장한 반죽을 회복시키는 휴식 시간. 이 시간 동안 반죽은 발효를 계속해 다시 신장성을 회복한다. 벤치타임은 빵의 종류에 따라 달라지고 같은 종류의 빵이라도 믹싱이나 펀치의 세기 정도, 둥글리기의 세기 정도 등에 따라 시간이 달라진다. 반죽의 온도가 극단적으로 다르지 않다면 작업대 위에서 벤치타임을 가져도 되지만 일반적으로는 발효실에서 쉬게 한다.

5. 성형

빵의 최종 형태를 만드는 공정. 성형의 강약에 따라 발효실에서의 시간이 달라지거나 구울 때 팽창력에 영향을 주는 등 빵의 표정에 관여하는 중요한 공정이다.

기본적인 성형은 구형과 막대형. 성형에 너무 힘이 들어가면 반죽에 무리가 가 반죽이 찢어지거나 발효나 굽기에서 신장성이 발효력을 미처 따라가지 못해 반죽의 파열을 초래한다. 약하면 발효력을 포괄하는 힘이 부족해져 볼륨이 나쁜 원인이 된다.

[작은 원형]

1. 양손으로 눌러 가스를 뺀다.

2. 둥글리기와 같은 요령으로 뭉친다.

3. 반죽의 표면을 매끄럽게 하고 바닥을 확실히 봉한다.

[막대형]

1. 반죽을 뒤집어 충분히 가스를 뺀 후 타원형으로 만든다.

2. 윗 부분부터 1/3 정도 접어 엄지손가락의 끝으로 누른다.

3. 다시 1~2회 접어 막대형으로 만든다.

[풋볼형]

1. 반죽을 뒤집어 충분히 가스를 뺀 후 타원형으로 만든 후 일부를 접는다.

2. 반대편도 접는다.

3. 양끝을 중앙으로 접어 중앙부를 부풀게 한다.

4. 한 번 더 접어 바닥에 반죽을 모은다.

5. 반죽의 이음새를 확인하고 모양을 잡는다.

[식빵]

1. 반죽을 뒤집은 다음 밀대로 반죽을 눌러 충분히 가스를 빼고 타원형으로 만든다.

2. 윗부분부터 접어 손바닥으로 누른다.

3. 반대편도 접어 손으로 눌러 사각형으로 만든다.

4. 전체를 눌러 가스를 빼고 세로로 길게 놓고 둥글게 만다.

5. 반죽의 끝 부분을 확실히 봉해 탄력 있는 상태로 만든다.

[바게트]

1. 반죽을 뒤집어 가볍게 누르면서 가스를 뺀다.

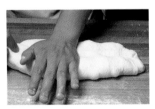

2. 윗부분의 일부를 접어가면서 윗아귀로 눌러 준다.

3. 반대편도 마찬가지로 반죽을 접는다.

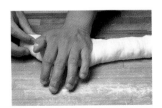

4. 한 번 더 접어 막대형으로 뭉친다.

5. 전체를 같은 두께로 유지하면서 길게 늘인다.

6. 이음새가 바닥에 가도록 확인하면서 천 위에 놓는다.

6. 2차 발효

성형으로 바짝 쥔 반죽을 적정한 풍미와 볼륨을 가진 빵으로 굽기 위해 신장성을 회복시키는 최종
발효단계이다. 반죽은 발효해 부풀면서 표면이 매끄러워진다. 그러나 글루텐 조직은 물을 머금어 반
죽의 표면을 건조하게 한다. 이것을 방지하기 위해 발효실은 적절한 습도가 필요하다. 또한 구울 때
반죽 온도를 32~34℃로 만들기 위해 발효실의 온도를 급격히 올려야 한다. 35~36℃에서 반죽은
1시간에 4~5℃씩 상승한다. 발효실에서 70~80% 정도 발효하면 굽기에서 반죽이 더욱 늘어나 적당
한 볼륨을 가질 수 있다. 반죽의 표면을 눌러 천천히 돌아올 정도의 탄력을 남겨 둔다.

7. 굽기

○ 굽기 형태

(1) 틀에 굽는 빵 – 화이트 팬 브레드(식빵)류는 틀에 넣은 채 직접 오븐 바닥에 놓고 굽는다.
(2) 소프트계 롤이나 세미하드계 소형빵 일부, 과자빵 등은 철판에 올려 오븐에 넣는다.
(3) 하드계 빵(하스 브레드)은 직접 오븐 바닥에 놓고 굽는다.

달걀물 칠이나 분무, 증기를 넣는 것은 오븐 열에 의해 반죽 표면이 금방 건조되는 것을 지연시켜 빵
의 볼륨을 충분히 나오게 하는 것이 목적이다. 또한, 프티 나이프나 가위로 반죽의 표면에 쿠프를 넣
는 것은 반죽의 일부를 약하게 해, 여분의 가스를 빼내고 빵을 골고루 팽창시키기 위한 것이다. 결과
적으로 팽창해 터진 쿠프는 개성 있는 표정의 빵을 만들어 낸다.

[쿠프]

1. 바게트에 쿠프를 넣는 법. 되도록 옆으로 얇게 자른다.

2. 폴카식 자르는 법.

3. 비에누아식 자르는 법.

[굽기 전]

1. 부드러운 붓으로 달걀물 칠을 한다. (도레한다고 하기도 함)

2. 호밀빵은 굽기 전에 피케한다.

3. 호밀이 섞인 빵은 굽기 전에 호밀가루를 뿌려 준다.

프로 제빵 테크닉

Pain traditionnel

빵 트레디셔널

제빵 기술자에게 기본이 되는 빵이다. 무발효 빵을 제외하곤 가장 간단한 배합으로 만들어진다. 밀가루와 물의 결합이 발효에 의해 빵의 숙성, 볼륨, 풍미에 직접 영향을 미친다. 따라서 다른 빵에 비해 각 공정마다 반죽을 정확히 다뤄야 하며 정확히 보고 판단할 줄 알아야 한다. 프랑스에서 밀가루 빵이라면 이 빵을 지칭하며, 여러 형태와 크기로 만들어진다. 이 책에서는 중요한 제법 세 가지를 소개한다. 어떠한 방법이 좋은지 단정할 수는 없지만 어느 방법이라도 특징 있는 빵 만들기가 가능하므로 자신의 취향과 환경에 맞춰 선택하는 것이 좋다.

빵 트레디셔널 Ⅰ

- 제법 : **스트레이트법**
- 밀가루 양 : 5kg
- 분량 : 350g / 23개분

재료	(%)	(g)
프랑스분	100	5,000
소금	2	100
인스턴트 이스트	0.6	30
몰트 엑기스	0.3	15
비타민C (필요할 경우)	4ppm	2㎖
물	68	3,400

※ 비타민C는 1% 용액 사용

· POINT ·

스트레이트법이라고 해도 발효 시간이나 펀치 시기, 사용하는 이스트의 종류 등 제작자의 의도에 따라 여러 가지 만드는 방법이 있다. 여기서는 현재 많이 쓰이는 방법을 적었다. 3시간의 발효 시간 중에서 2시간째에 펀치를 한다. 이 경우는 반죽의 늘어남이 약간 나빠지지만, 발효력은 안정된다. 비타민C는 반죽의 상태를 보면서 양을 조절한다. 크럼은 기포가 불규칙하게 나 있으며 색은 약간 크림색을 띠는 것이 좋다. 크러스트는 두꺼운 편으로 황금색으로 구워진다. 쿠프는 부드러우면서 균형 있게 벌어진 것이 좋다.

공정과 조건	시간	/총시간(분)
준비 재료 계량	10	0 10
믹싱 (스파이럴 믹서) 1단-4분 ⎤ 2단-2분 ⎦ 반죽 온도 24℃	10	20
1차 발효 180분 (120분에서 펀치) 28℃	180	200
분할 350g	40	240
성형 막대형	15	255
2차 발효 70분 온도 32℃, 습도 70%	70	325
굽기 25~30분 굽는 온도 235℃ 스팀, 굽기 손실 24~26%	30	355

공정 포인트

O 믹싱

세게 믹싱하면 공기를 필요 이상으로 머금어 크럼이 하얀 맛없는 빵이 되고 만다. 또한 볼륨이 너무 크면 크러스트가 얇아져서 이 빵의 특징인 크러스트 맛이 사라진다. 이 점을 염두에 두고 믹싱해야 한다.

빵의 풍미를 충분히 살리기 위해서는 저속 믹싱으로 시작해 재료를 분산시키고 밀가루와 물을 자연스럽게 결합시킨다. 믹싱 초기 단계에서 빨리 돌리면 글루텐의 형성이 빨라지고 수화는 나빠진다. 그렇게 되면 반죽의 형성이 불충분해져 결국 볼륨 없고 맛없는 빵이 되고 만다. 한편, 발효 시간이 길기 때문에 믹싱은 짧게 끝낸다. 단, 믹싱이 부족하면 반죽의 팽창력이 약해지므로 원하는 볼륨이 나오지 않는다. 사용하는 밀가루의 세기나 발효 시간과 균형을 생각해야 한다. 믹싱을 80% 정도에서 끝내기 때문에 반죽은 약간 단단한 듯하다. 반죽 온도는 24~25℃를 지킨다.

O 1차 발효

발효는 약 3시간. 2시간째에 펀치를 한 번 하고 다시 1시간을 발효시킨다. 기본적으로 펀치는 부드럽게 하지만 반죽의 상태를 보고 강약을 조절할 필요가 있다. 가스빼기가 강하면 필요 이상의 탄력을 가져 성형할 때 잘 늘어나지 않아 반죽에 상처를 주게 된다. 반대로, 너무 약하면 발효력이 충분치 않아 볼륨 없는 빵이 된다.

O 분할

바게트나 바타르는 350g을 기본으로 한다. 분할 후 둥글리지 말고 짧은 막대형으로 뭉친다. 둥글게 뭉치면 성형할 때 반죽에 무리한 압력을 주고 잘 늘어나지 않아 반죽이 끊어지는 원인이 된다. 반죽의 신장성이 특히 나쁘다면 믹싱이나 발효 과정에서 잘못이 있는 경우다. 반죽을 뭉치는 정도나 길이는 반죽의 강약을 판단해 조절한다.

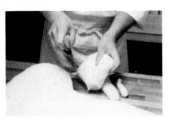

막대형 빵 이름과 분할 중량

빵 이름	(g)
바게트 Baguette (막대기)	350g
바타르 Bâtard (중간)	350g
피셀 Ficel (끈)	150g
플뤼트 Flûte (플루트)	450g
파리지엥 Parisien (파리사람)	600g

O 성형

바게트의 길이는 65㎝ 전후로 소비자가 선호하는 길이와 오븐의 합리적인 사용을 고려해 분할 중량을 줄이는 등 조절한다. 성형 후 반죽은 천 위에 올려놓는다. 이때 반죽과 반죽 사이에 천을 접어 올려 구분시키고, 천과 반죽 사이에 손가락 한 개가 들어갈 정도의 간격을 준다. 반죽을 올릴 때 위·아래 관계없이 올려도 되지만, 이음새가 위쪽이면 반죽 표피가 발효실에서 건조되는 것을 막을 수 있는 대신 발효에 의해 반죽의 파열이 일어날 수도 있다. 반대로 이음새가 아래쪽이면 발효실에서 반죽 표피가 건조해질 수 있으니 주의한다. 그렇다고 습도가 과해도 안되니 습도가 높아지지 않도록 신경써야 한다.

○ 2차 발효

습도는 표면을 건조시키지 않는 70%가 적당하다. 온도는 반죽 상태로 조절하나 32℃ 정도에서 발효시키는 것이 좋다. 이 제법에서의 2차 발효 시간은 80분 정도로 본다. 그 이상이 되면 빵의 크러스트 색이 나빠지고 맛이 떨어지므로 발효실 온도를 올리는 등 조절이 필요하다.

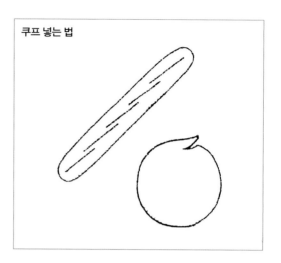

쿠프 넣는 법

○ 굽기

발효시킨 반죽은 이음새를 아래로 해 슬립벨트에 올린 다음 쿠프를 넣고 굽는다. 쿠프 수는 정해져 있지 않지만, 반죽의 끝에서 끝까지 균일하게 넣어야 한다. 쿠프는 가능한 반죽이 벌어지는 방향과 반대로 되지 않도록 부드럽게 넣는다. 반죽이 충분히 숙성되어 있으면 볼륨이 나오므로 너무 깊게 넣지 않도록 한다. 쿠프가 너무 올라오면 먹을 때 벌어진 부분이 딱딱해진다. 보기에는 좋을지 모르나 맛과는 별개다.

기본적으로 스팀의 양이 많으면 크러스트가 얇고 윤이 나게 구워지고, 양이 적으면 두껍고 거칠게 구워진다. 크러스트가 얇으면서 갈라짐이 자잘하고 표면을 코팅한 듯 광이 나면 스팀을 너무 많이 준 것이다. 크러스트는 두껍게 한다는 기분으로 굽는 것이 좋다. 굽는 시간은 반죽이 300~350g의 막대형일 경우 30분을 한도로 잡고 25분 이상 굽는다.

빵 트레디셔널 II

● 제법 : **액종법** ● 밀가루 양 : 5kg ● 분량 : 350g / 23개분

액종

재료	(%)	(g)
프랑스분	30	1,500
소금	0.2	10
인스턴트 이스트	0.1	5
물	30	1,500

본 반죽

재료	(%)	(g)
프랑스분	70	3,500
소금	1.8	90
인스턴트 이스트	0.3	15
몰트 엑기스	0.3	15
물	36	1,800

공정과 조건	시간/총시간(분)	
준비 재료 계량	5	
액종 믹싱 1단-2분 ┐ 2단-2분 ┘ 반죽 온도 25℃	10	
1차 발효 12~20시간, 20~22℃	오버 나이트	
본 반죽 믹싱 (스파이럴 믹서) 1단-5분 ┐ 2단-2분 ┘ 반죽 온도 26℃	10	0 10
1차 발효 70분, 30℃	70	80
분할 350g	30	110
성형 막대형	15	125
2차 발효 70분 온도 32℃, 습도 70%	70	195
굽기 25~30분 굽는 온도 235℃ 스팀 굽기 손실 25~27%	35	230

액종법

빈의 한 기술자가 프랑스에 전했다고 한다. 액종이 숙성하면서 발생한 발효생성물로 인해 풍미가 좋아지며 보존 기간도 길어진다. 또한 아침 일찍 빵을 구울 때 발효 시간을 짧게 해주는 것도 이 방법의 이점이다. 결점은 종이 크게 팽창해 보관 장소가 별도로 필요하다는 것이다.

· POINT ·

액종의 발효 시간은 배합의 변화에 따라 4~24시간 정도 폭을 가지는 것이 가능하다. 단, 발효 시간이 길어지는 경우는 온도 관리를 확실히 하지 않으면 종이 산화해 구워진 빵에서 신맛이 느껴지기도 한다. 스트레이트보다 신장성이 좋고 작업성도 좋다. 하지만, 볼륨을 크게 하면 빵 맛이 옅어지기 쉽다.

공정 포인트

○ **액종 믹싱** 밀가루와 물의 양이 같다. 물을 한꺼번에 넣으면 잘 섞이지 않으므로 조금씩 첨가한다. 재료가 분산되고 다소 점성이 생길 정도의 믹싱이 좋다. 반죽 온도는 24~25℃로 조절한다.

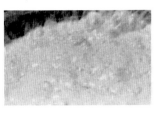

○ **발효** 오버나이트로 15시간 정도로 공정을 생각하는 것이 좋다. 이때 발효 온도는 20℃ 정도로 한다.

○ **본 반죽 믹싱** 반죽의 발효 시간이 짧기 때문에 믹싱은 스트레이트법에 비해 약간 강하게 한다. 반죽 온도는 26℃를 목표로 수온 조절한다.

○ **1차 발효** 70분을 기준으로 잡고 반죽 상태로 판단한다. 향은 스트레이트 반죽보다 강하게 느껴진다.

○ **분할** 빵의 종류에 맞춰 분할한다. 바게트 같은 막대형 빵은 둥글리지 않고 짧은 막대형으로 정리한다. 반죽은 신장성이 좋으며, 벤치타임은 20분 정도로 한다.

○ **성형** 반죽이 잘 늘어나므로 바게트 등 막대형 빵을 만들 때 너무 길어지지 않도록 주의한다.

○ **2차 발효** 60분 경과 후 반죽의 상태를 본다. 습도가 높아지지 않도록 한다.

○ **굽기** 스팀을 넣은 오븐에서 약 25분간 굽는다.

빵 트레디셔널 Ⅲ

• 제법 : **발효종법** • 밀가루 양 : 4.6㎏ • 분량 : 350g / 21개분

발효종

재료	(%)	(g)
프랑스분	100	1,000
소금	2	20
인스턴트 이스트	0.5	5
물	67	670

본 반죽

재료	(%)	(g)
프랑스분	100	4,000
발효종	25	1,000
소금	2	80
인스턴트 이스트	0.6	24
몰트 엑기스	0.3	12
물	66	2,640

공정과 조건	시간/총시간(분)	
준비 재료 계량	5	
발효종 믹싱 1단-2분 2단-2분 ┤ 반죽 온도 26℃	10	
1차 발효 60분, 30℃ → 펀치 후 냉장 15~18시간, 0℃	오버 나이트	
본 반죽 믹싱 (스파이럴 믹서) 1단-4분 2단-2분 ┤ 반죽 온도 26℃	10	0 10
1차 발효 70분, 30℃	70	80
분할 350g	30	110
성형 막대형	15	125
2차 발효 70분 온도 32℃, 습도 70%	70	195
굽기 25~30분 굽는 온도 235℃ 스팀 굽기 손실 23~25%	30	225

발효종법

액종법과 마찬가지로 빵의 노화를 느리게 하고 발효종에 의한 발효생성물을 만들어 향과 맛이 독특하다. 또한 아침 일찍 빵을 구울 때 제조 시간을 단축시킬 목적으로 한다. 스트레이트법에 비해 크럼이 약간 뭉치는 듯 하고 볼륨이 약하다.

·POINT·

발효종의 비율은 20~50%까지 변화가 가능하다. 종의 양이 많으면 반죽이 과산화하거나 퍼지는 현상이 나타나기 쉽다. 반대로 양이 적다면 풍미가 떨어지거나 크럼이 뭉친다. 발효종은 발효력보다는 발효생성물에 의한 빵 맛과 향, 수화 향상을 목적으로 하므로 본 반죽 믹싱에서 이스트를 첨가할 필요가 있다. 이것이 발효의 안정을 꾀하는 중종법과 차별되는 점이라 할 수 있다. 발효종은 새로운 종만으로 반죽해도 좋고, 당일 본 반죽을 남겨 둬 이용해도 좋다. 발효 4시간 후부터 이용할 수 있으나 작업의 합리성을 따지자면 15~18시간의 오버나이트가 편리하다.

공정 포인트

○ **본 반죽 믹싱** 발효 시간이 짧아 스트레이트법보다 약간 강하게 돌린다. 단, 발효시킬 때 가스빼기를 할 것인가 말 것인가에 따라 조절한다. 반죽 온도는 25℃보다 낮게 한다.

○ **1차 발효** 기본적으로는 펀치를 하지 않는 편이 크럼의 상태나 구워진 크러스트의 단단함(씹는 맛)면에서 좋으나 반죽의 발효가 약할 경우는 40~50분에서 펀치를 한 번 넣어도 괜찮다. 이때 반죽은 신장성이 다소 나빠지고 구워진 빵의 크러스트도 당김이 강해진다.

○ **분할** 스트레이트법에 비해 반죽의 신장성이 좋다. 벤치 타임은 20분 정도 갖고 성형에 들어간다.

○ **굽기** 빵 색이 좋아지고 크러스트도 두껍게 구워진다. 볼륨이 눌리므로 강한 맛이 있는 빵으로 구워진다.

각 제법의 비교

제법	당일 공정	반죽의 신장성	풍미	식감	보존성
스트레이트법	길다	나쁘다	보통	보통	나쁘다
액종법	오버나이트 짧다	좋다	진하다	가볍다	좋다
발효종법	오버나이트 짧다	좋다	진하다	무겁다	좋다

Pain fantaisie

뺑 판타지

뺑 트래디셔널 반죽을 여러 모양으로 변화시킨 것을 통틀어 판타지라고 한다. 프티뺑은 식사용 뺑으로 레스토랑 특별주문품이 되기도 하고, 대형뺑은 재미있는 모양 때문에 가게의 디스플레이 등에 응용된다. 각종 동물뺑도 이렇게 부른다. 바게트나 바타르와 같은 반죽으로 만들지만 쿠페, 에피, 푸가스 등 크기나 모양에 따라 맛에 미묘한 차이가 있는 것이 특징이다.

프티뺑 · 에피 · 푸가스

- 제법 : **발효종법**
- 밀가루 양 : 3.45kg
- 분량 : 프티뺑 / 90개분

발효종

재료	(%)	(g)
프랑스분	100	1,000
소금	2	20
인스턴트 이스트	0.5	5
물	67	670

본 반죽

재료	(%)	(g)
프랑스분	100	3,000
발효종	25	750
소금	2	60
인스턴트 이스트	0.6	18
몰트 엑기스	0.3	9
물	66	1,980

· POINT ·

프티뺑은 전체적으로 볼륨감을 억제해 지나치게 부풀어오르지 않게 하며 크러스트는 조금 두껍게, 크럼의 기포는 균일한 상태로 구워 낸다. 푸가스는 긴 막대 모양으로 성형 후 30분 정도 발효시켜 비스듬히 칼집을 넣어 모양을 만든다. 크럼에는 불규칙한 기포가 섞여 있다. 에피는 가위로 깊게 자르고 이삭의 좌우 균형에 신경 쓴다.

공정과 조건	시간	/총시간(분)
준비 재료 계량	5	
발효종 믹싱 1단-2분 2단-2분] 반죽 온도 26℃	10	
1차 발효 60분 30℃ → 펀치 후 냉장 15~18시간, 0℃	오버 나이트	
본 반죽 믹싱 (스파이럴 믹서) 1단-4분 2단-2분] 반죽 온도 26℃	10	0 10
1차 발효 70분, 30℃	70	80
분할 쿠페, 팡뒤, 타바티에르 60g 샹피뇽 10g, 50g, 에피, 푸가스 300g	30	110
성형 쿠페, 풋볼형 팡뒤, 원형 타바티에르, 원형 에피, 푸가스, 막대형	15	125
2차 발효 60~70분 온도 32℃ 습도 70%	70	195
굽기 프티뺑 20~25분 에피, 푸가스 25~30분 굽는 온도 235℃ 스팀	30	225

공정 포인트

○ **믹싱**

믹싱부터 발효까지는 스트레이트법, 액종법, 발효종법 어떤 제법으로든 괜찮다. 빵 트레디셔널의 공정을 참고한다.

○ **분할**

- 쿠페 Coup (자르다), 팡뒤 Fendu(갈라지다), 타바티에르 Tabatière(코담배) : 각 60g
- 샹피뇽 Champignon(송이버섯) : 윗부분 10g, 아랫부분 50g
- 에피 èpi(밀이삭), 푸가스 Fougasse('재에 묻어 굽다'는 라틴어로부터 온 단어) : 각 300g

○ **성형**

- **쿠페** : 반죽을 가볍게 재둥글리기해서 손바닥으로 눌러 편 후, 거꾸로 반을 접어 풋볼 모양으로 성형한다. 반죽을 천 위에 올리고 양옆의 천을 세워 접은 다음 발효실에 넣는다.

- **팡뒤** : 둥글게 성형해 천 위에 올리고 발효실에서 20분 발효시킨다. 가는 밀대로 중앙을 눌러 반죽의 바닥만 얇게 남겨 두고 2등분한다. 나누어진 두 부분을 밀착시켜 윗부분이 밑으로 향하도록 뒤집은 다음 천 위에 올리고 발효시킨다.

- **샹피뇽** : 10g과 50g의 반죽을 각각 재둥글리기 한 다음 천 위에 올려 발효실에서 20분간 발효시킨다. 10g 반죽은 밀대를 이용해 얇은 원형으로 밀어 50g 반죽 위에 올려 중앙을 검지로 꾹 눌러 접착시킨다. 원형 부분이 밑으로 향하게 해 천 위에 올려 발효시킨다.

- **타바티에르** : 둥글게 성형해 발효실에서 20분간 발효시킨다. 이음새를 위로 오게 한 다음 반죽의 1/3 정도를 얇게 펴 나머지 부분 위에 접어서 덮는다. 덮은 부분이 밑으로 가게 천 위에 올리고 지나치게 부풀어오르지 않도록 가볍게 눌러 발효시킨다. 밀대로 반죽을 밀 때 반죽의 가장자리 5㎜ 정도를 조금 두껍게 남겨두면 알맞은 형태로 구워진다.

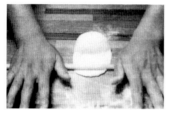

- **에피** : 바게트와 같은 방법으로 막대형으로 성형한다.

- **푸가스** : 바게트와 같은 방법으로 막대형으로 성형한다. 발효실에서 30분 발효시켜 스크레이퍼로 반죽의 중앙 부분에 비스듬히 6~7개 정도의 칼집을 넣고 양손으로 자른 부분을 벌려 모양을 정리한다. 발효실에서 15분 정도 회복시킨다.

○ 2차 발효
프티빵은 충분히 발효시킨다. 발효 부족이 원인이 되어 팡뒤는 두 쪽으로 나뉜 부분이 희미해지거나 샹피뇽의 윗부분이 갈라지기도 한다. 푸가스는 구울 때 슬립벨트 이동으로 손상을 입기 쉬우므로 발효실에서 어느 정도 여유 있게 꺼낸다.

○ 굽기
- **쿠페** : 쿠프를 1개 넣는다.
- **샹피뇽** : 윗부분을 상당히 짙은 색깔로 굽는다.
- **에피** : 가위로 잘라 가며 반죽의 좌우를 벌린다.

프티빵 성형은 재둥글리기를 하거나 면봉으로 미는 등 반죽에 부담이 가는 작업이 많으므로 반죽 노화가 쉽다. 각각 충분히 휴지시킨다. 또 당김이 강한 반죽은 분할 후에 둥글리기를 가볍게 하지 않으면 성형을 과하게 한 결과가 나오므로 반죽의 상태를 잘 알고 작업에 임한다.

Pain au levain

빵 오 르방

천연효모를 숙성시켜 만드는 하드계 빵이다. levain(르방)은 발효종이라는 의미이지만 여기서는 특히 천연효모에서 만든 종 levain naturel (르방 내추럴)을 가리킨다. 천연효모의 소재로는 각종 곡물, 과일, 요구르트 등을 이용할 수 있지만 그 중에서도 안정도가 높은 레이즌을 사용하면 발효력과 풍부한 향을 가진 종을 얻을 수 있다. 천연효모를 사용하는 목적은 다른 어디에도 없는 오리지널 향과 맛을 두루 갖춘 빵을 만들기 위함이다.

르방 내츄럴(자연종 = 천연효모)

르방 ①

재료	(g)	조건
커런트(레이즌)	500	발효 시간 · 온도 72시간, 27~30℃
물	500	
벌꿀	30	

르방 ②

재료	(g)	조건
① 발효액	300	반죽 온도 25℃ 발효 시간 · 온도 16시간, 25~27℃
프랑스분	500	
몰트 엑기스	10	

르방 ③

재료	(g)	조건
② 발효종	800	반죽 온도 25℃ 발효 시간 · 온도 10시간, 25~27℃
프랑스분	500	
소금	10	
몰트 엑기스	10	
물	300	

르방 ④

재료	(g)	조건
③ 발효종	800	반죽 온도 25℃ 발효 시간 · 온도 16시간, 22~25℃
프랑스분	500	
소금	10	
물	300	

· POINT ·

빵 오 르방의 요점은 르방(발효종)을 얼마나 발효력과 방향(芳香)을 겸한 종으로 만드느냐에 있다.

르방 ①의 단계에서 온도 관리가 정확하게 되면 72시간 후에는 충분히 발포하는 액체를 얻을 수 있다. 그러나 온도가 낮으면 액체의 발포가 적고 시간을 하루 더 연장하지 않으면 안 된다.

르방 ②에서는 반죽이 조금 되직하게 되지만 16시간 후면 발효에 의해 반죽이 부드러워지며 2배 정도 부풀어 오른다.

르방 ③에서의 소금 첨가 목적은 반죽의 부패 방지, 산화 억제, 산소에 의한 반죽의 연화(軟化)방지 등이다. 소금을 초기단계에서 첨가하면 발효를 억제하므로 어느 정도 이스트가 증식되어 발효력이 생기면 넣는다.

르방 ④는 방향 생성을 목적으로 한다. 발효력 측면에서 본다면 이 공정을 제외시켜도 굽기가 가능하기 때문에 본 믹싱에 들어가도 된다. 또는 리프레시해도 되며, 르방 ③ 이후에는 생각했던 볼륨과 향을 가진 빵을 굽기 위해 어느 단계에서 그만둘지 선택을 할 수 있다.

구워 낸 빵의 향, 풍미, 크럼, 크러스트, 거기에 오랜 보존기간 등 빵에 관계된 모든 것이 만족되는 반죽이라면 괜찮다. 더구나 발효액은 4~5일 냉장보존이 가능하며 또, 만든 종을 밀가루와 섞어 소보로 상태로 만들어 건조시키면 몇 주일 후의 제조에도 사용할 수 있다.

공정 포인트

○ 르방 ① (발효액)

발효용기(비커와 같은 원통형이 바람직하다)에 재료를 넣는다.

※ 액체가 발포된 것을 확인한다.

○ 르방 ②

발효액에 밀가루와 몰트 엑기스를 넣고 한 덩어리가 되도록 반죽한다. 반죽은 딱딱한 편이다.

※ 반죽은 약 2배로 부풀어 올라 발효용기에 가득 찬다. 향은 조금 신맛을 띤다.

○ 르방 ③

르방 ②와 같은 믹싱이지만 반죽은 다소 부드러워진다.

※ 반죽은 약 3배로 부풀어 올라 발효용기에 가득 찬다. 향은 조금 단맛을 띤다.

○ 르방 ④

믹싱은 르방 ③과 같다.

※ 반죽은 약 3배로 부풀어 올라 발효용기에 가득 차며, 반죽 조직은 엉성한 망과 같은 모양을 만든다. 새콤달콤한 향이 난다.

빵 오 르방

• 제법 : **르방 내추럴법**
• 밀가루 양 : 3.3kg
• 분량 : 500g / 10개분

재료	(g)
프랑스분	2,500
르방 내추럴	1,250
소금	50
몰트 엑기스	6
물	1,700

공정과 조건	시간	/총시간(분)
준비 재료 계량	10	0 10
믹싱 (스파이럴 믹서) 1단-4분 2단-2분 ⎤ 반죽 온도 27℃	10	20
1차 발효 180분 (120분에서 펀치) 30℃	180	200
분할 500g	30	230
성형 원, 막대형	10	240
2차 발효 90~100분 온도 32℃ 습도 75%	100	340
굽기 35~40분 굽는 온도 235℃ 스팀 굽기 손실 15~17%	40	380

공정 포인트

○ 믹싱

발효 시간이 길어지므로 믹싱은 조금 적게, 질게 한다.

○ 1차 발효

2~2시간 30분에 발효가 최고점에 도달한다. 반죽 상태가 발효력이 있다고 판단되면 분할에 들어가지만 불안하면 여기서 펀치를 한 번 넣어 주면 좋다.

○ 분할 · 성형

분할 중량은 300g 이상이라야 발효력이 안정된다. 성형 후에는 바느통을 사용하거나 천을 깐 박코르프에 반죽을 넣는다. 천 위에 놓고 발효시켜도 되지만 오븐에 옮길 때 반죽에 충격이 가해져 상할 수도 있으므로 주의한다.

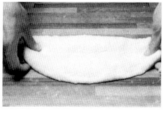

○ 2차 발효

발효용기를 이용할 경우는 충분히 발효시킨다. 평평한 천이라면 반죽 이동으로 손상을 입기 쉽기 때문에 조금 빠른 듯하게 굽기에 들어간다. 반죽은 조금 늘어진 듯한 상태가 좋다.

○ 굽기

슬립벨트에 올린 뒤 전체에 밀가루를 뿌리고 쿠프를 넣은 후 오븐에 넣는다. 크러스트가 조금 두꺼워지도록 시간을 들여 굽는다.

○ 보존

천연효모 빵의 이점은 보존성이 뛰어나다는 점이다. 반죽의 산화가 부패 방지로 이어져 수화(水和)가 좋고, 조직화된 물이 빵의 부드러움을 보존해 노화를 느리게 하는 역할을 한다. 보존에는 나무상자가 적절하나 플라스틱 케이스에 넣어 두어도 4~5일은 맛있게 먹을 수 있다.

> 이 빵은 내추럴 치즈나 햄, 소시지와 잘 맞는다.
> 또 가운데를 파내서 주사위 정도 크기로 잘라 샐러드로 만들고, 파내고 남은 겉껍질은 그릇으로 이용한다.

Kaisersemmel

카이저젬멜

오스트리아, 남부독일을 중심으로 독일어권에서 만드는 소형의 질 좋은 빵이다. 표면의 별모양은 옛날엔 손으로 성형했으나 현재는 전용기구가 사용된다. 빵 표면에 양귀비 씨, 깨, 캐러웨이 씨 등을 뿌려 굽는다. 빈을 여행하면 호텔 아침식사에 꼭이라고 할 만큼 빠지지 않고 등장한다.

카이저젬멜 I

- 제법 : **스트레이트법**
- 밀가루 양 : 3kg
- 분량 : 55g / 90개분

재료	(%)	(g)
프랑스분	100	3,000
소금	2	60
탈지분유	2	60
쇼트닝	3	90
인스턴트 이스트	0.8	24
몰트 엑기스	0.3	9
물	68	2,040

재료	(%)	(g)
양귀비 씨		
깨		
캐러웨이 씨		

공정과 조건	시간	/총시간(분)
준비 재료 계량	10	0 10
믹싱 (스파이럴 믹서) 1단-6분 ⎤ 2단-2분 ⎦ 반죽 온도 26℃	10	20
1차 발효 70분 (40분에서 펀치) 30℃	70	90
분할 55g	30	120
성형 원형	15	135
2차 발효 60분 (20분에 모양 누름) 온도 32℃, 습도 75%	50	185
굽기 23분 굽는 온도 230℃ 스팀 굽기 손실 22~24%	30	215

· POINT ·

크럼이 촘촘하고 씹는 맛이 좋은 빵을 만들어 낸다. 크러스트는 황금색으로 윤기 있게 굽는다. 전체 볼륨은 가운데 부분이 높지 않은 평평한 모양이 좋다. 별 모양은 깊지 않고 전체적으로 균일하게 중앙으로부터 퍼져 있고, 모양을 낸 부분이 터지는 일이 없도록 한다.

공정 포인트

○ 믹싱
저속에서 충분히 돌려 재료 분산과 밀가루 흡수(吸水)를 돕는다. 공기를 함유하는 믹싱이 아닌, 조직을 결합하는 믹싱이므로 회전수를 줄여 믹싱한다. 믹싱을 끝낸 반죽은 막이 얇고 부드럽지만 지나치게 늘어나지 않을 정도여야 한다. 반죽 온도는 26℃이다.

○ 1차 발효
전체적으로 70~80분 발효시킨다. 반죽의 힘을 증가시키기 위해 40~50분쯤 상태를 보고 펀치를 한다. 발효의 최고점보다 조금 이르게 가스빼기를 하면 구워진 빵의 크럼은 조밀해진다. 가스빼기 후의 발효는 30분으로 한다. 발효는 90분까지 괜찮지만 볼륨이 지나치게 커져 맛없는 빵이 되기도 하므로 주의해야 한다.

○ 분할
50~60g씩 분할한다. 가스를 충분히 빼고 둥글려 15분 벤치타임을 준다.

○ 성형
반죽을 손바닥으로 눌러 가스를 빼고 재둥글리기를 한다. 천 위에 놓고 발효실에 넣는다. 크럼이 균일해지도록 가스를 충분히 빼고 둥글리기를 확실하게 한다. 반죽의 바닥부분은 잘 봉한다.

○ 2차 발효
온도 32℃, 습도 75%에서 20분 발효시킨다. 반죽을 손바닥에 올려 카이저 전용기구를 사용해 별 모양을 넣는다. 딱딱한 곳에 반죽을 놓고 전용기구로 누르면 반죽이 지나치게 갈라져 구워냈을 때 여분의 균열이나 구멍이 생기는 원인이 된다.

플레인 반죽은 모양을 낸 부분을 아래로 하여 천 위에 놓는다. 토핑할 반죽은 물에 적신 스펀지나 천으로 반죽 위를 적셔 양귀비 씨와 깨 등을 뿌린다. 토핑한 면을 밑으로 놓고 발효시킨다. 캐러웨이 씨를 전체에 뿌리면 향이 너무 강하므로 굽기 전에 조금 뿌리는 정도가 좋다.

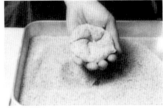

○ 굽기
슬립벨트에 반죽 표면이 위로 오도록 놓고, 230℃로 설정한 오븐에서 스팀을 넣어 22~24분 정도 굽는다.

> 독일이나 오스트리아를 여행하면 호텔 아침에는 꼭 카이저 젬멜이 나온다. 버터나 잼을 발라 커피와 함께 먹거나 테이블 나이프로 잘라 햄, 소시지, 치즈, 식초절임한 생선 등 다양한 부식을 위에 올려 먹기도 한다. 매일 먹어도 결코 질리지 않는 빵이다.

카이저젬멜 Ⅱ

• 제법 : **포아타이크법** • 밀가루 양 : 3kg • 분량 : 60g / 80개분

포아타이크

재료	(%)	(g)
프랑스분	25	750
인스턴트 이스트	0.05	1.5
물	15	450

하오프트타이크

재료	(%)	(g)
프랑스분	45	1,350
밀가루(국내산)	30	900
소금	2	60
쇼트닝	3	90
인스턴트 이스트	0.5	15
몰트 엑기스	0.3	9
물	50	1,500

공정과 조건	시간/총시간(분)	
준비 재료 계량	5	
포아타이크 믹싱 1단-2분 ┐ 2단-2분 ┘ 반죽 온도 25℃	10	
발효 15~20시간, 22~25℃	오버 나이트	
하오프트타이크 믹싱 (스파이럴 믹서) 1단-4분 ┐ 2단-2분 ┘ 반죽 온도 26℃	10	0 10
1차 발효 70분, 30℃	70	80
분할 60g	30	110
성형 원형	10	120
2차 발효 70분 (20분에 모양 누름) 온도 32℃, 습도 75%	70	190
굽기 23분, 굽는 온도 230℃ 굽기 손실 20~22%	30	220

공정 포인트

○ 포아타이크 믹싱
재료 혼합이 끝나고 반죽이 연결된 시점에서 종료한다. 반죽 온도는 24~25℃이다.

○ 발효
15~20시간 발효시킨다. 반죽의 숙성에 따른 방향의 생성과 연결을 좋게 해 제빵성을 향상시키는 것을 목적으로 한다.

○ 하오프트타이크 믹싱
저속 중심으로 연결을 강하게 하는 믹싱을 한다. 반죽은 조금 딱딱한 편이다. 반죽 온도는 26℃로 한다.

○ 1차 발효
60~70분을 목표로 반죽의 상태를 본다.

○ 분할
60g씩 분할한다. 가스를 충분히 빼고 둥글리기 한 다음 15분 벤치타임을 둔다.

○ 성형
손바닥으로 눌러 가스를 빼고 재둥글리기를 한다. 천 위에 놓고 발효실에 넣는다. 가스를 충분히 빼고 둥글리기를 확실하게 한다. 반죽의 밑부분은 잘 봉한다.

○ 2차 발효
온도 32℃ 습도 75%에서 20분 발효시킨다. 반죽을 손바닥에 올려 카이저 전용기구로 별모양을 넣는다. 또 다시 30~40분 발효시킨다.

○ 굽기
230℃ 오븐에서 스팀을 넣고 23분 전후로 굽는다.

Weizenbrot

바이첸브로트

바이첸브로트는 밀빵이라는 의미로 독일 빵의 기본이 된다. 프랑스 빵 트레디셔널과 같은 모양, 같은 반죽으로부터 여러 종류의 빵이 만들어지며 수요도 가장 많다. 소형을 Brötchen(브뢰트헨), 대형을 Brot(브로트)라고 부른다. 브뢰트헨은 표면에 균열이 있는 쌍둥이 빵 형태가 일반적이다. 단, 각양각색으로 만들어지므로 조금씩 모양이 변함에 따라 부르는 이름도 달라진다.

바이첸브로트 Ⅰ

- 제법 : **포아타이크법**
- 밀가루 양 : 3kg
- 분량 : 55g / 85개분

포아타이크

재료	(%)	(g)
프랑스분	25	750
인스턴트 이스트	0.05	1.5
물	15	450

하오프트타이크

재료	(%)	(g)
프랑스분	75	2,250
소금	2	60
쇼트닝	1	30
인스턴트 이스트	0.5	15
몰트 엑기스	0.3	9
물	50	1,500

· POINT ·

포아타이크를 전날 반죽해 당일 공정에서 펀치 없이 만들면 볼륨은 억제되고 약간 끈기 있는 크럼에, 깊은 맛을 가진 빵이 된다. 스트레이트법으로 만든다면 믹싱을 약간 길게 하고 발효를 90분(60분에 펀치)으로 하면 표준적인 빵을 얻을 수 있다. 식감이 가볍기 때문에 무게감 있는 빵을 원한다면 밀가루의 힘을 떨어뜨리거나 펀치 시간을 앞당긴다.

공정과 조건	시간/총시간(분)	
준비 재료 계량	5	
포아타이크 믹싱 1단-2분 ┐ 2단-2분 ┘ 반죽 온도 25℃	10	
발효 15~20시간 22~25℃	오버 나이트	
하오프트타이크 믹싱 (스파이럴 믹서) 1단-5분 ┐ 2단-2분 ┘ 반죽 온도 26℃	10	0 10
1차 발효 70분, 30℃	70	80
분할 브로트 350g, 브뢰트헨 55g	30	110
성형 원, 막대형	15	125
2차 발효 50~60분 온도 32℃ 습도 75%	60	185
굽기 브로트 35분 굽는 온도 230℃ 스팀 브뢰트헨 23~25분 굽는 온도 235℃ 스팀	35	220

공정 포인트

○ 포아타이크 믹싱
포아타이크 믹싱은 재료를 섞고 반죽을 결합하는 정도로 한다.
반죽 온도는 24~25℃로 맞춘다.

○ 발효
포아타이크 제법은 배합을 바꾸면 발효 시간도 변경할 수 있다. 그러나 오버나이트를 이용하면 시간 절약이 되므로 15시간 전후로 발효시킨다. 온도 변화에 주의한다.

○ 하오프트타이크 믹싱
볼륨을 원하는 경우라면 고속으로 돌리고, 쫄깃한 빵을 구워 내려면 가능한 한 저속 중심으로 반죽한다. 반죽은 약간 되직하게 하며 온도는 26~27℃ 정도가 좋다.

○ 1차 발효
발효 시간은 70분을 표준으로 하고 지나치게 높은 습도는 피한다.

○ 분할
브로트는 구워져 나온 뒤에 중량 500g이 되도록 분할하지만 여기서는 팔기 쉬운 크기인 250~350g 정도로 분할한다.
브뢰트헨은 50~60g씩 분할한다. 둥글려 20분 벤치타임을 둔다.

○ 성형
브뢰트헨의 표준형은 중앙에 균열이 들어간 쌍둥이 빵이다. 중앙의 균열은 약간 타원형으로 성형한 뒤 손날로 누르거나 가는 밀대를 사용해 만든다. 풋볼 모양으로 성형해 30분 동안 발효시킨 다음 프티 나이프로 잘라도 된다.
브뢰트헨의 카이저 모양은 반죽을 평평하게 한 뒤 왼손 엄지로 지탱하며 다섯 개의 주름을 접어 중앙에 모으면서 별 모양을 만든다. 윗부분을 밑으로 해서 천 위에 놓고 발효실에 넣는다.
브로트는 3, 4회 접어 길이 25㎝ 정도의 막대형으로 성형한다. 천 위에 올리고 양옆의 천을 세워 접어 반죽이 옆으로 퍼지는 것을 막는다.

○ 2차 발효
브뢰트헨은 갈라진 두 부분을 밀착시켜 천 위에 거꾸로 놓는다.
2차 발효가 불충분하면 균열이 희미해지며 누른 부분이 떠버려 구멍이 생기는 경우가 있다. 습도는 낮게 억제한다.

○ 굽기
브뢰트헨은 슬립벨트 위에 표면이 위로 오도록 놓고 스팀을 넣은 오븐에서 굽는다. 브로트의 쿠프는 프티 나이프로 비스듬히 깊게 넣으면 보기 좋게 구워진다. 굽는 시간은 브로트가 30~35분, 브뢰트헨은 23~25분이다.

바이첸브로트 Ⅱ

- 제법 : **스트레이트법**
- 밀가루 양 : 3kg
- 분량 : 55g / 85개분

재료	(%)	(g)
프랑스분	100	3,000
소금	2	60
쇼트닝	1	30
인스턴트 이스트	1	30
몰트 엑기스	0.3	9
비타민C	4ppm	1.2㎖
물	65	1,950

공정과 조건	시간	총시간(분)
준비 재료 계량	10	0 10
믹싱 (스파이럴 믹서) 1단-5분 ⎤ 2단-2분 ⎦ 반죽 온도 26℃	10	20
1차 발효 90분 (60분에서 펀치) 30℃	90	110
분할 브로트 350g, 브뢰트헨 55g	30	140
성형 원, 막대형	15	155
2차 발효 60분 온도 32℃ 습도 75%	60	215
굽기 브로트 30~35분 굽는 온도 230℃ 스팀 브뢰트헨 23~25분 굽는 온도 235℃ 스팀 굽기 손실 21~23%	35	250

브뢰트헨 정보

브뢰트헨에는 지역에 따라 서로 다른 이름이 붙어 있다. 예를 들어 크뉴펠, 슈니트브뢰트헨, 룬트슈튀크, 젬멜벡크 등이다.

당연히 소비량도 많으며 독일에서는 많은 상점이 자동제조라인으로 빵을 구워 낸다. 게다가 산화제, 이스트푸드의 사용 또는 이스트의 증량 등으로 단시간에 두 종류의 빵을 만들고 있다.

이 빵은 크럼이 조밀하고 적절하게 촉촉하며, 크러스트는 오래 구워 두껍고 씹는 맛이 좋은 게 특징이다. 그러나 단시간 제법이 보급되면서 강력 믹싱 때문에 크럼이 하얗게 되거나 볼륨이 지나치게 부풀어 오르는 등 결과적으로 맛이 없고, 오래가지 않는 빵이 늘어나고 있다.

이 때문에 맛의 개량은 독일에서도 몇 년 전부터 나온 이야기이다. 옛날부터 있었던 포아타이크에 의한 제빵법은 현재 제빵 공정에 추가하기 쉬운 방법이므로 맛있는 빵으로 되돌리는 하나의 수단이 되고 있다.

포아타이크의 숙성으로 풍미가 좋고 수명이 긴, 그리고 필요 이상으로 부풀어 오르지 않으며 깊이가 있는 맛을 가진 브로트 또는 브뢰트헨을 구워 낼 수 있다. 또 최근 일본에서 많이 사용하는 국산 밀가루 혼합이나 호밀분의 첨가(5% 정도) 등으로도 풍미, 크럼, 크러스트의 식감을 개선할 수 있다. 여러 가지 시험을 해볼 것을 권한다.

Pain de campagne

빵 드 캉파뉴

제빵 기술자에게 기본이 되는 빵이다. 이 빵은 시골과 자연을 그리워하던 도시 사람이 시골의 빵을 본떠 만든 것이 시초라고 한다. 파리에서도 많은 사람들에게 인기가 있어 여러 상점에서 스페셜로 내놓고 있다. 모양은 원형이 기본이며 마가렛 모양(머리를 리본으로 묶은 듯한 모양)이나 왕관 모양도 가끔 볼 수 있다. 2kg이나 되는 원형으로 구운 이 빵은 표면에 남은 밀가루가 옅은 갈색으로 변한 부분이 격자로 갈라진 부분과 대조를 이루며 식욕을 돋운다. 천연효모 빵은 두꺼운 크러스트와 크고 작은 불규칙한 기포가 특징이다. 크럼은 쫄깃하며 씹는 맛이 강하고 신맛의 여운을 즐길 수 있다.

르방 내추럴(자연종=천연효모)

[1일째]

재료	(g)	조건
프랑스분	800	반죽 온도 28℃
호밀분(전립분)	200	발효 시간 24시간
물	600	발효 온도 30℃

[2일째]

재료	(g)	조건
1일째 발효종	전량	
프랑스분	1,000	반죽 온도 25℃
몰트 엑기스	10	발효 시간 24시간
물	600	발효 온도 25℃

[3일째]

재료	(g)	조건
2일째 발효종	1,600	
프랑스분	1,000	반죽 온도 25℃
몰트 엑기스	10	반죽 시간 24시간
소금	20	발효 온도 25℃
물	600	

[4일째] ①

재료	(g)	조건
3일째 발효종	1,600	
프랑스분	1,000	반죽 온도 28℃
몰트 엑기스	10	발효 시간 8시간
소금	20	발효 온도 30℃
물	800	

· POINT ·

천연효모종 만들기는 호밀분을 소량 넣은 밀가루를 사용하며 물과 혼합한다. 놓아두는 장소는 빵공장의 구석지고 따뜻한 곳이 알맞고 공기 중의 부유효모 낙하를 기대할 수 있다. 24시간 후 반죽이 팽창하면 효모를 증식시킬 목적으로 종을 이어나간다(리프레시). 소금 첨가는 극도의 산화 방지와 산소 활성에 의해 반죽이 부드러워지는 것을 억제한다. 신맛을 강하게 내고 싶은 경우는 소금 첨가를 줄이고 발효 온도는 높게 하거나 극단적으로 낮게 한다.

천연효모 빵의 특징

1. 효모를 숙성시켜 얻은 발효부산물을 이용해 고유한 풍미를 가진 빵으로 구워 낸다.
2. 발효력을 충분히 갖는 르방을 만든다. 단, 발효력이 불안정한 경우는 이스트를 첨가해도 된다.
3. 반죽의 결합력이 좋고, 오래 보존할 수 있는 빵을 만든다.

[4일째] ②

재료	(g)	조건
①의 발효종	1,600	
프랑스분	1,000	반죽 온도 25℃
몰트 엑기스	10	발효 시간 16시간
소금	20	발효 온도 20℃
물	600	

공정 포인트

○ 종 만들기

[1일째] 밀가루에 호밀분 또는 그레이엄분, 밀기울 등을 혼합해 물을 넣어 섞는다. 공장 구석의 따뜻한 곳(30℃)에 24시간 놓아둔다.

[2일째] 반죽의 팽창이 확인되면 2일째 재료를 혼합해, 24시간 동안 효모증식에 최적 온도인 25~26℃인 곳에 놓아둔다.

[3일째] 반죽의 볼륨이 2~3배가 되면 3일째 재료를 혼합해 25~26℃인 곳에 놓아둔다.

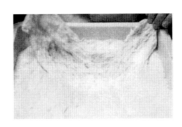

[4일째] 반죽의 볼륨이 2~3배가 되고 pH가 4.0 정도가 되면 4일째 ①의 재료를 혼합해 8시간 발효시킨다. ②의 재료를 혼합해 오버나이트로 발효시킨다.

빵 드 캉파뉴 Ⅰ

- 제법 : **르방 내추럴법**
- 가루 양 : **3.2kg**
- 분량 : **500 / 10개분**

재료	(%)	(g)
프랑스분	85	1,700
호밀분	15	300
르방 내추럴	100	2,000
소금	2	40
몰트 엑기스	0.3	6
물	65	1,300

· POINT ·

캉파뉴는 본래 2kg, 3kg의 대형으로 만들어지나 이 책에서는 구입하기 쉬운 작은 크기로 만든다. 크럼은 크고 작은 기포가 섞인 질긴 조직이지만 쫄깃하고 유연성이 있다.
크러스트는 충분히 구워 두껍게, 풍미는 뒷맛에 산뜻한 신맛을 느낄 수 있을 정도로 구워 낸다.

공정과 조건	시간/총시간(분)	
준비 재료 계량	10	0 10
믹싱 (스파이럴 믹서) 1단-4분 ⎤ 2단-2분 ⎦ 반죽 온도 26℃	10	20
1차 발효 180분 (100분에서 펀치) 30℃	180	200
분할 바느통 크기에 맞춰서	30	230
성형 원형	10	240
2차 발효 100분 온도 32℃ 습도 70%	100	340
굽기 40분 굽는 온도 230℃ 스팀 굽기 손실 18~20%	45	385

공정 포인트

○ 믹싱

반죽은 진 것이 좋다. 반죽이 되면 유연성이 결핍되어 발효력으로 이어지지 못하고 끊어져 버린다.

발효 시간이 길기 때문에 믹싱 시간을 되도록 줄인다. 믹싱이 끝난 반죽은 약간의 점착성을 지니며 반죽 온도는 25~26℃로 조절한다.

○ 1차 발효

발효는 상당히 느리게 진행되므로 표면이 건조해지지 않도록 한다. 발효 시간은 180분 정도로 예상하고 반 정도 지난 시점부터 반죽을 보면서 발효 최고점을 판단한다. 펀치를 한 번 하여 반죽의 발효력과 항장력을 높인다.

○ 분할

분할 중량은 사용하는 바느통이나 만들고자 하는 크기에 맞춘다.

반죽은 둥글려 벤치타임을 20~30분 준다. 왕관형은 만드는 법이 몇 가지 있다. 타바티에르를 바느통에 늘어놓고 연결시키는 방법과 막대형의 반죽을 연결시키는 방법이다. 둥글린 반죽 중앙에 구멍을 뚫어 고리로 만드는 방법도 있다.

○ 성형

재둥글리기를 한 뒤 밀가루를 얇게 뿌린 바느통에 이음새를 위쪽으로 해서 넣는다.

확실하게 이음새를 봉하는 것과, 반죽의 연결이 약하므로 무리를 주지 않고 둥글리기 하는 게 중요하다. 막대형으로 할 경우는 반죽에 무리가 가지 않게 쉬어 가며 늘인다.

○ 2차 발효

90~100분 정도로 발효시킨다. 반죽은 질어져 늘어진다. 슬립벨트에 옮겨 구우므로 조금 빨리 꺼낸다. 발효가 너무 이르면 구울 때 반죽이 터질 수도 있기 때문에 발효 상태를 실험을 통해 알아둔다.

○ 굽기

반죽이 담긴 바느통을 슬립벨트에 거꾸로 뒤집어 놓는다. 반죽에 여분의 충격을 주지 않도록 조심스럽게 이동시킨다. 표면에 남아 있는 밀가루가 얼룩져 있으면 밀가루를 체로 쳐 균일하게 한 번 더 뿌려준다. 쿠프 나이프로 칼집을 넣는다. 230~235℃ 오븐에 스팀을 적게 넣어 굽는다.

뺑 드 캉파뉴 Ⅱ

- 제법 : **발효종법**
- 가루 양 : 4kg
- 분량 : 500g / 13개분

발효종

재료	(%)	(g)
프랑스분	100	2,000
발효반죽 (저배합 반죽을 4~5시간 발효시킨 것)	6	120
소금	2	40
물	62	1,240

본 반죽

재료	(%)	(g)
프랑스분	85	1,700
호밀분	15	300
발효종	170	3,400
소금	2	40
인스턴트 이스트	0.5	10
몰트 엑기스	0.3	6
물	68	1,360

· POINT ·

여기서 사용하는 발효종은 levain mixte(르방 믹스트)다. 이것은 뺑 트레디셔널 같은 저배합 반죽을 발효시킨 것에 밀가루나 물을 혼합해 만든다. 뺑 트레디셔널을 만들 때 남긴 반죽을 냉장 보존해 두고 사용해도 좋지만 배합량이 많으므로 다시 만들어 양을 늘리고 동시에 발효력을 높이는 편이 좋다. 이 빵은 약간 신맛이 느껴지며 르방 내추럴을 사용한 정도는 아니지만 크고 작은 기포가 섞여 있어 단단한 조직을 만든다. 크러스트는 구수한 풍미를 풍기며 어느 정도 수분이 있는 식감은 며칠 동안 보존된다.

공정과 조건	시간/총시간(분)	
준비 재료 계량	5	
발효종 믹싱 1단-2분 ┐ 반죽 온도 25℃ 2단-2분 ┘	10	
발효 15~20시간 22~25℃	오버 나이트	
본 반죽 믹싱 (스파이럴 믹서) 1단-4분 ┐ 반죽 온도 26℃ 2단-2분 ┘	10	0 10
1차 발효 135분 (90분에 펀치) 30℃	140	150
분할 바느통 크기에 맞춘다.	30	180
성형 원형	10	190
2차 발효 90분 온도 32℃ 습도 70%	90	280
굽기 40분 굽는 온도 230℃ 스팀 굽기 손실 20~22%	45	325

공정 포인트

○ 발효종 믹싱

믹싱은 밀가루가 남아 있지 않고 반죽이 이어지기 시작하면 종료한다. 반죽은 잘 부서지며 당기면 곧 끊어져 버리는 정도가 적당하다. 반죽 온도는 25℃를 목표로 세운다.

○ 발효

오버나이트로 발효시키면 아침 일찍 본 반죽으로 들어갈 수 있다. 시간 조절은 되지만 발효 시간이 규정보다 길어질 때는 온도를 적절히 낮춰 주면 좋다. 온도 관리는 확실하게 한다.

○ 본 반죽 믹싱

발효종은 알코올 냄새가 강하고 발효용기 가득 퍼져 있으며 성기게 짜여진 망 구조로 되어 있다. 믹싱 종료 시점에서 80% 정도 연결된 반죽 상태는 당겼을 때 부서지는 경향이 남아 있다. 반죽 온도는 25~26℃이다.

○ 1차 발효

120~140분 발효시키나 90분 경과 시점에서 반죽을 보고 발효 최고점에 도달해 있으면 펀치를 한다. 가스빼기 정도는 반죽 상태로 강약을 조절한다.

○ 분할

바느통 크기에 따라 분할 중량을 정한다. 바느통을 사용하지 않는 경우는 막대형으로 500g 정도가 적당하다. 둥글려 벤치타임을 약 20분 정도 둔다. 말발굽 모양으로 할 경우는 이 단계에서 짧은 막대형으로 만들어 놓는다. 왕관 모양이라면 100g의 타바티에르를 7개 엮은 모양으로 만들어도 좋다.

○ 성형

원형은 재둥글리기를 해 밀가루를 뿌린 바느통에 바닥이 위로 가게 넣는다. 막대형은 반죽을 뒤집어서 천 위에 올리고 반죽 양옆의 천을 세워 접어 옆퍼짐을 방지한다. 말발굽 모양 반죽은 접어서 길게 늘어뜨려 10분 정도 놓아둔 뒤 밀대로 중앙에 가는 홈을 만든다. 바느통에 반죽을 뒤집어 넣고 발효시킨다.

○ 2차 발효

발효 시간은 80~90분 걸린다. 슬립벨트에 옮겨 쿠프를 몇 개 넣고 오븐에 굽는다. 바느통에서 발효시킨 반죽은 표면에 밀가루가 남는데 이것이 얼룩져 있다면 밀가루를 체로 쳐서 균일하게 뿌린다. 반죽 상태는 조금 늘어지는 듯하다.

○ 굽기

500g의 크기는 230℃ 오븐에서 괜찮지만 더 대형일 경우는 온도를 떨어뜨려 굽는다. 스팀은 조금만 넣고 충분히 구워 두꺼운 크러스트를 만든다.

Schweizerbrot

슈바이처브로트

밀가루 양의 20% 호밀분을 혼합하고 있으나 독일에서는 분류상 소맥빵에 들어간다. 오리지널은 분할 중량 400g 정도의 둥근 중형빵으로 굽는다. 'Schweiz(슈바이츠=스위스)의 빵'이란 이름이지만 스위스와는 직접적인 관련이 없다. 호밀분을 섞은 빵은 밀가루로만 만든 빵보다 깊은 맛이 난다. 하드계 식사빵으로 빵 트레디셔널을 대신해 발전할 만한 빵이다.

슈바이처브로트 Ⅰ

- 제법 : **포아타이크법**
- 가루 양 : 3kg
- 분량 : 150g / 32개분

포아타이크

재료	(%)	(g)
프랑스분	25	750
인스턴트 이스트	0.05	1.5
물	15	450

하오프트타이크

재료	(%)	(g)
프랑스분	60	1,800
호밀분	15	450
소금	2	60
탈지분유	2	60
쇼트닝	1	30
인스턴트 이스트	0.5	15
몰트 엑기스	0.3	9
물	50	1,500

· POINT ·

혼합하는 호밀분은 보통 굵기지만 전립분을 곱게 간 것이나 중간쯤으로 간 것을 사용해도 좋다. 전체 볼륨은 조금 작은 편으로 빵의 풍미를 살리는 데 중점을 둔다. 밀가루만의 바이첸브로트보다 크럼에 수분기가 많으며 깊이 있는 맛이 난다. 크러스트는 호밀분 냄새가 남지 않도록 충분히 굽는다.

공정과 조건	시간/총시간(분)	
준비 재료 계량	5	
포아타이크 믹싱 1단-2분 ⎫ 2단-2분 ⎬ 반죽 온도 25℃	10	
발효 15~18시간, 22~25℃	오버 나이트	
하오프트타이크 믹싱 (스파이럴 믹서) 1단-5분 ⎫ 2단-2분 ⎬ 반죽 온도 26℃	10	0 10
1차 발효 70분, 30℃	70	80
분할 150g, 350g	15	95
성형 원, 풋볼모양	10	105
2차 발효 60분 온도 32℃, 습도 75%	60	165
굽기 약 30~40분 굽는 온도 235℃ 스팀 굽기 손실 18~20%	40	205

공정 포인트

○ 포아타이크 믹싱

포아타이크는 부드럽게 반죽한다. 여기서 특히 반죽 온도를 정확히 지킨다. 포아타이크의 숙성 시간은 사용하는 밀가루, 이스트 양, 발효 온도에 따라 변한다.

○ 발효

12~20시간 범위라면 제품에 영향을 미치지 않는다. 반죽이 질어져 발효용기에 퍼지고 약간 신 냄새가 날 때까지 발효시킨다.

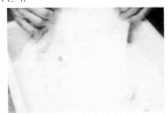

○ 하오프트타이크 믹싱

포아타이크는 시간이 흐르면서 상당히 질어져 하오프트타이크와 잘 섞이지 않으므로 주의한다. 저속 중심으로 완전히 혼합된 반죽을 만든다. 반죽 온도는 26~27℃로 한다.

○ 1차 발효

30℃에서 약 70분을 표준으로 발효시킨다. 포아타이크의 숙성이 충분하면 펀치는 필요 없다. 발효 종료 때 반죽이 질어 보이면 가스빼기를 하여 회복시킨다.

○ 분할

150g, 350g씩 분할해 둥글린다. 벤치타임은 15분 준다.

○ 성형

재둥글리기 한 반죽은 천 위에서 발효시킨다. 풋볼 모양으로 접어 모양을 만든다. 성형 후 반죽을 천 위에 올린 다음 양옆의 천을 세워 접어 옆 퍼짐을 방지한다.

○ 2차 발효

약 60분을 기준으로 삼고 반죽의 상태를 보면서 조절한다. 반죽은 약간 부드러운 듯하나 포아타이크 제법의 특징이므로 문제는 없다.

○ 굽기

전체에 호밀분을 뿌리고 쿠프를 넣어 굽는다. 굽는 온도는 235℃로 설정하고, 150g 분할은 약 30분, 350g은 40분 정도 굽는다.

호밀분을 뿌리는 것은 호밀분이 구워졌을 때, 풍미와 외관을 생각해서다. 하얗게 구워질 정도로 많이 뿌리지 않는다.

슈바이처브로트 Ⅱ

- 제법 : **스트레이트법**
- 가루 양 : 3kg
- 분량 : 150g / 32개분

재료	(%)	(g)
프랑스분	85	2,250
호밀분	15	450
소금	2	60
탈지분유	2	60
쇼트닝	1	30
생 이스트	2.5	75
몰트 엑기스	0.3	9
물	68	2,040

공정과 조건	시간	/총시간(분)
준비 재료 계량	10	0 10
믹싱 (스파이럴 믹서) 1단-6분 ┐ 2단-2분 ┘ 반죽 온도 26℃	10	20
1차 발효 90분 (60분에서 펀치) 30℃	90	110
분할 150g 350g	30	140
성형 원, 풋볼형	10	150
2차 발효 약 60분 온도 32℃ 습도 75%	60	210
굽기 30~40분 굽는 온도 235℃ 굽기 손실 20~22%	40	250

· POINT ·

포아타이크법과 비교하면 이스트 양이 많아져 볼륨이 쉽게 나온다. 노펀치 제법은 힘이 부족하므로 발효 도중 가스를 한 번 뺀다.

공정 포인트

○ 믹싱
반죽은 밀가루 100% 배합빵보다 호밀이 들어 있는 분량만큼 약간 질게 반죽한다. 이것은 호밀이 흡수가 좋고 구울 때 물을 많이 필요로 하기 때문이다. 반죽 온도는 26℃ 정도가 좋다.

○ 1차 발효
보통 반죽과 마찬가지로 손가락 표시가 남을 정도면 펀치를 한 번 한다. 60분 발효 후 펀치를 해 30분 정도 두는 것이 일반적이다. 발효가 종료된 반죽은 어느 정도 딱딱한 편이다.

○ 분할
덧가루는 밀가루를 사용한다. 분할 후 둥글린 다음 벤치 타임을 15분 정도 준다.

○ 성형
원형인 경우는 재둥글리기 한다. 풋볼 형태는 가스를 빼고 상하로 접어 평평하게 한 다음 다시 접는다. 둥글게 성형한 것을 천 위에 올리고 양옆의 천을 세워 접은 다음 발효시킨다.

○ 2차 발효
60분을 표준으로 발효 상태를 보지만 반죽이 질을 때는 빨리 꺼낸다. 호밀이 혼합된 반죽은 2차 발효가 길어지면 회복이 어려우므로 조금 빠른 듯하게 굽기에 들어가는 것이 좋다.

○ 굽기
전체에 호밀분을 뿌려 쿠프를 넣고 굽는다. 크러스트는 짙은 색으로 굽는다.

Pain de seigle

뺑 드 세글

프랑스 호밀빵은 알프스, 피레네 등 산악지방의 빵이었다고 한다. 평지에서는 유일하게 부르타뉴 지방에서 먹었으나 그 외 지역에서는 일상적이지 않았다. 호밀은 메마른 토지와 혹한 추위의 북쪽지방에서도 잘 자란다는 장점이 있었으나 회색빛 가루나 빵을 만들었을 때 무거운 맛 등으로 소맥빵과는 비교가 되지 않았다. 그러나 최근 호밀빵이 가진 소박함과 영양가 많은 활력원이란 특성이 자연적인 것을 선호하는 소비자에 의해 다시 평가되면서 빛을 보게 되었다. 호밀빵이라고 해도 밀가루를 섞어 만드는 것이 일반적이다. 이전에는 혼합된 밀가루 양이 전체의 35% 이하였으나 현재는 50%를 넘지 않는 범위 내에서 섞는다. 밀가루 비율이 훨씬 많아지면 Pain au seigle(뺑 오 세글)이라 부른다.

- 제법 : **발효종법**
- 가루 양 : 3.2kg
- 분량 : 350g / 14개분

발효종

재료	(%)	(g)
프랑스분	100	1,500
발효반죽 (저배합 반죽을 4~5시간 발효시킨 것)	6	90
소금	2	30
물	62	930

본 반죽

재료	(%)	(g)
프랑스분	20	400
호밀분	80	1,600
발효종	100	2,000
소금	2	40
인스턴트 이스트	0.5	10
몰트 엑기스	0.3	6
물	65	1,300

· POINT ·

호밀이 50% 혼합되므로 전체적으로 볼륨이 작은 무거운 빵이 된다. 크럼은 촘촘하고 탄력이 있고 깊이 있는 맛이 난다. 크러스트는 두껍고 짙은 갈색으로 굽는다. 반죽 결합이 약한 점과 풍미 개선을 위해 발효종법을 이용한다.

공정과 조건		시간/총시간(분)	
준비 재료 계량		5	
발효종 믹싱 1단-2분 2단-2분 〕 반죽 온도 25℃		10	
발효 15~20시간 22~25℃		오버 나이트	
본 반죽 믹싱(스파이럴 믹서) 1단-5분 2단-2분 〕 반죽 온도 26℃		10	0 10
1차 발효 60분 30℃		60	70
분할 350g		30	100
성형 막대형		10	110
2차 발효 70분 온도 32℃, 습도 75%		70	180
굽기 35~40분 굽는 온도 235℃ 스팀 굽기 손실 15~17%		40	220

공정 포인트

○ 발효종 믹싱
발효반죽은 빵 트레디셔널 반죽을 사용하고 없으면 인스턴트 이스트를 0.2% 혼합한다. 믹싱 재료가 섞이는 정도가 괜찮다. 반죽 온도는 23~25℃로 조절한다.

○ 발효
발효 시간은 길게 하고 15~20시간 사이에 본 반죽으로 들어간다. 반죽은 질고 엉성한 망 구조를 보인다. 알코올 냄새가 강하게 난다.

○ 본 반죽 믹싱
기본적으로 밀가루만으로 반죽할 때보다 믹싱 시간이 짧아진다. 반죽은 달라붙는 편이지만 공정이 진행되면서 점점 되직해진다. 반죽 온도는 26℃ 전후로 한다.

○ 분할
350g씩 분할해 둥글린다. 15분 벤치타임을 준다.

○ 성형
접어 가며 22~23㎝ 길이의 막대형으로 만든다. 반죽을 천 위에 올린 다음 양옆의 천을 세워 접어 옆 퍼짐을 방지한다. 호밀분을 체로 쳐 반죽 위에 얇게 뿌리고 쿠프를 넣는다.

○ 2차 발효
온도 32℃, 습도 75% 환경에서 발효시킨다. 쿠프를 넣은 곳이 벌어져 발효 상태의 기준이 된다. 반죽은 조금 부드러운 듯한 정도가 좋다.

○ 굽기
슬립벨트에 옮길 때 반죽이 상하지 않도록 주의한다. 235℃로 예열된 오븐에 스팀을 넣고 굽는다. 크러스트가 두껍고 짙은 갈색이 되도록 굽는다.

뺑 드 세글 오 자브리코
Pain de seigle aux abricots

뺑 드 세글 반죽에 말린 살구 슬라이스를 넣어 구운 것이다.

혼합 분량은 밀가루 양의 15~20%가 적당하다. 말린 살구는 물에 불려서 사용한다. 지나치게 불리면 너무 말랑해져 빵으로 구워 냈을 때 살구 주위가 끈적해지므로 물에 30~40분 정도만 담가 둔다. 그대로 사용하면 신맛이 강하다. 물에 불린 후 설탕과 물이 1:2인 시럽에 30분 정도 담가 단맛을 낸다. 물기를 잘 닦아 4~5㎜두께로 슬라이스한다. 믹싱 단계에서 반죽이 완성되면 섞는다. 성형은 되도록 살구가 표면으로 드러나지 않게 한다. 표면에 드러난 살구는 구울 때 타 버린다.

뺑 드 세글 오 누아제트
Pain de seigle aux noisettes

뺑 드 세글 반죽에 굵게 부순 헤이즐넛을 넣어 구운것이다.

혼합 분량은 20~25%가 적당하다. 헤이즐넛은 그대로 넣지 말고 오븐에서 가볍게 구워 껍질을 손으로 비벼서 벗긴 후 굵게 빻아 사용하면 된다.

믹싱단계에서 반죽이 완성되면 넣어 섞는다. 헤이즐넛을 섞은 반죽은 공정이 진행되면서 헤이즐넛이 수분을 흡수하므로 점점 단단해진다.

믹싱할 때 물을 충분히 넣어 줄 필요가 있다. 그 외에 너트류(호두, 아몬드)나 드라이 프루트, 또는 양파나 향신료 등을 섞어도 좋다.

독일의 호밀빵은 사워종이 굽는 데 도움을 주어 빵이 되지만 프랑스는 사워종이 들어가지 않는다. 그러나 발효종이나 남은 반죽을 이용해 만들기 때문에 반죽의 산화는 당연히 일어나며 이 산화가 빵 굽기를 돕는다. 다행히 일본에서 사용되는 호밀분은 제빵성이 좋고 이러한 산화된 반죽을 넣지 않고도 빵을 구워 낼 수 있다. 호밀분은 구워 낼 때 특유의 풍미와 냄새가 난다.

산화된 반죽은 이런 특유의 풍미를 없애는 역할도 한다. 따라서 발효종이나 남은 반죽을 이용한 제법이 보다 맛있는 빵을 만든다. 또 독일의 사워종을 10% 정도 넣는 것도 풍미 개선에 도움을 주어 또 다른 맛을 가진 빵을 만든다.

> 아무 것도 넣지 않은 이 빵은 식사용으로, 너트나 프루트가 들어간 것은 어패류, 특히 굴과 잘 어울린다. 또 치즈, 와인과 함께 떨어질 수 없는 트리오를 이루고 있다. 프랑스 요리 레스토랑 중에는 치즈용 호밀빵을 특별 주문하는 곳이 많아지고 있다.

Rosetta

로제타

로마를 중심으로 로제타라는 이름으로 불려지며 론바르디아 지방의 중심지 밀라노에서는 미케트라고 부른다. 현재는 로제타가 일반적이다. 외관은 꽃잎이 다섯 장인 장미 모양이고 중심부가 빈 것이 가장 큰 특징이다. 오스트리아 지배 당시 빈의 카이저젬멜 영향을 받아 만들어졌다고도 한다. 하드계 빵이 껍질을 먹는 빵이라고 한다면 맛있는 부분인 껍질만을 가진 이 빵은 이상적인 하드계 빵일 것이다.

● 제법 : **중종법**
● 가루 양 : 2kg
● 분량 : 55g / 40개분

중종

재료	(%)	(g)
프랑스분	80	1,600
인스턴트 이스트	0.2	4
물	45	900

본 반죽

재료	(%)	(g)
프랑스분	20	400
소금	2	40
올리브오일	2	40
몰트 엑기스	0.3	6
물	10	200

· POINT ·

중심부에 구멍을 잘 만들려면 중종을 충분히 발효시켜야 한다. 그리고 반죽을 시터로 밀어 접기 작업을 반복, 글루텐을 연화시켜 신장성 있는 축적된 글루텐을 만드는 것이 포인트이다. 반죽은 3cm두께로 밀어 오각형 틀로 찍어 낸 다음 전용 누름틀을 사용해 장미잎 모양으로 성형한다. 크러스트는 흰색을 띠지 않는 편이 풍미가 좋다.

공정과 조건	시간/총시간(분)	
준비 재료 계량	5	
중종 믹싱 1단-2분 ⌉ 반죽 온도 25℃ 2단-2분 ⌋	10	
발효 18~20시간, 25℃	오버 나이트	
본 반죽 믹싱 (스파이럴 믹서) 1단-4분 ⌉ 반죽 온도 28℃ 2단-2분 ⌋	10	0 10
플로어타임 15분	15	25
접어 밀기 3절 15회	10	35
1차 발효 60분, 30℃	60	95
분할· 성형 55g	15	110
2차 발효 60분 온도 32℃, 습도 75%	60	170
굽기 20분 굽는 온도 230℃ 스팀 굽기 손실 30~32%	25	195

공정 포인트

○ 중종
중종발효가 구멍 형성에 크게 영향을 끼치므로 밀가루 양의 80%로 중종을 만든다. 지나치게 발효시키면 구워낸 빵에서 약간 신 냄새가 나며 맛없는 빵이 되므로 발효 온도가 높아지지 않도록 온도 관리를 정확히 한다.

○ 중종 믹싱
믹싱은 재료가 섞이는 정도의 초기 믹싱에서 멈춘다. 반죽은 된 편이며 발효용기에 옮겨 발효시킨다.

○ 발효
온도 설정은 20~25℃ 사이면 문제없다. 18시간 기준으로 반죽 상태를 본다. 반죽은 질고 큰 기포가 나타난다.

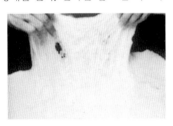

○ 본 반죽 믹싱
반죽은 약간 딱딱한 편이며 믹싱 시간은 보통의 하드계와 마찬가지로 짧게 한다.

○ 플로어타임
반죽에 탄력이 생길 때까지 휴지시킨다. 약 15분을 기준으로 한다.

○ 밀어 접기
시터를 이용해 두께 7㎜로 밀어 세 겹으로 접는다. 방향을 90℃씩 바꿔가며 이 작업을 연속 14~16회 반복하면 반죽은 부드러워지고 광택이 난다. 재둥글리기 하고 표면에 올리브오일을 발라 발효시킨다.

○ 1차 발효
약 60분동안 반죽 표면이 마르지 않을 정도의 습도가 있는 곳에서 발효시킨다.

○ 분할 · 성형
면봉으로 두께 3㎝로 밀어 1개를 55g 기준으로 오각형 틀로 찍어낸다. 로제타용 커터로 누른 다음 뒤집어 천 위에 놓는다. 남은 반죽은 어느 정도 휴지시킨 다음 55g로 분할해 둥글린다. 벤치타임을 15분 정도 준 뒤 로제타 모양쇠로 누른다. 뒤집어 천 위에 놓는다.
※ 재둥글리기를 한 반죽의 로제타는 구멍이 잘 생기지 않는다.

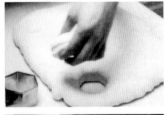

○ 2차 발효
약 60분을 기준으로 한다. 반죽 상태는 조금 늘어지는 듯하다.

○ 굽기
슬립벨트에 반죽의 표면이 위로 오게 놓고 스팀을 넣어 굽는다. 시간은 약 20분. 본래 흰색을 띠는 빵이나 색깔이 조금 나도록 굽는 것이 향기와 맛이 좋다.

Pain brié

빵 브리에

보존성이 좋아 항해(航海)용 빵으로 사용됐다. 껍질이 딱딱하고 크럼도 조밀해 빵 내부의 수분이 빠져 나가기 힘든 것이 특징이다. 프랑스 노르망디 지방에서 유명한 빵이지만 보르드 지방이나 이탈리아 베니스에도 잘 알려져 있다. 파리에서는 빵 이탈리안이라는 이름으로 친숙하며 스페인이나 아프리카 사하라 사막 북부에서도 찾아볼 수 있다.

- 제법 : **발효종법**
- 가루 양 : 3kg
- 분량 : 300g / 15개분

발효종

재료	(%)	(g)
프랑스분	100	2,000
발효반죽(저배합 반죽을 4~5시간 발효시킨 것)	6	120
소금	2	40
물	62	1,240

본 반죽

재료	(%)	(g)
프랑스분	100	1,000
발효종	340	3,400
소금	2	20
쇼트닝	10	100
인스턴트 이스트	1.5	15
몰트 엑기스	0.3	3
물	20	200

· POINT ·

수분이 적은 조밀한 크럼을 만들어 내기 위해서 단단하게 반죽한다. 향이 좋고 오래 보존할 수 있도록 발효종을 많이 배합해 믹싱한다. 전체적 볼륨은 작은 편으로 크러스트는 약간 두껍게 구워 낸다.

공정과 조건	시간/총시간(분)	
준비 재료 계량	5	
발효종 믹싱 1단-2분 ┐ 2단-2분 ┘ 반죽 온도 25℃	10	
발효 15~20시간, 22~25℃	오버 나이트	
본 반죽 믹싱 **(스파이럴 믹서)** 1단-10분 ┐ 다듬기-5분 ┘ 반죽 온도 26℃	20	0 20
1차 발효 30분, 30℃	30	50
분할 300g	30	80
성형 막대형	10	90
2차 발효 60분 온도 32℃ 습도 70%	60	150
성형 30~35분 굽는 온도 240℃ 스팀 굽기 손실 13~15%	40	190

86

공정 포인트

○ 발효종 믹싱
1단-2분, 2단-2분. 재료가 전체적으로 섞이는 정도로 믹싱한다. 발효종에는 충분한 시간이다.

○ 발효
15시간을 기준으로 생각한다. 허용 범위는 넓지만 온도가 지나치게 낮거나 높으면 반죽에 영향을 미치므로 최저 22℃ 정도로 한다.

○ 본 반죽 믹싱
밀가루의 풍미를 충분히 내고 크럼을 조밀하게 만들기 위해 믹싱은 저속 중심으로 길게 돌린다.
믹서에서 꺼내 작업대 위에서 5분 정도 둥글리면서 다듬어 매끈한 반죽으로 만든다. 고속 믹싱은 산화를 촉진시켜 크럼의 기포가 커지며 볼륨도 지나치게 나오므로 사용하지 않는다.

○ 1차 발효
발효보다는 반죽의 탄력을 위한 플로어타임이라고 생각한다. 30분을 기준으로 반죽의 단단한 정도로 판단한다.

○ 분할
300g씩 분할해 둥글린다. 벤치타임은 15~20분 준다.

○ 성형
20cm 정도의 막대형으로 성형한다.
반죽이 단단하므로 충분히 가스빼기를 하고 접을 때마다 손바닥으로 반죽을 눌러 가며 주의 깊게 성형한다.
이음새가 헐거우면 2차 발효나 구울 때 반죽이 파열돼 버린다.

○ 2차 발효
온도는 32℃ 정도에서 천천히 발효시킨다. 습도도 약간 낮춘다.
단, 반죽이 건조해지기 쉬우므로 때때로 반죽 상태를 확인한다. 시간은 60분 정도이지만 조금 이른 듯하게 꺼내는 것이 좋다.

○ 굽기
쿠프 나이프 또는 잘 드는 프티 나이프로 쿠프를 깊게 넣는다. 굽기는 고온에서 표면을 굳힌 다음 온도를 조금 낮춰 시간을 들여 굽는다.
처음엔 240℃의 고온에서 10~15분 정도 굽고, 그대로 온도를 낮춰 가며 크러스트를 두껍게 굽는다. 스팀은 적게 넣는다.

크럼이 쫄깃하며 그대로 먹어도 깊은 맛을 풍기는 빵이다. 얇게 잘라 토스트 하면 크럼이 바삭바삭해지기 때문에 아침식사용 빵으로 맛있게 먹을 수 있다.

Pain complet

뺑 콩플레

'완전한 빵'이란 의미이며 기울이나 배아가 들어간 소맥전립분(그레이엄분)을 사용한 빵이다. 프랑스의 빵 학교 교과서에는 회분 1.4%, 원료의 제품 비율이 95%인 밀가루라고 쓰여 있다. 이 밀가루는 비타민, 미네랄분이 많아 영양가가 높은 빵이다. 반면에 제빵성은 떨어지며 볼륨 없는 빵이 되기도 한다.

- 제법 : **발효종법**
- 가루 양 : 3.2kg
- 분량 : 350g / 14개분

발효종

재료	(%)	(g)
프랑스분	100	1,500
발효반죽 (저배합 반죽을 4~5시간 발효시킨 것)	6	90
소금	2	30
물	62	930

본 반죽

재료	(%)	(g)
프랑스분	20	400
그레이엄분	80	1,600
발효종	100	2,000
소금	2	40
쇼트닝	3	60
인스턴트 이스트	0.5	10
몰트 엑기스	0.3	6
물	68	1,360

· POINT ·

그레이엄분은 밀가루 회사에 따라 입자 크기가 다르다. 구워져 나왔을 때 먹기에 불편할 정도의 큰 입자는 물에 불려 사용한다.
이때 물의 양은 믹싱에서 조절한다. 크럼은 엉성하지만 볼륨은 크지 않게 굽는다. 반죽은 신장성이 나쁘다. 때문에 압력을 지나치게 주거나 발효력이 강하면 성형했을 때 옆부분이 갈라지기 쉬우므로 주의한다.

공정과 조건	시간/총시간(분)	
준비 재료 계량	5	
발효종 믹싱 1단-2분 ⎤ 2단-2분 ⎦ 반죽 온도 25℃	10	
발효 15~20시간, 22~25℃	오버 나이트	
본 반죽 믹싱 (스파이럴 믹서) 1단-5분 ⎤ 2단-2분 ⎦ 반죽 온도 26℃	10	0 10
1차 발효 50분, 30℃	50	60
분할 350g	30	90
성형 막대형	10	100
2차 발효 60분 온도 32℃ 습도 75%	60	160
굽기 30~40분 굽는 온도 235℃ 스팀 굽기 손실 16~18%	40	200

공정 포인트

○ 발효종 믹싱

재료가 섞일 정도로만 짧게 믹싱한다. 믹서는 수직형이나 스파이럴 어느 쪽이라도 괜찮다. 발효반죽은 빵 트레디셔널을 기본으로 하고, 이것이 없다면 다른 저배합 반죽으로 대용할 수 있다. 발효반죽이 없으면 인스턴트 이스트를 0.2% 넣어 믹싱한다.

○ 발효

온도를 22~25℃로 관리하며 오버나이트로 발효시킨다. 발효 시간은 15시간을 기준으로 다음 공정을 행한다.

○ 본 반죽 믹싱

반죽 발효와 함께 그레이엄분이 반죽 내의 수분을 흡수하여 되직해지기 쉬우므로 조금 진 상태에서 믹싱을 종료한다. 물에 불린 그레이엄분을 사용할 경우는 보통 되기로 한다.

○ 1차 발효

50분을 기준으로 반죽 상태를 본다. 만약 반죽이 지나치게 질거나 힘 없이 느껴지면 펀치를 한다. 가스빼기를 한 뒤의 발효는 30분 정도가 좋다.

○ 분할

이 빵은 때에 따라 틀에 넣어 굽기도 하고 그대로 막대형으로 굽기도 한다. 틀에 넣어 구울 때는 화이트 팬 브레드 한 덩이 정도가 적당하며 반죽은 노펀치로 분할한다. 막대형으로 구울 때는 350g씩 분할, 둥글려 벤치타임을 15~20분 준다.

○ 성형

반죽의 상태를 보며 성형의 강도를 가감한다. 지나치게 강하면 2차 발효에서 반죽 옆면에 균열이 생기는 경우가 있다. 막대형으로 성형하거나 세 번 접는 정도로 성형한다.

○ 2차 발효

틀을 사용하지 않고 막대형으로 굽는 경우는 32~33℃ 정도의 낮은 온도에 둔다. 틀에 넣어 구울 때는 온도, 습도를 모두 높여도 괜찮다. 시간은 60분을 표준으로 하고 충분히 발효시킨다.

○ 굽기

슬립벨트 위에 올려 쿠프 나이프 손잡이 뒷부분이나 젓가락을 사용해 반죽 중앙까지 깊게 5, 6개 정도 구멍을 뚫는다. 크러스트는 조금 진하게 충분히 굽는다. 굽기가 부족하면 그레이엄분의 곡물 냄새 때문에 구수한 냄새가 사라진다.

Pain paysan

뺑 페이장

'농부의 빵'이란 이름이다. 빵 드 캄파뉴처럼 밀가루와 호밀분을 섞은 혼합빵으로 분류된다. 호밀분 이외에도 그레이엄분(소맥전립분)이 배합되어 있어 옛날부터 농가에서 먹었던 빵임을 알 수 있다. 최근엔 밀가루만 사용한 빵보다 이런 혼합빵의 수요가 증가하고 있으며, 재평가되고 있는 빵 가운데 하나라 할 수 있다.

- 제법 : **발효종법**
- 가루 양 : 3kg
- 분량 : 500g / 9개분

발효종

재료	(%)	(g)
프랑스분	100	1,000
발효반죽(저배합 반죽을 4~5시간 발효시킨 것)	6	60
소금	2	20
물	62	620

본 반죽

재료	(%)	(g)
프랑스분	50	1,000
그레이엄분	25	500
호밀분	25	500
발효종	80	1,600
소금	2	40
쇼트닝	7	140
인스턴트 이스트	0.5	10
몰트 엑기스	0.3	6
물	70	1,400

· POINT ·

호밀분과 그레이엄분 혼합으로 크럼은 엉성하다. 크러스트는 쿠프가 크고 짙은 색으로 굽는다. 볼륨 있는 거친 듯한 겉모양과 깊이 있는 맛을 가진 빵을 목표로 한다.

공정과 조건	시간	총시간(분)
준비 재료 계량	5	
발효종 믹싱 1단-2분 2단-2분 ┤ 반죽 온도 25℃	10	
발효 15~20시간 22~25℃	오버 나이트	
본 반죽 믹싱 (스파이럴 믹서) 1단-5분 2단-2분 ┤ 반죽 온도 26℃	10	0 / 10
1차 발효 100분 (70분에 펀치) 30℃	100	110
분할 500g	30	140
성형 막대형	10	150
2차 발효 70분 온도 32℃ 습도 75%	70	220
굽기 35분 굽는 온도 230℃ 스팀 굽기 손실 18~20%	40	260

공정 포인트

○ 발효종 믹싱

발효반죽은 남은 반죽을 이용하면 좋다. 없다면 다른 저
배합 반죽으로 대용할 수 있다. 믹싱은 가볍게 전체가
섞일 정도로 한다. 반죽 온도는 23~25℃로 조절한다.

○ 발효

작업의 합리성을 생각해서 오버나이트로 발효시킨다. 발
효 시간은 조절할 수 있지만 15시간을 기준으로 삼는다.
다음날 아침에 구워 낼 예정으로 작업개시 시간을 결정
한다. 발효실 온도 관리를 확실하게 한다.

○ 본 반죽 믹싱

그레이엄분과 호밀분을 섞어 50% 넣으므로 반죽 결합이
좋지 않다. 점점 그레이엄분의 흡수(吸水)가 늘어나므로
반죽은 조금 질게 한다.

○ 1차 발효

볼륨이 충분하게 나오는 반죽으로 만들고 밀가루 배합
에서 반죽의 힘 부족이 예상되어지므로 발효 최고점인
70분 정도에서 펀치를 한다. 펀치 후엔 30분 정도 발효
시킨다.

○ 분할

500g로 분할해 둥글린다. 벤치타임은 20분 정도가 기준
이다.

○ 성형

3번 정도 접어 40㎝ 정도의 막대형으로 성형한다. 반죽
의 당김은 별로 느껴지지 않을 정도가 적당하다. 성형 후
반죽을 천 위에 올린 다음 측면이 퍼지지 않게 양옆의
천을 세워 접는다.

○ 2차 발효

발효실에 충분하게 넣어 둔다. 발효종 배합 반죽은 2차
발효가 짧으면 볼륨이 약해질 뿐만 아니라 균열도 쉽게
일어난다.

○ 굽기

쿠프는 3~4개 넣는다. 스팀을 넣어 230~235℃ 정도의
오븐에서 35~40분 굽는다. 스팀을 적게 넣어 크러스트
를 조금 두껍게 굽는다. 그레이엄분과 호밀분이 들어 있
으므로 굽기가 부족하면 곡물 냄새가 남는다.

Schusterjungen

슈스터융겐

'구두점의 풋내기'란 뜻의 슈스터융겐. 원래 베를린에서 만들어진 호밀이 들어간 소맥빵으로 대충 나눈 반죽을 별다른 과정 없이 잘라 그대로 발효시켜 구운 소박한 빵이었다. 여기서는 호밀분을 30% 혼합해 풋볼 모양으로 성형한 후 호밀분을 뿌려 굽는다.

- 제법 : **포아타이크법**
- 가루 양 : 3kg
- 분량 : 60g / 80개분

포아타이크

재료	(%)	(g)
프랑스분	25	750
인스턴트 이스트	0.05	1.5
물	15	450

하오프트타이크

재료	(%)	(g)
프랑스분	45	1,350
호밀분	30	900
소금	2	60
쇼트닝	1	30
인스턴트 이스트	0.5	15
몰트 엑기스	0.3	9
물	50	1,500

· POINT ·

호밀분 배합이 많아지면 빵의 볼륨은 작아지지만 빵 맛은 진해진다. 조금 촉촉한 상태인 크럼은 씹는 맛을 준다. 호밀분이 많으므로 크러스트는 충분히 구워 두껍게 한다.

공정과 조건	시간	/총시간(분)
준비 재료 계량	5	
포아타이크 1단-2분 ┐ 2단-2분 ┘ 반죽 온도 25℃	10	
발효 12~20시간, 22~25℃	오버 나이트	
하오프트타이크 믹싱 (스파이럴 믹서) 1단-5분 ┐ 2단-2분 ┘ 반죽 온도 26℃	10	0 10
1차 발효 60분, 30℃	60	70
분할 60g	30	100
성형 풋볼형	15	115
2차 발효 50분 온도 32℃, 습도 75%	50	165
굽기 25분 굽는 온도 235℃ 스팀 굽기 손실 16~18%	30	195

공정 포인트

○ 포아타이크 믹싱

숙성 시간이 긴 포아타이크 믹싱은 가능한 짧게 한다. 재료가 분산되어 고루 섞이는 단계에서 종료한다. 밀가루양이 적은 경우라면 수직형 믹서도 상관없다.

○ 발효

발효 시간은 12~20시간 정도까지 허용되나 15시간을 기준으로 하는 것이 좋다. 발효 온도는 22~25℃를 유지한다.

○ 하오프트타이크 믹싱

저속 중심으로 매끄럽게 반죽한다. 호밀분 배합이 많아질수록 흡수(吸水)가 늘어나므로 반죽은 질게 한다. 반죽 온도는 26℃를 목표로 한다.

○ 1차 발효

시간은 60~70분 정도가 표준이다. 습도가 높아지지 않도록 주의한다.

○ 분할

60g씩 분할하지만 호밀분이 많으면 볼륨이 작으므로 다소 무거워도 괜찮다. 벤치타임은 15분 정도다.

○ 성형

작은 풋볼형으로 한다. 일단 가볍게 둥글려 반죽을 반씩 접어 가며 형태를 만든다. 성형한 반죽은 천 위에 올린 다음 양옆의 천을 접어 세워 옆 퍼짐을 방지한다.

○ 2차 발효

50분을 기준으로 반죽 상태를 확인한다. 반죽은 질어져 탄력이 없어진다. 습도가 지나치게 높으면 반죽이 늘어져 버리므로 표면이 너무 축축해지지 않도록 주의한다.

○ 굽기

호밀분을 반죽 표면에 얇게 뿌리고 쿠프 1개를 넣어 오븐에 넣는다. 굽는 온도는 235℃, 최저 20분 굽는다. 23~25분이 표준시간이라고 생각하면 된다. 스팀 양은 보통이 적당하다.

> 무게감 있는 빵이므로 식사할 때 함께 먹는 편이 좋다. 특히 어패류와 잘 맞는다. 또 햄, 소시지, 치즈를 샌드하면 한층 더 맛있게 먹을 수 있다.

Sesambrötchen

제잠브뢰트헨

호밀분 20%, 그레이엄분 10%를 배합시킨 소형빵이다. 표면에 깨를 뿌려 굽기 때문에 이름에 Sesam(깨)이란 말이 붙어 있다. 이런 식으로 재료 이름을 브로트나 브뢰트헨 앞에 붙이는 빵을 많이 볼 수 있다.

- 제법 : **포아타이크법**
- 가루 양 : 3kg
- 분량 : 60g / 80개분

포아타이크

재료	(%)	(g)
프랑스분	25	750
인스턴트 이스트	0.05	1.5
물	15	450

하오프트타이크

재료	(%)	(g)
프랑스분	45	1,350
호밀분	20	600
그레이엄분	10	300
소금	2	60
인스턴트 이스트	0.5	15
몰트 엑기스	0.3	9
물	50	1,500

재료	(%)	(g)
깨		

· POINT ·

그레이엄분 배합으로 크럼은 다소 성기게 구워지나 제빵성에는 별로 영향이 없다. 호밀분 20% 배합으로 크럼은 맛이 진해지며 볼륨은 커지지 않는다. 크러스트는 깨가 먼저 색깔이 나기 때문에 구워진 정도를 잘 관찰해가며 시간을 두고 굽는다.

공정과 조건	시간/총시간(분)	
준비 재료 계량	5	
포아타이크 1단-2분 2단-2분] 반죽 온도 25℃	10	
발효 12~20시간 22~25℃	오버 나이트	
하오프트타이크 믹싱 (스파이럴 믹서) 1단-5분 2단-2분] 반죽 온도 26℃	10	0 10
1차 발효 60분 30℃	60	70
분할 60g	30	100
성형 원형	10	110
2차 발효 50분 (20분 뒤 모양 누름) 온도 32℃ 습도 75%	60	170
굽기 23~25분 굽는 온도 235℃ 스팀 굽기 손실 18~20%	30	200

98

공정 포인트

○ 포아타이크 믹싱

1단-2분, 2단-2분으로 재료를 분산, 혼합한다. 만약 포아타이크 발효 시간을 짧게 하는 경우라면 믹싱 시간을 약간 길게 한다.

○ 발효

포아타이크 발효 시간에는 1시간 발효나 4시간 발효도 있으나 빵의 방향성을 목적으로 한다면 15시간 정도의 발효 시간이 필요하다. 반죽은 믹싱할 때는 되직하지만 발효가 끝날 쯤엔 상당히 질어진다.

○ 하오프트타이크 믹싱

그레이엄분의 10% 배합은 입자가 커도 씹기 불편할 정도가 아니므로 물에 불리거나 할 필요는 없다.
단, 공정이 진행되면서 그레이엄분과 호밀분이 수분을 흡수해 반죽이 되직해지므로 반죽은 어느 정도 질게 한다.

○ 1차 발효

반죽의 결합이 약한 편이므로 발효과다는 수정이 어렵다. 각 공정을 조금씩 이른 듯 처리해 나가는 것도 괜찮다.

○ 분할

60g씩 분할해 둥글린다. 벤치타임은 15분 정도 준다.

○ 성형

재둥글리기 해서 천 위에 놓는다. 발효실에서 20분 발효시키면 탄력이 없어지므로 표면을 모양쇠로 누른다. 물에 적신 스펀지나 천으로 표면을 적신 다음 깨를 전체에 뿌린다. 깨가 묻은 표면을 아래로 뒤집어 놓는다.

○ 2차 발효

2차 발효 시간은 총 50~60분 정도 걸린다. 습도가 높아지지 않도록 주의한다. 호밀분 배합 빵을 스트레이트법으로 만들 경우, 2차 발효 시간을 지나치게 길게 잡으면 극단적인 볼륨 부족으로 이어진다. 포아타이크법은 글루텐의 연결 개선 혹은 보충이라는 이점이 있으므로 서둘러 발효실에서 꺼낼 필요는 없다. 이 종류의 빵은 볼륨보다는 촉촉한 크럼을 만드는 데에 중점을 둔다.

○ 굽기

소형 하드계 빵은 굽는 시간이 대략 20~25분 정도라고 생각하면 된다. 단, 그레이엄분이나 호밀분이 혼합된 빵은 굽는 시간을 약간 길게 하고 크러스트도 두껍게 굽는다.

> 이 빵은 맛이 진하므로 이것에 맞는 부식이 어울린다. 샌드위치를 만들려면 부식도 짙은 맛을 가진 것으로 고른다.

Milchweck

밀히벡크

이 빵은 독일 각지에서 볼 수 있는 Milch(우유)가 든 빵이다. 그러나 지방에 따라 여러 가지 다른 종류로 만들어진다. 하드계도 있으며 소프트계도 있다. 공통적인 부분이라면 중앙에서부터 양쪽으로 나뉘어져 쌍둥이형으로 구워진다는 점이다. 여기서 소개하는 것은 하드계 빵이다. Weck(벡크)는 남부독일이나 오스트리아의 소형빵을 지칭한다.

- 제법 : **포아타이크법**
- 밀가루 양 : 3kg
- 분량 : 50g / 95개분

포아타이크

재료	(%)	(g)
프랑스분	25	750
인스턴트 이스트	0.05	1.5
물	15	450

하오프트타이크

재료	(%)	(g)
프랑스분	75	2,250
소금	2	60
탈지분유	5	150
쇼트닝	1	30
인스턴트 이스트	0.5	15
몰트 엑기스	0.3	9
물	50	1,500

· POINT ·

하드계 우유빵이므로 볼륨보다 우유 맛을 확실하게 내는 것을 목표로 한다. 크럼은 균일하며 크러스트는 식감이 질겨지지 않을 정도로 굽는다. 쌍둥이 모양은 목재 또는 플라스틱 전용틀을 이용해 넣는다.

공정과 조건	시간/총시간(분)	
준비 재료 계량	5	
포아타이크 1단-2분 ┐ 반죽 온도 25℃ 2단-2분 ┘	10	
발효 12~20시간, 22~25℃	오버 나이트	
하오프트타이크 믹싱 (스파이럴 믹서) 1단-5분 ┐ 반죽 온도 26℃ 2단-2분 ┘	10	0 10
1차 발효 60분, 30℃	60	70
분할 50g	30	100
성형 원형	10	110
2차 발효 60분 (20분 뒤 모양 누름) 온도 32℃, 습도 75%	70	180
굽기 23분 굽는 온도 230℃ 스팀 굽기 손실 20~22%	30	210

101

공정 포인트

○ 포아타이크 믹싱

재료 분산과 혼합이 목적이므로 단시간에 믹싱한다. 반죽 상태보다 반죽 온도를 지키는 편이 중요하다.

○ 발효

오버나이트일 때는 발효실이나 리타더에서 발효시키지만 되도록 온도차가 적은 쪽을 이용한다.

2~3℃ 차이는 문제가 없지만, 그 이상의 차이는 시간과 반죽에 영향을 주므로 다음날 아침의 반죽 상태, 특히 향에 항상 신경을 쓴다.

○ 하오프트타이크 믹싱

향이 풍부한 빵을 목표로 하기 때문에 오버 믹싱은 되지 않도록 한다.

믹싱을 저속 중심으로 천천히 반죽하면 필요 이상으로 산화가 촉진되지 않으며 포아타이크법의 특징이 쉽게 나타난다. 단, 반죽 온도가 지나치게 낮아지지 않도록 한다.

○ 1차 발효

발효 시간은 60분을 기준으로 반죽 상태를 본다.

발효실 온도는 반죽 온도보다 2~3℃ 높은 것이 기본이므로 30℃ 정도가 좋다.

○ 분할

50g씩 분할해 둥글린다. 벤치타임은 15분 정도가 좋다.

○ 성형

재둥글리기를 하고 천 위에 뒤집어 놓는다. 놓을 때는 반죽과 반죽 사이의 간격을 충분히 둔다. 또한 반죽의 이음새 부분은 확실하게 봉한다.

○ 2차 발효

15~20분 발효실에 넣은 후, 전용기구를 사용해 뒤에서 눌러 균열을 만든다. 누른 반죽은 일단 손에 올려 균열이 생긴 부분을 맞붙여 형태를 다듬은 후 그대로 뒤집어 천 위에 놓는다.

습도는 달라붙거나 표면이 건조해지지 않을 정도로만 조절한다. 조금 이르게 구우면 누른 부분이 떠 쌍둥이 형태가 확실히 드러나지 않게 구워진다.

○ 굽기

슬립벨트에 위에 바르게 놓고 스팀을 넣은 오븐에서 굽는다. 시간은 23분 전후가 기준이다.

Pain viennois

뺑 비에누아

1840년 파리의 오스트리아 대사관 직원(유학생이란 설도 있음)이 공정가격이 정해져 있는 까닭에 질이 형편없던 당시의 빵에 질려서, 헝가리에서 얻은 밀가루를 가지고 평소 알고 지내던 빵집에 부탁해서 만든 것이 이 빵의 시작이라고 한다. 당시의 조악(粗惡)한 빵에 길들여져 있던 파리사람들에게는 처음으로 맛보는 희고 질 좋은 빵이었을 것이다. 프랑스에서 보기 드문 세미하드 타입의 이 빵은 쿠프가 비스듬히 촘촘하게 들어 있어 특유의 표정을 보여준다.

- 제법 : **포아타이크법**
- 가루 양 : 2kg
- 분량 : 120g / 31개분

재료	(%)	(g)
프랑스분	100	2,000
설탕	6	120
소금	2	40
탈지분유	5	100
버터	5	100
쇼트닝	5	100
생 이스트	3	60
전란	5	100
물	60	1,200

· POINT ·

홈이 파여진 전용틀에 굽기 때문에 틀 크기에 따라 분할 중량이 달라진다. 홈의 크기에 비해 반죽이 많으면 빵이 옆으로 갈라지거나 구운 부분이 하얗게 남는 원인이 된다. 틀에 비해 조금 적은 듯 분할하면 좋다. 크럼은 작고 고르며 크러스트는 연하게 구워 낸다. 반죽의 숙성이나 긴 보존기간을 원한다면 발효종 제법을 권한다.

공정과 조건	시간/총시간(분)	
준비 재료 계량	10	0 10
믹싱 (수직형 믹서) 1단-3분 2단-3분 유지 1단-2분 2단-4분 반죽 온도 26℃	15	25
1차 발효 60분 30℃	60	85
분할 120g	30	115
성형 막대형	20	135
2차 발효 50분 온도 35℃ 습도 75%	50	185
굽기 18분 굽는 온도 220℃ 스팀 굽기 손실 20~22%	25	210

공정 포인트

○ 믹싱

유지량이 10%이므로 올인(all-in) 믹싱 방법도 괜찮다. 또는 저속 믹싱이 끝난 후에 넣을 수도 있다. 믹서는 스파이럴, 수직형 어느 쪽이라도 상관없지만 고속 믹싱은 삼가한다. 반죽 온도는 26~27℃로 한다.

○ 발효

스트레이트법의 경우는 60분을 표준으로 한다. 틀에 넣어 구울 때는 발효력 촉진으로 반죽이 지나치게 부푸는 등 성형이나 보형(保形)면에서 불리한 점이 많으므로 펀치는 하지 않는다.

○ 분할

프랑스에서는 길이가 80㎝인 것도 볼 수 있는데 표준 분할중량은 350g이다. 한 줄에 작은 것을 몇 개 늘어놓고 구울 수도 있다. 여기서는 120g씩 분할한다. 벤치타임은 15~20분 정도 준다.

분할 기준	
빵 이름	(g)
바게트	350g
피셀	150g
프티빵	60g

○ 성형

길이 25㎝로 통일해 막대형으로 성형한다. 가스빼기를 충분히 해가며 접어 길이를 맞춘다. 유지를 얇게 바른 틀에 이음새를 밑으로 해서 놓는다. 이때 반죽의 이음새가 확실히 밑으로 가게 한다. 쿠프 나이프을 사용해 비스듬히 촘촘하게 쿠프를 넣는다.

만약 틀 때문에 쿠프를 넣기 어려우면 성형 후 작업대 위에서 쿠프를 넣어 틀에 옮겨도 된다. 또는 가위로 쿠프를 넣어도 된다.

※ 성형 후 반죽에 달걀물 칠을 해 바로 쿠프를 넣어 발효시키는 것이 일반적인 방법이지만 이 책에선 스팀을 넣어 구워 내므로 일부러 달걀물 칠을 하지 않았다.

※ 바게트 길이로 성형할 때는 일단 40㎝로 늘려 10분 정도 휴지시킨 후 70~80㎝길이로 성형하는 것이 좋다.

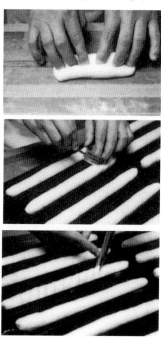

○ 2차 발효

50~60분 발효시킨다. 쿠프가 열려 반죽이 부드러워져 있으므로 취급에 주의한다.

○ 굽기

굽는 온도 220℃에서 스팀을 많이 넣어 굽는다. 크러스트의 위아래는 색이 좋게, 옆부분은 조금 옅게 나온다. 옆부분이 충분히 구워지면 확인한 후 오븐에서 꺼낸다.

Rundstück

룬트슈튀크

둥근 소형빵을 일반적으로 나타내는 단어가 룬트슈튀크다. 독일에서는 신제품을 개발한 후 이름을 붙이기 전에 일단 이 이름을 사용하기도 한다. 달걀이 5% 정도 배합되므로 크럼과 크러스트 모두 부드러워진다. 아침식사용 빵이다.

- 제법 : **스트레이트법**
- 밀가루 양 : 3kg
- 분량 : 60g / 85개분

재료	(%)	(g)
강력분	100	3,000
설탕	2.5	75
소금	2	60
탈지분유	3	90
쇼트닝	3	90
인스턴트 이스트	1	30
달걀	5	150
물	68	2,040

재료	(%)	(g)
양귀비 씨		

· POINT ·

크럼은 조금 엉성하지만 충분히 팽창된 빵이 만들어진다. 스팀을 많이 넣어 크러스트를 얇고 윤기 있게 구워 낸다. 성형할 때 가스를 완전히 빼가며 둥글리기 해야 한다. 표면 가까이에 큰 기포가 생기면 크러스트 부분에 구멍이 생기는 경우가 있으니 주의해서 성형한다.

공정과 조건	시간	총시간(분)
준비 재료 계량	10	0 10
믹싱 (스파이럴 믹싱) 1단-6분 ⎤ 반죽 온도 26℃ 2단-4분 ⎦	15	25
1차 발효 80분(50분에 펀치) 30℃	85	110
분할 60g	30	140
성형 원형	10	150
2차 발효 60분 온도 32℃ 습도 75%	60	210
굽기 23분 굽는 온도 230℃ 스팀 굽기 손실 20~22%	30	240

공정 포인트

○ 믹싱

충분히 팽창하는 반죽이 되게 믹싱한다. 고속 믹싱은 되도록 피한다. 사용하는 밀가루는 프랑스분보다는 단백질 양이 많고 제빵성이 우수한 것을 사용한다. 비타민C는 필요하면 넣는데 구워져 나온 빵을 보고 판단한다. 반죽 온도는 26~27℃다.

○ 1차 발효

80분 발효 중 50분쯤에 가스빼기를 한다. 가스빼기 타이밍은 조금 이르게 하며 반죽이 지나치게 부푸는 것을 방지한다.

○ 분할

60g씩 분할해 둥글린다. 벤치타임은 20분 정도 필요하다.

○ 성형

재둥글리기 해서 철판에 올린다. 재둥글리기는 처음에 충분히 가스를 뺀다. 특히 표피부분에 공기가 모이지 않도록 주의한다. 성형은 원형이 가장 어렵고 특히 탄력이 강한 반죽일수록 바닥부분을 잘 봉해야 한다.

○ 2차 발효

온도, 습도 모두 높이지 말고 천천히 발효시킨다. 발효실의 습도가 높거나 발효 온도가 지나치게 높으면 크러스트 부분에 구멍이 생긴다. 60분이 기준이지만 반죽이 단단하면 10분 정도 늘어나므로 상태를 잘 확인한다. 2차 발효가 충분하지 않으면 반죽에 균열이 생기거나 볼륨 부족이 되기도 한다.

○ 굽기

반죽 표면에 물을 묻히고 흰색 양귀비 씨를 뿌린 뒤 스팀을 넣은 오븐에서 굽는다. 철판에 올리지 않고 직접 구울 수도 있지만 양귀비 씨가 떨어지므로 철판을 사용하는 것이 좋다. 굽는 온도는 230℃로 22~23분 굽는다. 꺼내기 전 빵 옆면이 완전히 구워졌는지 확인한다.

Hörnchen, Stangen

회른헨, 슈탕겐

Hörnchen(회른헨)은 소형뿔을 뜻하는 호른(horn)에서 유래했고 뿔의 형태로 구부려 구워 낸다. Stangen(슈탕겐)은 막대란 뜻으로 반죽을 얇게 밀어서 겹으로 말아 그대로 구워낸 것이다. 이런 빵은 배합이 각각 다르지만 큰 차이가 없기 때문에 종종 같은 반죽으로 만들기도 한다. 표면에는 향신료, 굵은 소금, 깨, 양귀비 씨 등을 뿌려 굽는 경우가 많고 조식이나 간식으로 먹는다.

- 제법 : **스트레이트법**
- 밀가루 양 : 2kg
- 분량 : 50g / 65개분

재료	(%)	(g)
프랑스분	100	2,000
소금	2	40
탈지분유	3	60
인스턴트 이스트	2	40
쇼트닝	2	40
몰트 엑기스	0.3	6
달걀	5	100
물	54	1,160

재료	(%)	(g)
양귀비 씨		
깨		
캐러웨이 씨		
굵은 소금		

공정과 조건	시간	총시간(분)
준비 재료 계량	10	0 10
믹싱 (스파이럴 믹싱) 1단-6분 ⎤ 반죽 온도 26℃ 2단-2분 ⎦	10	20
1차 발효 60분 30℃	60	80
분할 50g	30	110
성형 시터로 1.5mm로 밀어 말거나 몰더를 사용한다.	15	125
2차 발효 40분 온도 32℃ 습도 75%	40	165
굽기 22분 굽는 온도 230℃ 스팀 굽기 손실 23~25%	30	195

· POINT ·

세미하드계이므로 가벼운 빵을 목표로 하지만 볼륨은 크지 않은 편이 보존면에서 좋다. 크럼은 작고 조밀하며 크러스트는 되감은 부분이 확실하게 드러나 색의 대조를 즐길 수 있게 한다. 손 성형의 경우는 시간이 길어질 것을 감안해 반죽 양을 적게 한다.

공정 포인트

○ 믹싱

빵의 볼륨을 억제하고 깊은 맛을 내기 위해서는 우선, 고속 믹싱을 적게 한다. 하지만 발효 시간이 짧아 반죽의 숙성 시간이 없으므로 긴 믹싱이 된다. 반죽 온도는 26~27℃로 낮춘다. 온도가 높으면 성형에서 반죽이 지나치게 부풀기 때문에 형태가 나오지 않는 원인이 된다.

○ 1차 발효

시간적으로는 50~60분에 발효 최고점에 이른다. 분할 이후의 작업 시간이 길어지면 조금 이른 듯 꺼낸다.

○ 분할

50g 정도가 적당하다고 생각한다. 60g이 넘으면 크럼이 상당히 팽창되어 맛이 엷어진다. 둥글려 벤치타임을 15분 준다.

○ 성형

먼저 손바닥으로 가스를 뺀다. 시터를 이용해 3㎜두께로 민 다음 다시 1.5㎜ 두께로 밀어 얇고 매끈한 반죽을 만든다.

○ 2차 발효

온도, 습도 모두 높이지 말고 40분을 기준으로 반죽 상태를 본다. 보통 빵보다 조금 미숙한 상태에서 굽는다.

형태는 원형보다 타원이 성형하기 쉬우므로 마지막으로 시터를 통과시킬 때는 손으로 형태를 조절한다. 얇게 민 반죽은 작업대 위에 수직으로 길게 놓고 한 손으로 밑부분을 잡아 당기면서 위에서부터 촘촘하게 감아 막대형으로 만든다.
물에 적신 스펀지나 천으로 반죽 윗면을 적신 다음 토핑 재료를 뿌린다. 단, 캐러웨이 씨는 이때보다 굽기 전 물을 묻힌 후에 뿌리는 편이 낫다. 슈탕겐은 그대로 철판에 얹어 발효실에 넣는다. 회른헨은 뿔 모양으로 구부려 철판에 얹어 발효실에 넣는다.

○ 굽기

하드계 빵보다 5℃ 정도 온도를 낮춰 시간을 들여 구우며, 스팀을 많이 넣어 크러스트에 광택이 나도록 굽는다.

Murren

무렌

독일 북부에서 만들어지는 소형의 세미하드계 빵이다. 풋볼 모양 또는 둥근 모양으로 만들어진다. Murren(무렌)은 '천둥이 우르릉거린다' 라는 의미로 표면에 있는 거친 모양의 쿠프가 천둥을 연상시킨다. 이 모양은 옛날부터 스위스 노이엔브루크 지방에서 볼 수 있었으며 이가 많이 달린 슬라이서로 자른다.

- 제법 : **포아타이크법**
- 밀가루양 : 2kg
- 분량 : 50g / 70개분

포아타이크

재료	(%)	(g)
프랑스분	25	500
인스턴트 이스트	0.05	1
물	15	300

하오프트타이크

재료	(%)	(g)
프랑스분	75	1,500
설탕	2	40
소금	2	40
탈지분유	3	60
버터	5	100
쇼트닝	8	160
인스턴트 이스트	0.8	16
몰트 엑기스	0.3	6
물	50	1,000

· POINT ·

세미하드계 가운데서도 고배합이기 때문에 믹싱을 충분히 한다. 볼륨보다는 빵의 풍미에 중점을 둔다. 크럼은 조금 엉성하게, 크러스트의 색은 연하게 굽는다.

공정과 조건	시간/총시간(분)	
준비 재료 계량	5	
포아타이크믹싱 1단-2분 ⎤ 반죽 온도 25℃ 2단-2분 ⎦	10	
발효 12~20시간, 22~25℃	오버 나이트	
하오프트타이크 믹싱 (수직형 믹서) 1단-3분 2단-2분 유지 1단-2분 3단-5분 반죽 온도 27℃	15	0 15
1차 발효 60분, 30℃	60	75
분할 50g	30	105
성형 막대형	10	115
2차 발효 70분 온도 32℃, 습도 75%	70	185
굽기 23분 굽는 온도 235℃, 스팀 굽기 손실 18~20%	30	215

공정 포인트

○ 포아타이크
반죽 온도에 주의하며 믹싱한다. 반죽은 되직한 편이다.

○ 발효
15시간을 기준으로 온도 관리를 확실하게 한다.

○ 하오프트타이크 믹싱
유지는 양이 많으므로 믹싱 도중에 혼합한다. 반죽은 충분히 연결해 매끈하게 만든다. 반죽 온도는 26~27℃를 목표로 한다.

○ 1차 발효
50~60분 발효시킨다. 기본은 노펀치이지만 반죽 상태를 보고 힘이 부족해 보이면 1회 펀치를 해도 된다.

○ 분할
50g씩 분할해 둥글린다. 벤치타임은 15분이다.

○ 성형
길이 10㎝의 막대형으로 성형한다. 반죽은 일단 손바닥으로 가볍게 가스를 빼고 세 번 접어 모양을 정리한다. 성형 후 반죽에 탄력이 생기게 한다. 반죽을 천 위에 올린 다음 양옆의 천을 세워 접어 옆 퍼짐을 방지한다.

○ 2차 발효
60~70분을 기준으로 반죽 상태를 본다. 온도와 습도 모두 낮게 설정해 천천히 발효시킨다. 2차 발효의 종료는 조금 여유를 갖고 빨리 꺼낸다.

○ 굽기
슬립벨트에 옮겨 가위로 파도 모양을 내고 스팀을 넣은 오븐에서 굽는다. 굽는 온도 235℃에서 23분 전후로 굽는다. 빵 중량이 40g 전후가 되는 것을 목표로 한다.

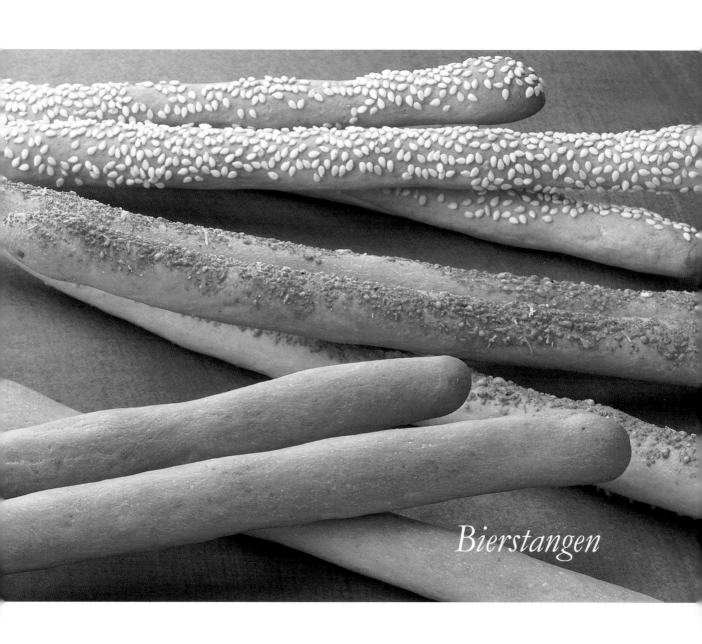

Bierstangen

비어슈탕겐

Bier(비어=맥주)라는 이름대로 맥주 안주로 먹는 막대형 빵이다. 빵 표면에 양귀비 씨, 깨, 굵은 소금 등을 묻히거나 뿌린다. 배합은 바삭바삭한 맛을 내기 위해 세미하드로 하고 파르메장 치즈를 넣어 맛을 낸다.

- 제법 : **스트레이트법**
- 밀가루 양 : 1kg
- 분량 : 30g / 55개분

재료	(%)	(g)
프랑스분	100	1,000
설탕	2	20
소금	2	20
올리브오일	5	50
쇼트닝	5	50
생이스트	4	40
물	48	480
파르메장 치즈 (갈아놓은 것)	10	100

토핑

재료	(%)	(g)
(1) 파르메장 치즈 + 파프리카		
(2) 깨		
(3) 캐러웨이 씨 + 굵은 소금		

· POINT ·

반죽은 올인(all-in)으로 믹싱한다. 유지 양이 많아 연결이 나쁘지만 건빵처럼 바삭바삭한 식감을 원하므로 애써 연결시킬 필요는 없다. 또 파르메장 치즈를 넣으면 더욱 반죽이 퍼석해지므로 어느 정도의 반죽으로 만드느냐가 제품의 맛을 결정한다. 믹싱 부족이면 막대형으로 성형할 때 반죽이 끊어진다.

공정과 조건	시간/총시간(분)	
준비 재료 계량	10	0 10
믹싱 (수직형 믹서) 1단-3분　2단-5분 치즈　　　1단-2분 반죽 온도 27℃	15	25
1차 발효 50분 30℃	50	75
분할 30g	20	95
성형 막대형	15	110
2차 발효 20분 온도 35℃ 습도 75%	20	130
굽기 15분 굽는 온도 220℃ 스팀	20	150

공정 포인트

○ 믹싱

치즈 이외의 재료를 한꺼번에 넣어 믹싱한다. 믹싱 초기에는 반죽이 합쳐지기 어렵고 특히 전체 양과 믹서 크기의 균형이 맞지 않을 경우는 믹싱 도중에 반죽을 뭉쳐주면서 믹싱해야 한다. 시간은 다소 길어진다. 치즈는 쉽게 굳으므로 넣을 때 되도록 조금씩 넣는다. 반죽 온도는 26~28℃로 한다.

○ 1차 발효

반죽연결이 약하므로 발효는 빨리 일어나기 쉽다. 반죽온도가 높은 경우는 조금 빨리 분할에 들어간다.

○ 2차 발효

크러스트를 두꺼운 건빵처럼 만들기 위해 발효는 조금 빨리 끝낸다. 시간은 20분 정도다.

○ 분할

60g씩 분할해 적당히 반으로 잘라 반죽을 접어 가며 길이 10㎝의 막대형으로 만든다. 성형 시간이 많이 걸리므로 벤치타임은 10분 정도로 한다.

○ 굽기

고온의 오븐에서 스팀을 넣어 굽는 방법과 온도를 떨어뜨려 건조하게 굽는 방법이 있다. 스팀을 넣어 구우면 크러스트는 얇고 광택이 나게 구워진다. 건조하게 구우면 두꺼운 크러스트와 담백한 맛을 얻을 수 있다. (3)을 토핑할 반죽의 표면에 물을 묻힌 뒤 뿌린다. 스팀으로 구울 때는 굽는 온도를 220℃로 설정하고 건조하게 구울 때는 190℃로 떨어뜨린다. 15~20분 사이에 구워진다.

○ 보존

습하면 맛이 떨어지므로 건조제를 넣은 밀봉용기에 보관한다.

○ 성형

길이 30㎝의 막대형으로 만든다. 반죽을 손바닥으로 눌러 평평하게 한 뒤 상하로 접고 이것을 작업대 위에서 누르면서 늘인다. 만약 반죽에 무리가 가서 늘어나지 않는다면 일단 14~15㎝ 길이로 만든 다음 휴지시켜 늘이면 괜찮다. 물을 묻힌 천으로 표면을 적셔 (1)과(2)를 토핑하여 철판에 나열한다. (3)을 뿌리는 반죽은 그대로 철판에 나열한다.

Brezel

브레첼

독일 빵집의 상징이 된 빵이다. 브레에첼이라고도 부르며 Bretzel이라고 쓰기도 하지만 어느 쪽도 틀린 것은 아니다. 이외에도 Pretzel(프레첼), Bretzeli(브레첼리)라고도 한다. 일반적으로 브레첼이라고 불리는 경우가 많다. 고대 로마의 링형 빵에서 시작해 시대와 함께 변천하면서 현재의 형태가 되었다고 한다. 중앙부가 교차되어진 형태는 11세기 저녁식사 풍경 그림에 그려져 있다. 브레첼의 어원은 '팔'을 의미하는 라틴어 브라키움(bracchium)에서 왔다고 한다.

- 제법 : **스트레이트법**
- 밀가루양 : 2kg
- 분량 : 55g / 55개분

재료	(%)	(g)
프랑스분	100	2,000
소금	2	40
탈지분유	2	40
쇼트닝	3	60
인스턴트 이스트	1	20
물	52	1,040

라오겐(알카리 용액)

재료	(g)
굵은 소금	

공정과 조건	시간/총시간(분)	
준비 재료 계량	10	0 10
믹싱 (스파이럴 믹서) 1단-20분 ┐ 반죽 온도 26℃ 2단-3분 ┘	30	40
발효 30분, 30℃	30	70
분할 55g	20	90
성형 브레첼형	15	105
2차 발효 20분 온도 32℃, 습도 75% → 냉장 (5℃), 5분	25	130
굽기 라우겐에 담금 20분, 굽는 온도 220℃ 스팀, 굽기 손실 20~22%	30	160

· POINT ·

브레첼은 반죽을 막대형으로 밀어 형태를 만든다. 중심부는 굵게, 양끝으로 가면서 점점 가늘게 하며 맨 끝은 둥글게 한다. 굵은 부분의 크럼은 부드럽게, 가는 부분은 건빵처럼 딱딱하게 굽는다. 크럼의 기포를 촘촘히 균일하게 하기 위해 발효 시간은 짧게 한다. 이 때문에 반죽은 단시간 숙성과 함께 신장성을 필요로 하므로 믹싱을 저속에서 길게 한다.

공정 포인트

○ 믹싱

재료 전부를 믹서 볼에 넣어 믹싱한다. 믹서는 기포를 머금기 쉬운 수직형보다 스파이럴 쪽이 좋다. 같은 이유로 저속 중심에서 반죽하며 충분한 믹싱으로 반죽의 숙성을 앞당긴다. 반죽 온도는 26℃정도로 제한한다. 믹싱이 불충분하면 반죽이 잘 늘어나지 않으며 보존성도 떨어진다.

○ 발효

발효보다는 반죽의 탄력을 얻기 위한 플로어타임이라고 생각한다. 진 반죽과 지나친 발효에 의한 가스는 성형을 방해한다.

○ 분할

55g씩 분할해 둥글린다. 벤치타임은 10분 준다.

○ 성형

몰더 또는 시터로 두께 1.7~2㎜의 타원형으로 민다. 반죽이 상하지 않도록 한 번에 얇게 밀지 말고 눈금을 조절해 두 번 민다. 한 손으로 반죽의 아래쪽을 당기며 위쪽에서부터 공기가 들어가지 않게 단단히 말아 막대형을 만든다. 5분 휴지시켜 중앙에서부터 양 끝으로 반죽을 늘려 약 50㎝의, 중심이 굵은 막대형으로 만든다. 양끝을 끝까지 늘이지 않고 남겨 두면 둥근 모양이 된다. 이것을 브레첼형으로 성형한다(그림 ① ② ③). 천 위에 놓고 반죽의 양끝을 확실히 눌러 접착시켜 발효실에 넣는다.

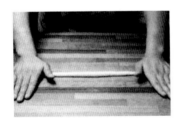

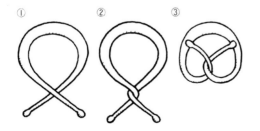

○ 2차 발효

온도는 높지 않게 하며 습도도 반죽이 건조해지지 않을 정도면 된다. 반죽 상태는 조금 미숙인 상태에서 꺼낸다. 라우겐(알칼리 용액)에 담그는 경우, 반죽을 냉장고에서 5분 정도 냉각시키면 액이 균일하게 묻는다.

○ 굽기

라우겐에 담근 뒤 굵은 소금을 뿌리고 중앙의 굵은 부분에 쿠프를 넣는다. 220℃ 오븐에서 스팀을 넣어 20분 정도 굽는다. 라우겐에 담그지 않을 경우는 쿠프를 넣어 굵은 소금을 뿌린 뒤 230℃ 오븐에서 스팀을 넣어 굽는다.

> **라우겐 Laugen(알칼리 용액)**
> 독일에서는 가성소다 3% 용액을 사용한다. 브레첼용 철판은 바닥부분이 망으로 되어 있어 철판 전체를 용액에 담갔다 빼 그대로 오븐에 넣어 구울 수 있다. 일본에서는 '식품첨가물'용 가성소다나 약국에서 지정된 가성소다를 사용하며, 구운 후 가성소다(강알카리)가 남아 있지 않아야 사용할 수 있다.

Panini allo joghurt

파니니 알로 요거트

세미하드 반죽에 요구르트를 배합해 산뜻한 신맛을 느낄 수 있는 빵이다. 유제품을 사용한 빵에는 버터를 걷어 낸 버터밀크나 프레시 치즈를 혼합한 것 등이 있지만 기본적인 첨가량은 사용하는 밀가루의 15~25% 정도다. 파니니는 이탈리아어로 소형빵이란 뜻이다.

- 제법 : **스트레이트법**
- 밀가루 양 : 2kg
- 분량 : 60g / 55개분

재료	(%)	(g)
강력분	100	2,000
설탕	1	20
소금	2	40
버터	6	120
쇼트닝	4	80
인스턴트 이스트	1	20
요구르트 (플레인)	25	500
달걀	5	100
물	43	860

재료	(%)	(g)
양귀비 씨	100	2,000
깨	43	860

· POINT ·

요구르트의 풍미와 신맛은 기호에 따라 첨가량을 조절해도 되지만 25% 이상 넣으면 제빵성이 나빠지므로 발효종이나 중종에 의한 제법을 이용한다. 크럼은 엉성하지만 볼륨 있고 가벼운 빵을 목표로 하여 믹싱부터 반죽의 힘을 의식하며 제작한다. 크러스트는 얇게 구워 낸다.

공정과 조건	시간/총시간(분)	
준비 재료 계량	10	0 10
믹싱 (스파이럴 믹서) 1단-3분 2단-2분 유지 1단-2분 2단-2분 반죽 온도 26℃	15	25
1차 발효 100분 (70분에 펀치) 30℃	100	125
분할 60g	30	155
성형 원형	10	165
2차 발효 70분 온도 32℃, 습도 75%	70	235
굽기 25분 굽는 온도 230℃ 스팀 굽기 손실 20~22%	30	265

공정 포인트

○ 믹싱
요구르트의 수분이 많고 적음에 따라 반죽의 흡수량이 변하므로 믹싱 초기에 반죽을 손으로 떼어 되기를 확인한다. 충분히 믹싱해 매끈하고 윤기 있는 반죽을 만든다. 유지는 믹싱 도중에 넣는다. 반죽 온도는 26℃로 맞춘다.

○ 1차 발효
100분의 발효 동안 70분을 전후해 발효 최고점에 이르면 펀치를 강하게 넣는다. 가스를 뺀 후 30분 발효시킨다.

○ 분할
60g씩 분할해 둥글린다. 벤치타임을 15~20분 준다.

○ 성형
재둥글리기 한 뒤 물에 적신 스펀지나 천으로 반죽 표면을 적시고 양귀비 씨 또는 깨를 뿌린다. 천 위에 올려 발효실에 넣는다.

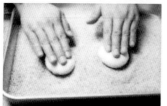

○ 2차 발효
온도는 조금 낮게 설정하고 60~70분을 기준으로 충분히 발효시킨다.

○ 굽기
가위로 반죽 표면을 잘라 스팀을 넣은 오븐에서 굽는다. 구울 때 반죽이 충분히 팽창되는 것이 좋다. 23~25분 동안 굽는다.

123

Tiger roll

타이거 롤

굽기 전 반죽 표면에 상신분(쌀가루)으로 만든 또 다른 반죽을 발라 오븐에 넣으면 갈라져서 구워진다. 이 모양이 호랑이 가죽 무늬와 닮아 있어 이런 이름이 붙었다. 프랑스나 독일의 중형 하드계 빵에도 같은 무늬가 있지만 여기서는 세미하드 반죽의 롤 모양을 소개한다.

* 제법 : **스트레이트법**
* 밀가루 양 : 2kg
* 분량 : 70g / 48개분

재료	(%)	(g)
프랑스분	100	2,000
설탕	2	40
소금	2	40
탈지분유	3	60
쇼트닝	3	60
생이스트	3	60
달걀	5	100
몰트 엑기스	0.3	6
물	60	1,200

타이거 반죽

재료	(%)	(g)
상신분 (멥쌀가루)		250
박력분		15
설탕		5
소금		5
라드(녹인 것)		30
생이스트		25
몰트 엑기스		2
물		275

공정과 조건	시간	/총시간(분)
준비 재료 계량	10	0 10
믹싱 (수직형 믹서) 1단-3분　2단-3분 3단-3분 반죽 온도 26℃	10	20
발효 70분 (40분에 펀치), 30℃	75	95
분할 70g	30	125
성형 15~18㎝ 막대형	10	135
2차 발효 50분 온도 35℃, 습도 75% ＊ (타이거 반죽 믹싱)	50	185
굽기 ＊ (타이거 반죽을 바름) 22분 굽는 온도 220℃, 스팀 굽기 손실 10~12%	30	215

· POINT ·

세미하드계 빵은 크러스트의 씹는 맛이 좋고 크럼이 촘촘하며 식감이 가벼운 것이 좋은 빵이다. 타이거 반죽은 빵 반죽에 발랐을 때 흘러내리지 않을 정도의 되기로 만드는 것이 포인트다. 반죽의 농도가 진하면 갈라짐은 확연히 드러나지만 딱딱하게 구워져 먹기 힘든 빵이 된다.

공정 포인트

○ 믹싱
반죽은 하드계 빵보다 조금 부드러우며 신장성이 있도록 한다. 쇼트닝은 3% 배합이므로 올인으로 믹싱한다. 반죽 온도는 26~28℃까지로 맞춘다.

○ 1차 발효
70~80분 발효시키지만 중간 40분 정도에 펀치를 한다. 노펀치도 가능하지만 반죽의 발효력이 강한 편이 맛도 좋고 타이거 모양도 쉽게 나온다.

○ 분할
70g씩 분할해 둥글린다. 벤치타임은 15분을 기준으로 한다.

○ 성형
길이 15~18㎝ 정도의 막대형으로 성형한다. 반죽을 3회 정도 접어 형태를 정리한다. 철판에 나열해 발효실에 넣는다.

○ 2차 발효
습도는 낮게 하고 50분을 기준으로 반죽 상태를 관찰한다. 반죽 위에 타이거 반죽을 바르므로 조금 미숙할 때 발효실에서 꺼낸다.

○ 타이거 반죽 믹싱
롤 반죽이 발효실에 들어가면 표면에 바를 타이거 반죽을 만든다.
① 라드는 녹여둔다.
② 생이스트, 몰트 엑기스를 물에 푼다.
③ 상신분, 박력분, 설탕, 소금을 볼에 넣어 거품기로 전체를 균일하게 섞은 다음 ②를 넣어 섞는다.
④ 마지막으로 녹인 라드를 넣고 충분히 섞는다.(끈기가 조금 날 때까지 섞는다) 반죽 온도는 25~26℃로 한다.
⑤ 30℃ 발효실에 넣어 40분 발효시킨다.

○ 굽기
발효된 타이거 반죽을 가볍게 섞어 부드럽게 만든 다음 붓을 이용해 발효실에서 꺼낸 반죽 표면에 조심스럽게 바른다. 하지만 너무 두껍게 바르지 않는다. 굽는 온도는 하드계보다 낮은 220℃ 정도로 설정해 스팀을 넣고 20~25분 굽는다. 타이거 반죽이 갈라지는 것은 반죽의 되기와 롤 반죽의 발효력이 영향을 미친다. 심하게 갈라지지 않는 편이 먹기 쉬운 빵이 된다. 표면의 갈라짐은 시간이 지나면 부드러워진다.

> 핫도그 롤의 하드계로, 소시지를 비롯해 여러 가지 재료를 샌드해서 먹을 수 있다.

Focaccia

포카치아

이탈리아 전역에는 다양한 형태의 포카치아가 있다고 한다. 기본적으로는 굽지만 기름에 튀기는 것도 있다. 이 배합은 대부분 짠맛이 나는 빵이지만 단맛이 나는 것도 있다. 이 빵은 고대 로마시대부터 구워졌으나 시대가 흐르면서 각지로 퍼져 여러 가지 재료가 들어가면서 변화를 가져왔다. 반죽은 소박한 맛으로 치즈, 햄, 소시지, 야채 등의 부재료를 올려 올리브오일, 향신료와 함께 구워 내기도 해 피자의 원형으로 보기도 한다.

- 제법 : **스트레이트법**
- 밀가루 양 : 2kg
- 분량 : 300g / 11개분

재료	(%)	(g)
프랑스분	100	2,000
설탕	2	40
소금	2	40
올리브오일	5	100
생이스트	3	60
물	60	1,200

재료	(%)	(g)
구운 양파		120
블랙 올리브 (굵게 썲)		200

재료	(%)	(g)
로즈마리 (프레시)		
굵은 소금		
올리브오일		

공정과 조건		시간/총시간(분)	
준비	재료 계량	10	0 / 10
믹싱 (수직형 믹서)	1단-3분 2단-2분 3단-2분 양파 올리브 2단-1분 반죽 온도 26℃	10	20
발효	50분 30℃	50	70
분할	300g	20	90
성형	원반형	10	100
2차 발효	20분~30분 온도 32℃ 습도 75%	30	130
굽기	20분 굽는 온도 220℃ 스팀 굽기 손실 13~15%	25	155

· POINT ·

전체적으로 바삭바삭한 식감을 가진 빵으로 구워 낸다. 크러스트는 조금 두껍게, 크럼은 불규칙한 기포를 가진 가벼운 빵으로 굽는다. 구운 양파는 밀가루 1kg에 대해 120g, 썬 올리브는 200g을 섞는다.

공정 포인트

○ 믹싱
양파, 올리브를 제외한 모든 재료를 넣고 믹싱한다. 반죽은 하드계 빵을 기준으로 한다. 믹싱을 끝낸 반죽을 2등분하여 각각 양파와 올리브를 넣고 섞는다. 올리브는 충분히 물기를 닦는다. 반죽 온도는 26~28℃로 조절한다.

○ 1차 발효
50분을 기준으로 반죽 상태를 관찰한다. 양파가 들어간 반죽은 조금 단단해진다.

○ 분할
형태는 정해져 있지 않으므로 만들기 쉬운 크기, 또는 용도에 맞게 분할 중량을 바꾼다. 분할 후 둥글려 15분의 벤치타임을 갖는다.

○ 성형
두께 1cm로 밀어 올리브오일을 바른 철판 위에 올린다.

○ 2차 발효
온도, 습도 모두 낮게 설정하며 약 20분을 목표로 한다. 반죽은 조금 미숙한 상태일 때 발효실에서 꺼낸다.

○ 굽기
두 가지 방법이 있으므로 선택한다.
① 표면에 올리브오일을 바르고 피케 롤러 또는 포크로 구멍을 뚫어 로즈마리, 굵은 소금을 뿌린다. 10분 휴지시켜 200℃ 오븐에서 그대로 굽는다.
② 표면에 구멍을 뚫고 달걀을 바른 후 로즈마리, 굵은 소금을 뿌린다. 10분 휴지시켜 220℃ 오븐에서 스팀을 넣어 굽는다.

포카치아 아로마티카
Focaccia aromatica

재료	(%)
그레이엄분	20
프랑스분	40
호밀분	40
설탕	2
소금	2
생이스트	3
우유	15
물	50
회향, 쿠민, 아니스	소량

반죽은 분할까지 같으며 성형 후 그레이엄분을 얇게 뿌린 철판에 올려 발효시킨 다음 회향, 쿠민, 아니스를 뿌려 굽는다.

적당한 크기로 잘라 그대로 먹어도 맛있지만 햄이나 치즈를 얹거나 샌드해서 먹으면 한층 더 맛있게 먹을 수 있다.

Aysh

아이시

이집트에서 일반적으로 먹는 이 빵을 '빵의 원점'이라고도 말한다. 특징은 크럼이 지극히 엉성하며 덧가루로 사용되는 굵게 빻은 밀가루가 표면에 붙어 있는 점이다. 형태는 피타와 비슷하지만 맛은 더욱 소박하며 곡물 그 자체의 향이 감돈다. 반죽은 상당히 질고 현지에서는 오븐으로 옮길 때 전용 주걱을 사용한다.

- 제법 : **스트레이트법**
- 밀가루 양 : 2kg
- 분량 : 85g / 45개분

재료	(%)	(g)
프랑스분	100	2,000
소금	1.5	30
인스턴트 이스트	1.5	30
물	110	2,200

재료	(%)	(g)
그레이엄분		

· POINT ·

반죽은 극히 질게 만드나 어느 정도 형태를 갖출 끈기는 필요하다. 크럼은 매우 엉성하고 수분량이 많게 굽는다. 크러스트는 조금 두꺼운 편이 향기롭다.

공정과 조건	시간/총시간(분)	
준비 재료 계량	10	0 10
믹싱 (수직형 믹서) 1단-4분 ⎤ 2단-2분 ⎦ 반죽 온도 26℃	10	20
1차 발효 60분, 30℃	60	80
분할 · 성형	10	90
2차 발효 60분 온도 32℃, 습도 75%	60	150
굽기 10분 굽는 온도 250℃ 굽기 손실 28~30%	15	165

공정 포인트

○ 믹싱
가루기가 없어지고 끈기가 조금 있을 정도의 믹싱이 좋다. 수분량이 많으므로(넣는 물의 80% 이상) 한 번에 전량의 물을 넣지 말고 먼저 60~70%를 넣은 후 나머지는 반죽하면서 넣는다. 반죽은 손에 달라붙어 다루기 힘들다.

○ 1차 발효
60분 발효시켜 2.5배로 팽창시킨다. 반죽은 조금 결합되어 있지만 질어서 흘러내릴 정도다.

○ 분할· 성형
천 위에 그레이엄분을 많이 뿌리고 그 위에 짤 주머니를 이용해 반죽을 작은 원형으로 짠다. 또는 큰 스푼으로 떠서 놓아도 된다. 발효되면 퍼지므로 간격을 충분히 둔다. 반죽은 같은 양으로 짠다.

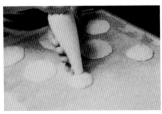

○ 2차 발효
60분 발효시킨다. 반죽은 다소 흘러서 퍼진다.

○ 굽기
슬립벨트 위에 올려 굽지만 반죽이 질어 늘어 놓기가 어려우므로 부채살처럼 생긴 도구를 사용해 반죽을 떠서 올리면 편리하다. 슬립벨트에도 그레이엄분을 뿌려 둔다. 250℃ 오븐에서 10분 정도 굽는데 아랫불은 조금 낮게 설정한다. 구워진 빵의 크러스트가 딱딱할 때는 표면에 물을 뿌려 부드럽게 만든다.

> 손으로 반을 찢으면 엉성한 크럼이 세로로 형성되어 있다. 그대로 찢어 먹기도 하지만 푹 삶은 요리를 넣어 먹는 것이 이 빵을 먹는 방법이다.

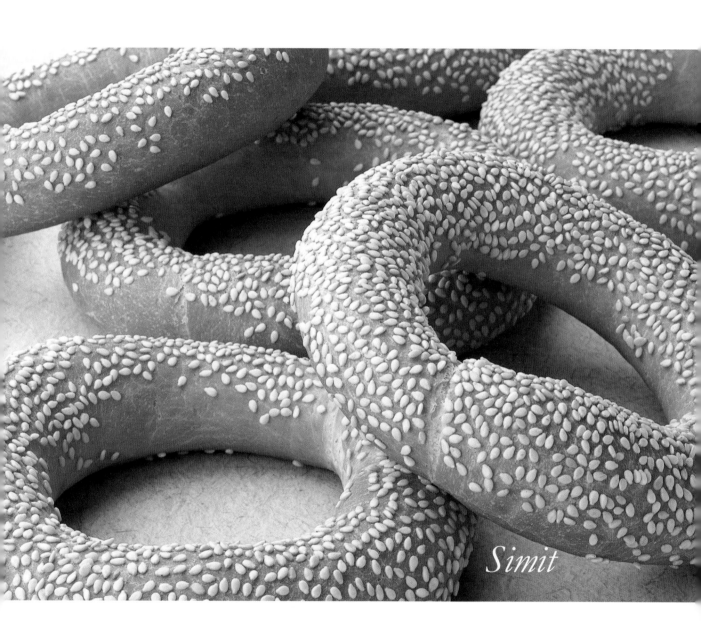

Simit

시미트

터키에서는 사람이 모이는 곳이면 어디든 시미트를 파는 상인이 있다. 깨를 뿌린 링 형태의 빵을 양철통에 넣어 판다. 또 그리스에서도 거의 똑같이 생긴 크루리라는 빵이 노점에서 팔리고 있다. 링은 '영원히 끝이 없다'라는 의미를 담고 있으며, 고대부터 종교적인 행사나 축제에는 링 형태의 빵이 등장한다.

- 제법 : **스트레이트법**
- 밀가루 양 : 2kg
- 분량 : 80g / 40개분

재료	(%)	(g)
프랑스분	100	2,000
설탕	5	100
소금	1.8	36
버터	5	100
생 이스트	3	60
달걀	5	100
물	55	1,100

재료	(%)	(g)
깨		

• POINT •

크러스트는 바삭한 식감을 내기 위해 배합은 세미하드타입이 된다. 크럼은 균일하지만 수분은 조금 적은 편이다. 발효 시간은 보통이며 2차 발효는 조금 빨리 꺼낸다.

공정과 조건	시간	총시간(분)
준비 재료 계량	10	0 10
믹싱 (수직형 믹서) 1단-3분 2단-2분 3단-2분 반죽 온도 27℃	15	25
1차 발효 60분, 30℃	60	85
분할 80g	25	110
성형 막대형 → 링형	10	120
2차 발효 30분 온도 32℃, 습도 75%	30	150
굽기 20분 굽는 온도 230℃ 스팀 굽기 손실 15~17%	25	175

공정 포인트

○ 믹싱
반죽이 80% 정도 연결되면 정지한다. 반죽이 너무 되면 링 형태로 만들었을 때 이음새 부분이 갈라져 구워지므로 적당한 되기가 필요하다. 버터를 쇼트닝으로 교체하면 보다 가벼운 반죽이 된다. 반죽 온도는 27~28℃로 조절한다.

○ 1차 발효
50~60분 정도에서 반죽을 관찰한다. 발효 최고점보다 조금 빨리 발효를 끝내도록 한다.

○ 분할
80g씩 분할해 둥글린다. 벤치타임은 10분 정도면 충분하다. 오래 두면 반죽이 발효해 팽창하므로 막대형으로 성형하기가 어렵다.

○ 성형
손바닥으로 반죽의 가스를 빼고 납작하게 누른 다음 접어서 짧은 막대형으로 만든다. 5분 동안 휴지시킨다. 막대형 반죽을 일단 눌러 납작하게 하고 다시 접어 30㎝ 정도로 늘인다. 링 형태를 만들고 이음새는 반죽과 반죽을 겹쳐 확실하게 눌러 붙인다. 전체를 손바닥으로 눌러 평평하게 만든 뒤 젖은 천으로 윗면을 적시고 깨를 뿌린다. 천 위에 올려 발효실에 넣는다.
※ 터키 현지에서는 막대형 반죽 2개를 꼬아서 링 모양으로 만드는 곳도 있다.

○ 2차 발효
30분을 기준으로 반죽의 상태가 조금 미숙한 상태에서 종료한다. 습도가 높아지지 않게 주의한다.

○ 굽기
슬립벨트에 옮겨 230℃ 오븐에서 스팀을 넣어 굽는다. 굽는 시간은 20분 전후이다. 깨는 타기 쉬우므로 굽는 온도가 지나치게 높지 않도록 주의한다.

Bagels

베이글

이 빵의 기원에는 여러 설이 있다. 하나는 17세기 오스만투르크와 합스부르크가의 전쟁에서 승리한 기념으로 빈의 유태인이 만든 것이라는 설이다. Beugel(보위겔, 초생달 모양의 발효과자)이 변화했다는 설도 있으며 또 Bügel(뷰겔, 말등자) 형태의 빵이 링 형태로 변했다는 설도 있다. 최근에는 뉴욕의 유태인이 만든 것이 유명해져 샌드위치나 달콤한 간식으로 범위가 넓어지고 있다. 이 베이글은 굽기 전에 먼저 데치는 특별한 공정이 있다. 반죽을 끓는 물에 익히므로 독특한 씹는 맛이 생겨난다.

베이글 (올드 패션)

- 제법 : **스트레이트법**
- 가루 양 : 2kg
- 분량 : 100g / 30개분

재료	(%)	(g)
프랑스분	80	1,600
박력분	10	200
호밀분	10	200
설탕	3	60
소금	2	40
생이스트	2	40
물	58	1,160

데치기용

재료	(%)	(g)
물		
몰트 엑기스 (물의 3%)		

· POINT ·

베이글의 배합에는 여러 가지가 있지만 올드 패션이라면 크럼이 촘촘하고 묵직한 중량감이 있는 베이글이다. 촘촘한 크럼, 촉촉한 상태 유지, 맛의 안정성을 목적으로 호밀분과 밀가루(박력분)를 혼합한다. 크러스트는 윤기나게, 중앙의 구멍은 너무 크지 않게 한다.

공정과 조건		시간/총시간(분)	
준비 재료 계량		10	0 10
믹싱 (스파이럴 믹서) 1단-10분 2단- 4분 믹싱 후 누르고 둥글려 5분 반죽 온도 27℃		25	35
1차 발효 30분 30℃		30	65
분할 · 성형 100g 막대형 → 링형		15	80
2차 발효 30분 온도 32℃, 습도 75%		30	110
데치기 몰트 엑기스 용액 (3%) 온도 90℃ 앞뒤로 1분씩		10	120
굽기 20~23분 굽는 온도 220℃ 굽기 손실 10 ~12%		25	145

공정 포인트

○ 믹싱

반죽에 많은 공기를 넣지 않고 쫄깃한 반죽을 만드는 것을 기본으로 한다. 단, 반죽이 되면 링 모양으로 만들어 구웠을 때 이음새가 갈라지거나 끊어지므로 유연하게 반죽한다. 믹서는 공기를 적게 함유하는 스파이럴 쪽을 권하지만 수직형 믹서로 할 경우는 누르면서 둥글리기를 오래하거나 몰더나 시터에 통과시켜 반죽의 기포를 보다 작게 만든다.

○ 1차 발효

발효라기보다는 반죽의 탄력을 얻기 위한 플로어타임이라고 생각한다. 시간은 20~30분 사이가 적당하다.

○ 분할·성형

분할 중량은 자유지만 어느 정도 볼륨(링의 두께)이 있는 편이 맛을 잘 느낄 수 있다. 분할 후 곧바로 밀대로 가스를 빼고 접어 막대형으로 만든다. 한쪽 끝을 손바닥으로 눌러 납작하게 해 다른 한쪽 끝과 연결한다. 이때 이음새는 바닥 쪽으로 둔다. 성형 후 천 위에 놓는다.

○ 2차 발효

발효실에서 발효시킨다. 발효보다 반죽의 탄력을 위해 휴지시킨다고 생각한다. 따라서 일반적인 빵보다 상당히 미숙한 상태에서 2차 발효를 종료한다.

○ 데치기

물에 3%의 몰트 엑기스를 녹여 90℃로 데운다. 반죽 표면을 밑으로 해서 용액에 넣고 약 1분간 데친다. 다음은 반대로 뒤집어 같은 시간 데친 뒤 철판에 나열한다. 철판은 베이킹 시트를 깔거나 붙지 않도록 가공한 것을 사용하면 굽고 난 뒤 쉽게 떨어진다.

물에 아무 것도 넣지 않아도 되지만 몰트 엑기스를 넣으면 크러스트에서 특유의 향이 나고 색깔과 윤기가 좋아진다. 데치는 시간이 길면 반죽 표면이 단단해져 오븐에 옮겨 구워도 그 이상 팽창하지 않아 중량감 있는 베이글로 구워진다. 반대로 짧으면 반죽 표면에 유연성이 남아 오븐에서도 팽창하므로 조금 가볍게 구워진다.

○ 굽기

220℃ 오븐에 그대로 넣어 20~23분 정도 굽는다. 금방 구워낸(구워서 식힌 상태) 베이글에는 쫄깃한 맛이 없다. 그대로 먹으면 크러스트는 하드계에 가깝고 크럼 중심이 조금 촉촉한 정도지만 하루 정도 지나면 크러스트에는 특유의 쫄깃함과 풍미가 생겨 먹을 때 턱이 아플 정도의 끈기가 생긴다. 크럼도 촉촉하며 조금 끈끈한 느낌이 있어 씹을수록 맛이 난다. 그러나 토스트 하면 바삭바삭한 식감이 돌아온다.

> 베이글 샌드위치에 대한 관심이 높아지고 있다. 중간을 수평으로 잘라 여러 가지 재료를 넣어 판매한다. 샌드위치는 소프트 타입이 먹기 쉽다. 올드 패션은 껍질이 딱딱해 안쪽의 수분이 빠져나가기 어렵기 때문에 2~3일은 충분히 먹을 수 있다. 소프트 패션은 노화가 빨라 가능한 바로 먹는다.

베이글 (소프트 패션)

- 제법 : **스트레이트법**
- 밀가루 양 : 2kg
- 분량 : 60g / 50개분

재료	(%)	(g)
강력분	100	2,000
설탕	5	100
소금	2	40
쇼트닝	3	60
생이스트	2	40
물	60	1,200

재료	(%)	(g)
구운 양파	15	150/밀가루 1kg
커런트 (레이즌)	25	250/밀가루 1kg

데치기용

재료	(%)	(g)
물		
몰트 엑기스 (물의 3%)		

공정과 조건	시간/총시간(분)	
준비 재료 계량	10	0 10
믹싱 (스파이럴 믹서) 1단-4분 ⎫ 반죽 온도 27℃ 2단-6분 ⎭	15	25
1차 발효 40분, 30℃	40	65
분할·성형 60g 막대형 → 링형	15	80
2차 발효 40분 온도 32℃, 습도 75%	40	120
데치기 몰트 엑기스 용액 (3%) 온도 90℃ 앞뒤로 1분씩	10	130
굽기 20분 굽는 온도 220℃ 굽기 손실 13~15%	25	155

공정 포인트

○ 믹싱

재료는 모두 넣고 믹싱하나 저속보다는 고속으로 오래 돌려 반죽의 산화를 촉진한다. 발효 시간이 짧으므로 충분히 믹싱한다. 반죽은 너무 되지 않게 한다. 반죽 온도는 27~28℃로 맞춘다. 구운 양파와 커런트를 넣는다면 반죽을 완료할 때쯤 넣어 섞는다. 단, 두 가지 모두 반죽의 수분을 흡수하므로 조금 진 반죽으로 한다.

○ 1차 발효

40~50분 발효시킨다. 팽창은 2배 정도가 기준이다.

○ 분할·성형

분할에서 성형까지 연속으로 실행한다. 둥글리기는 하지 않고 막대형으로 성형하므로 분할할 때는 사각형으로 자른다. 반죽을 손바닥으로 충분히 눌러 접어 막대형을 만든다. 링의 이음새는 한쪽 끝을 손바닥으로 눌러 평평하게 한 뒤 거기에 다른 한쪽 끝을 올려 연결한다. 중앙의 구멍은 크게 하지 않아야 두께 있는 빵으로 구워진다. 천 위에 올려 발효시킨다.

○ 데치기

물이나 몰트 엑기스 3% 용액을 90℃까지 데운다. 앞뒤를 1분씩 데친다. 온도가 낮은 경우, 80℃라면 1분 30초씩 데친다.

○ 굽기

220℃ 오븐에 넣어 20분간 굽는다.

사워종 *Sauerteig*

전통적으로 호밀빵을 만드는 지역은 독일과 오스트리아를 비롯한 북유럽과 러시아다. 한랭지에서도 비교적 잘 자라는 호밀은 필연적으로 이들 지역의 주식이 되었다.

밀가루가 들어오면서 호밀의 의존도는 감소했지만, 최근 도시를 중심으로 풍부한 영양과 소박한 맛이 재인식되어 조금씩 소비가 늘어가는 추세다.

독일은 호밀빵에도 대부분 밀가루를 섞어 만든다. (베스트파렌 지방이나 함부르크 주변 등의 북부 독일에서는 품퍼니켈이나 슈로트브로트같은 호밀 100%의 빵이 만들어진다.)

호밀분이 들어간 빵은 크게 둘로 나뉜다. 하나는 밀가루에 호밀분을 섞은 슈바이처브로트나 슈스터융겐 등이다. 하지만 밀가루의 양이 호밀분보다 많아서가 아니라 밀가루빵과 같은 제법으로 만들어지기 때문에 밀가루빵으로 분류한다. 또 하나는 일반적으로 호밀빵이라 불리는 사워종(자워타이크)을 배합해 섞은 빵으로, 밀가루와 호밀의 비율은 제각각이다.

사워종은 며칠 동안 호밀분과 물을 계속 보충하면서 반죽을 산화·숙성시킨 것이다. 이것을 첨가한 빵은 부드러운 신맛과 독특한 풍미를 가진다. 또한, 사워종은 대개 직접 만들기 때문에 각 빵집마다 고유한 맛을 가지게 된다. 일본에서는 천연효모를 사용한 빵이 주목을 받고 있으며 사워종도 그 중 하나로 지지자가 급속히 증가하고 있다.

호밀분에 물을 섞어 반죽하면 밀가루보다 점착성이 강해진다. 이는 호밀 안의 펜토산이라는 탄수화물 성분 때문이다. 펜토산의 약 40%가 많은 물과 결합해 호밀점액질을 형성하고 남은 펜토산은 불용성으로 크럼 조직을 단단하게 하는 역할을 한다.

현재 일본에 시판되는 호밀분은 밀가루빵과 동일한 제법으로 만들었을 때, 대개 볼륨은 약하지만 크럼까지 열이 전달된 빵으로 구워진다. 그러나 먹어 보면 크럼이 입 안에 들러붙고 향이 전혀 없거나 호밀 특유의 역한 냄새가 나는 빵이 되고 만다. 이것은 펜토산의 점액질이 수분을 흡수하고, 전분의 분해효소가 활동해 반죽 안에 다량의 수분을 남기기 때문이다. 특히 펜토산이 많이 들어간 호밀을 사용하면 이 결함이 현저하게 드러난다.

하지만 같은 호밀반죽에 사워종을 적정량 배합하면 크럼이 탄력을 가져 씹는 맛이 좋아지며 볼륨도 증가해 특유의 풍미를 가진 빵으로 변한다. 호밀반죽을 산화시킴으로써 펜토산 안의 효소가 활동해 호밀분의 수분흡수를 억제함과 동시에 호밀점액질에서 수분을 유리시킨다. 이 자유수에 의해 반죽이 질어져 팽창하기 쉬워지고 신선도가 오래 유지되는 빵이 된다. 한편 전분은 산과 소금에 의해 분해효소가 억제되어 물을 흡수하고 호밀반죽의 굽기를 좋게 한다.

이처럼 호밀빵을 맛있게 만들기 위해서는 사워종의 활동이 꼭 필요하다. 또한, 사워종을 밀가루빵에도 적당히 섞으면 새로운 풍미를 만들어 낼 수 있다. 앞으로 사워종은 부드러운 신맛과 풍부한 향으로 새로운 종류의 빵을 만드는 데 다양하게 사용될 것이다.

1. 사워종의 목적

(1) 호밀빵의 크럼을 안정시켜 탄력을 갖게 한다.

(2) 호밀빵 특유의 부드러운 신맛과 향을 준다.

(3) 빵의 신선도를 유지하고 부패를 방지한다.

2. 사워종의 개요

사워종은 근본이 되는 안슈텔구트(스타터, 초종)를 만드는 것부터 시작한다. 만드는 방법은 여러 가지가 있으나 어떤 방법이라도 호밀분과 물을 배합해 온도를 관리하면서 매일 호밀분과 물을 첨가, 4~5일에 걸쳐 숙성시킨다. 이렇게 숙성시킨 안슈텔구트에서 반죽에 배합하는 사워종이 만들어진다.

이 만드는 방법은 7~8번에 걸쳐 빠르면 3시간, 길면 2일 정도 걸리는데 공장의 환경이나 공정, 구워진 풍미 등 조건에 맞춰서 선택할 수 있다.

완성된 사워종은 호밀빵에 배합되나 완성된 사워종의 일부를 떼어 두면 다음날 만들 빵을 위한 안슈텔구트로 이용하는 것이 가능하다. 또한 사워종은 냉장고에서 3~4일 보존이 가능하며, 호밀분을 섞어 건조시키면 1개월은 사용 가능하다.

3. 안슈텔구트(초종) 만드는 법

[1일째]

호밀분	1,000g	반죽 온도	28~30℃
물	650g	발효 시간	24시간
호밀분	1,000g	발효 온도	30℃

호밀분 1,000g과 물을 섞어 발효용기에 넣고, 반죽 표면에 호밀분 1,000g을 뿌려 둔다. 발효시키는 장소는 공장 구석의 따뜻한 곳이 좋다. 떠다니던 효모가 떨어지기 때문이다. 호밀분을 뿌려 두는 것은 표면의 건조 방지 효과와 반죽의 발효 상태를 쉽게 알기 위해서다.

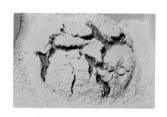

[2일째 ①]

1일째 반죽	전부	반죽 온도	24~26℃
물	1,000g	발효 시간	8시간
		발효 온도	25℃

[2일째 ②]

①의 반죽	전부	반죽 온도	22~24℃
호밀분	900g	발효 시간	16시간
물	200g	발효 온도	22℃

표면에 뿌려 둔 호밀분이 반죽의 팽창으로 갈라져 있는 것이 확인되면 이 반죽에 물을 섞어 반죽한다. 2, 3일째는 효모 증식과 산이 생성되어야 하므로 하루 두 번 리프레시한다. 합리적인 작업을 위해 리프레시는 아침과 저녁에 한다.

[3일째 ①]

2일째 반죽	750g	반죽 온도	24~26℃
호밀분	500g	발효 시간	8시간
물	500g	발효 온도	25℃

[3일째 ②]

①의 반죽	1,500g	반죽 온도	22~24℃
호밀분	800g	발효 시간	16시간
물	400g	발효 온도	22℃

[4일째]

3일째 반죽	1,500g	반죽 온도	22~24℃
호밀분	800g	발효 시간	24시간
물	400g	발효 온도	22℃

빠르면 3일째 완료 시점에서 산도가 pH 4.0 전후가되어 안슈텔구트(초종)로서 사용이 가능하지만 산의 숙성이 약해 구운 빵에 쏘는 듯한 신맛이 생긴다. 이는 산도는 충분히 이뤄졌지만 유산 및 초산의 생성부족 또는 그 균형이 나쁘기 때문이라고 추측된다.

[5,6일째]

5, 6일째는 4일째의 작업을 반복한다.

5일째부터 향이 좋아지고 신맛이 부드럽게 느껴진다. 산도가 pH 3.8 정도로 안정돼 안슈텔구트로 사용할 수 있다. 안슈텔구트의 숙성도(사워종으로 쓰기에 적당한지 보는 판단기준)는 pH로 일부 확인할 수 있다. 4.0 정도라면 제빵이 가능하지만 빵의 풍미는 이것으로 판단할 수 없다. 종의 냄새를 맡아 판단하는데 바로 이 감각에 의한 불안정한 판단 방법이 중요하므로 빵 만드는 것이 재미있어진다.

반죽 표면의 색이나 안을 벌려 보면 갈색으로 되어 있는 경우가 있다. 이것은 오래된 안슈텔구트에서 많이 나타나며, 발효 온도가 불안하거나 리프레시를 소홀히 하면 이 같은 현상이 나타난다. 갈색화가 된 안슈텔구트는 풍미가 나쁘고 신맛이 강하다. 더욱 나쁠 경우엔 산패취(酸敗臭)가 생겨 사용할 수 없다.

4. 종의 완성법

(1) 3단계법

○ 기본 지식

숙성시킨 초종(안슈텔구트)에서 효모(이스트)증식과 산의 생성, 그밖에 미생물을 만들어 내기 위해 3단계로 사워종을 만든다. 최종단계의 폴자워(Vollsauer)가 빵 반죽에 넣는 사워종이 된다.

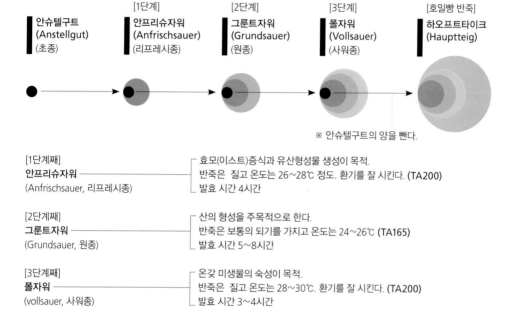

[1단계째]
안프리슈자워 ─────── ┌ 효모(이스트)증식과 유산형성물 생성이 목적.
(Anfrischsauer, 리프레시종) ├ 반죽은 질고 온도는 26~28℃ 정도. 환기를 잘 시킨다. (TA200)
└ 발효 시간 4시간

[2단계째]
그룬트자워 ─────── ┌ 산의 형성을 주목적으로 한다.
(Grundsauer, 원종) ├ 반죽은 보통의 되기를 가지고 온도는 24~26℃ (TA165)
└ 발효 시간 5~8시간

[3단계째]
폴자워 ─────── ┌ 온갖 미생물의 숙성이 목적.
(vollsauer, 사워종) ├ 반죽은 질고 온도는 28~30℃. 환기를 잘 시킨다. (TA200)
└ 발효 시간 3~4시간

※ TA는 Teigausbeut(타이크아우스보이테)의 약어로 '테아'로 발음하며, 반죽수분량을 나타낸다. 밀가루를 100으로 하여 거기에 수분을 더한 것으로, 주로 하드계 빵의 수분량을 나타낼 때 사용한다. (TA165 = 밀가루 100, 수분 65)

[각 단계에서의 밀가루 양과 물의 양]

1. 산화시키는 호밀분 양은 호밀분의 비율이 80~100%인 빵의 경우 호밀분의 40%를, 그 외의 경우는 50%로 한다.

2. 3단계법의 각 단계에서 산화시킬 밀가루의 양은 전 단계 밀가루의 양에 그 단계까지의 발효 시간을 곱해 산출할 수 있다. 실제로 추가하는 밀가루 양은 전에 산화시킨 밀가루의 양을 뺀 값이다.

> ・ 현 단계의 종에 함유되어 있는 밀가루 양×다음 단계에서 발효시키는 시간 = 다음 단계에서 산화시키는 밀가루의 양
> ・ 다음 단계에서 산화시키는 밀가루 양－현 단계의 종에 함유되어 있는 밀가루 양 = 다음 단계에서 추가하는 밀가루 양

실제 계산은 가루의 총량과 산화시키는 호밀분의 양을 알 수 있으므로 최종 단계로부터 역산해 구하는 것이 더 이해하기 쉽다.

(예) 로겐미슈브로트

※ 가루 양 10kg = 호밀분 8kg + 밀가루 2kg. 사워종에 들어간 호밀분 = 3,200g (40%)

① 폴자워에 함유된 호밀분은 3,200g이 된다.

② 그룬트자워에 함유된 호밀분은 폴자워의 발효 시간이 4시간이므로 3,200 ÷ 4 = 800g이 된다.

③ 안프리슈자워에 함유된 호밀분은 발효 시간이 8시간이므로 800 ÷ 8 = 100g이 된다.

④ 안슈텔구트에 함유된 호밀분 양은 발효 시간이 4시간이므로 100 ÷ 4 = 25g이 된다. 안슈텔구트의 TA가 200이므로 수분을 함유한 양은 50g이 된다. 그러나, 안슈텔구트는 완성된 폴자워에서 같은 양을 빼내어 다음날 사용하기 때문에 계산에는 넣지 않았다.

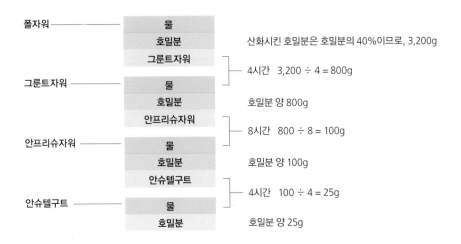

⑤ 안프리슈자워에 추가하는 호밀분 양은 100g, 물양은 TA200이므로 100g,

　　그룬트자워에 추가하는 호밀분 양은 800g(100g × 8시간) − 100g = 700g,

　　물의 양은 TA165이므로 520g(800g × 0.65) − 100g = 420g,

　　폴자워에 추가하는 호밀분 양은 3,200g(800g × 4시간) − 800g = 2,400g,

　　물의 양은 TA200이므로, 3,200g − 520g = 2,680g,

　　하오프트타이크에 추가하는 호밀분 양은 8,000g − 3,200g = 4,800g,

　　물의 양은 TA165이므로 6,500g(10kg × 0.65) − 3,200g = 3,300g이다.

■ 3단계법 공정표 (예)

※ 호밀분 : 밀가루 = 6:4　가루 양 10kg　사워종에 들어간 호밀분 양 3,000g (50%)

재료	배합	공정
안프리슈자워	TA200	반죽 온도 26℃ 발효 시간 4시간 26~28℃
안슈텔구트	50g	
호밀분	90g	
물	90g	
그룬트자워	TA165	반죽 온도 24℃ 발효 시간 8시간 24~26℃
안프리슈자워	180g	
호밀분	660g	
물	400g	
폴자워	TA200	반죽 온도 30℃ 발효 시간 4시간 28~30℃
그룬트자워	1,240g	
호밀분	2,250g	
물	2,510g	
하오프트타이크	TA165	반죽 온도 28℃ 플로어타임 10분 발효 90분 33℃ 굽기 45분 230℃
폴자워	6,000g	
호밀분	3,000g	
프랑스분	4,000g	
물	3,500g	
소금	180g	

[3단계법의 완성하는 법-예]

① 폴자워에 함유된 호밀분은 총 3,000g이다.

② 그룬트자워의 호밀분은 750g(3,000 ÷ 4), 안프리슈자워의 호밀분은 약 90g(750 ÷ 8), 안슈텔구트의 호밀분은 약 25g(90 ÷ 4)이므로, 안슈텔구트의 양은 50g으로 계산한다.

③ 안프리슈자워에 추가하는 호밀분은 90g, 물도 90g.

④ 그룬트자워에 추가하는 호밀분은 660g(750 - 90), 물은 750g의 65%이므로(약 490g), 490 - 90 = 400g.

⑤ 폴자워에 추가하는 호밀분은 3,000 - 750 = 2,250g, 물은 3,000 - 490 = 2510g이 된다.

■ 3단계법 배합비율(%)　호밀분 : 밀가루 = 6:4

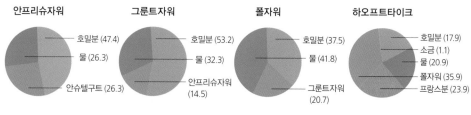

안프리슈자워
- 호밀분 (47.4)
- 물 (26.3)
- 안슈텔구트 (26.3)

그룬트자워
- 호밀분 (53.2)
- 물 (32.3)
- 안프리슈자워 (14.5)

폴자워
- 호밀분 (37.5)
- 물 (41.8)
- 그룬트자워 (20.7)

하오프트타이크
- 호밀분 (17.9)
- 소금 (1.1)
- 물 (20.9)
- 폴자워 (35.9)
- 프랑스분 (23.9)

● 안프리슈자워 반죽　● 그룬트자워

● 폴자워

(2) 2단계법

○ 기본 지식

① 그룬트자워와 폴자워의 2단계로 사워종을 만들어 반죽에 넣는 방법이다.

② 그룬트자워는 오버나이트를 이용해 만들어 시간을 합리적으로 사용한다.

③ 효모(이스트)의 증식보다는 산의 숙성을 목적으로 한다. 본 반죽에는 이스트를 첨가해 반죽을 팽창시킨다.

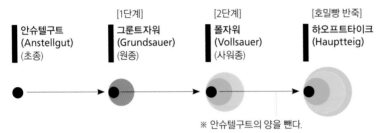

※ 안슈텔구트의 양을 뺀다.

■ 2단계법 공정표 (예)

※ 호밀분:밀가루 = 6:4   가루 양 10kg   사워종에 들어간 호밀분 양 3,000g (50%)

재료	배합	공정
그룬트자워	TA150	반죽 온도 24℃ 발효 시간 16시간 24~26℃
안슈텔구트	75g	
호밀분	1,200g	
물	600g	
폴자워	TA180	반죽 온도 28℃ 발효 시간 3시간 28~30℃
그룬트자워	1,800g	
호밀분	1,800g	
물	1,800g	
하오프트타이크	TA165	반죽 온도 28℃ 플로어타임 10분 발효 60분 33℃ 굽기 45분 230℃
폴자워	5,400g	
호밀분	3,000g	
프랑스분	4,000g	
소금	180g	
생이스트	140g	
물	4,100g	

[3단계법의 완성하는 법-예]

① 산화시키는 호밀분의 양은 기본적으로 50%로 한다.

② 안슈텔구트의 양은 산화시킨 호밀분의 2.5%가 좋다.

③ 그룬트자워의 호밀량은 안슈텔구트의 16배로 하고, 숙성시간(발효 시간)은 15시간에서 24시간까지 연장할 수 있다.

④ 작업공정은 빵 굽기 전날, 저녁에 그룬트자워를 반죽해 오버나이트 시켜 다음날 아침 폴자워로 완성시킨다. 따라서 빵의 완성은 오후가 된다.

⑤ 하이프트타이크를 믹싱할 때 소금 1.8%, 이스트 1.4%를 첨가한다.

⑥ 폴자워가 숙성한 후 다음에 사용할 안슈텔구트로 처음 첨가한 만큼 뺀다. 따라서 안슈텔구트의 양은 반죽량에 포함하지 않는다.

■ 2단계법 배합비율(%)   호밀분 : 밀가루 = 6:4

그룬트자워 — 호밀분 (64.0), 물 (32.0), 안슈텔구트 (4.0)

폴자워 — 호밀분 (33.3), 물 (33.3), 그룬트자워 (33.3)

하오프트타이크 — 호밀분 (17.8), 그외 (1.9), 물 (24.4), 폴자워 (32.1), 프랑스분 (23.8)

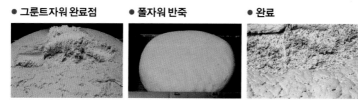

● 그룬트자워 완료점 ● 폴자워 반죽 ● 완료

아래표는 호밀분과 밀가루의 혼합비율에 따른 배합표다. 소금 1.8%를 하오프트타이크에 혼합한다. 하오프트타이크 물의 양은 미슈브로트(호밀분:밀가루 = 50:50)의 경우 165로 하고 호밀분이 많아짐에 따라 증가한다.

■ 2단계법 배합표

가루의 혼합율 (호밀:밀)	사워종에 들어간 호밀분	안슈텔구트의 양	그룬트자워 호밀과 물의 양	폴자워 호밀과 물의 양	하오프트타이크 호밀분과 밀가루 양		이스트 양
(kg)	(kg)	(g)	(g)	(g)	(kg)		(g)
10:0	4.5	110	1,800 / 900	2,700 / 2,700	5.5		100
9:1					4.5	1	110
8:2	4	100	1,600 / 800	2,400 / 2,400	4	2	120
7:3					3	3	130
6:4	3	75	1,200 / 600	1,800 / 1,800	3	4	140
5:5					2	5	150
4:6	2	50	800 / 400	1,200 / 1,200	2	6	160
3:7					1	7	170
2:8	1	25	400 / 200	600 / 600	1	8	180
1:9					1	9	190

※ 소금의 첨가량은 1.8% = 180g

(3) 1단계법
○ **기본 지식**

안슈텔구트에서 1회 리프레시해 사워종을 만드는 방법이다.

① 1회의 리프레시로 사워종을 만들었으므로 사워반죽 안에서 효모(이스트)를 증식시키지 않는다.

② 반죽 팽창을 위해 하오프트타이크에 이스트를 첨가한다.

③ 산화시킨 호밀분 양을 배합에 따라 조절한다.

④ 첨가시키는 안슈텔구트 양은 조건(반죽 온도)에 따라 변한다.

가루의 혼합율 (호밀:밀)	사워종에 들어간 호밀분		반죽 온도 설정에 따른 안슈텔구트의 양			
			20~23℃(20%)	24~26℃(10%)	26~27℃(5%)	27~28℃(2%)
(kg)	(kg)	(%)	(g)	(g)	(g)	(g)
10:0	3.5	35	700	350	175	70
9:1	3.5	39	700	350	175	70
8:2	3.2	40	640	320	160	60
7:3	2.8	40	560	280	140	55
6:4	2.4	40	480	240	120	50
5:5	2.0	40	400	200	100	40
4:6	1.6	40	320	160	80	35
3:7	1.6	53	320	160	80	35
2:8	1.2	60	240	120	60	25

① 발효 시간은 작업 시간의 합리적인 활용을 위해 오버나이트가 좋으므로, 16시간 정도 한다.

② 장시간 발효이므로 발효 온도에 따라 사워종의 양을 변화시키지 않으면 숙성의 과부족 편차가 커 진다. 1단계로 사워종을 만들기 때문에, 특히 온도 관리를 확실히 해야 한다.

③ 사워종의 TA는 180이 좋다.

■ 하오프트타이크 반죽 배합표

가루의 혼합율 (호밀:밀)	사워종의 양	추가하는 가루의 배합		물	이스트	소금	TA	반죽온도
		호밀가루	밀가루					
(kg)	(kg)	(kg)	(kg)	(kg)	(g)	(g)	수치	(℃)
10:0	6.3	6.5		4.2	90	180	170	28
9:1	6.3	5.5	1	4.2	100	180	169	28
8:2	5.76	4.8	2	4.24	110	180	168	28
7:3	5.04	4.2	3	4.56	120	180	168	28
6:4	4.32	3.6	4	4.68	130	180	166	28
5:5	3.6	3.0	5	5.0	140	180	166	28
4:6	2.88	2.4	6	5.22	150	180	165	28
3:7	2.88	1.4	7	5.22	160	180	165	28
2:8	2.06	0.8	8	5.54	170	180	165	28

■ **1단계법 공정표 (예)**

※ 호밀분:밀가루 = 6:4 가루 양 10㎏ 사워종에 들어간 호밀분 양 2400g (40%)

재료	배합	공정
자워타이크	TA180	반죽 온도 25℃ 발효 시간 16시간 24~26℃
인슈텔구트	240g	
호밀분	2,400g	
물	1,920g	
하오프트타이크	TA166	반죽 온도 28℃ 플로어타임 10분 발효 60분 33℃ 굽기 45분 230℃
자워타이크	4,320g	
호밀분	3,600g	
프랑스분	4,000g	
소금	180g	
생이스트	130g	
물	4,680g	

[1단계법의 완성하는 법-예]

① 사워종에 들어갈 호밀분은 배합할 호밀의 40%에 해당하는 2,400g이 된다.

② 사워종의 관리 온도를 25℃로 설정하고, 사용할 안슈텔구트는 사워종에 배합할 호밀분의 10%인 240g이 된다.

③ 사워종의 발효 시간은 20시간 정도까지는 맛에 영향을 주지 않고 연장할 수 있다.

④ 하오프트타이크(호밀빵 반죽)에는 소금이 가루 양의 1.8% 들어간다.

⑤ 자워타이크가 숙성되면 다음 안슈텔구트로 사용하기 위해 최초에 넣은 양만큼을 빼기 때문에 안슈텔구트의 양은 계산하지 않는다.

■ **1단계법 배합비율(%)** 호밀분 : 밀가루 = 6:4

자워타이크
- 호밀분 (52.6)
- 물 (42.1)
- 안슈텔구트 (5.3)

하오프트타이크
- 호밀분 (21.3)
- 그외 (1.8)
- 물 (27.7)
- 자워타이크 (25.5)
- 프랑스분 (23.7)

● **반죽**

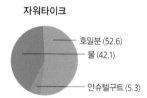

● **사워종 완료**

(4) 베를린식 단시간법

○ **기본 지식**

① 3시간만에 사워종을 숙성시키기 때문에 반죽은 질게 하고 발효 온도를 높게 한다. 온도가 높으면 유산의 형성이 많아지고 맛이 부드러워진다.

② 단시간 숙성의 사워종이므로 안슈텔구트의 사용량이 많아진다. 사용량이 적으면 숙성이 부족하거나 풍미가 떨어진다.

■ 베를린식 단시간법 공정표 (예)

※ 호밀분:밀가루 = 6:4 가루 양 10㎏
　사워종에 들어간 호밀분 양 1,200g (40%)

재료	배합	공정
자워타이크	TA190	반죽 온도 36℃
인슈텔구트	480g	발효 시간 3시간
호밀분	2,400g	36℃
물	2,160g	
하오프트타이크	TA165	반죽 온도 28℃
자워타이크	4,560g	플로어타임 10분
호밀분	3,600g	발효 60분 33℃
프랑스분	4,000g	굽기 45분
소금	180g	230℃
생이스트	130g	
물	4,340g	

■ 발효시킨 호밀분 비율과 이스트의 양

호밀분:밀가루 (kg)	산화시킨 호밀분(kg)	이스트 양 (g)
10:0	5	100
9:1	4	100
8:2	4	110
7:3	3.5	120
6:4	3	130
5:5	2.5	150
4:6	2	180
3:7	2	200
2:8	1	220
1:9	1	250

[베를린식 단시간법의 완성법-예]

① 안슈텔구트의 양은 사워종에 사용하는 호밀분의 20%를 넣는 게 기본이 된다. 이 경우 호밀분의 40%를 산화시키므로 사워종에 넣는 호밀의 양은 2,400g이 되고 안슈텔구트는 그 20%인 480g이 된다.

② 숙성시간이 짧으므로 사워종의 온도가 너무 낮지 않도록 한다. 만일 낮아진 경우엔 숙성시간을 연장해 조절한다.

● 종반죽

● 완료

사워종의 미생물은 여러 가지 분열균과 발아균(이스트)으로 크게 나뉜다. 분열균은 발효생산물로 주로 유산과 초산을 형성하고 발아균은 증식과 동시에 알코올과 이산화탄소를 생산한다. 그러나 반죽은 어떻게 취급하느냐에 따라 생성물 형성을 억제할 수 있다. 예를 들면, 유산은 진 반죽에서 온도가 35~40℃일 때 많이 만들어지고, 초산은 된 반죽에서 온도가 20℃ 정도일 때 만들어진다. 이스트의 증식은 질고 산이 많은 반죽에서 온도가 24~26℃일 때 활발하다.

빵 맛을 결정하는 요소는 산의 양과 그 비율이며, 유산의 비율이 75~80%이고, 초산의 비율이 20~25%일 때 맛있다고 한다. 산의 강약은 수소이온의 농도(pH)로 측정할 수 있다. 숙성한 종은 pH가 4.2~3.4 사이면 적당하다. 단, 맛은 별개의 문제다. 따라서 pH는 빵 만들기가 가능한 사워종의 숙성을 보는 하나의 판단 기준일 뿐 절대 기준이 될 수 없다. 사워종은 산의 질이 중요하다. 빵이 예쁘게 구워졌어도 풍미가 떨어지거나 생각보다 신맛이 심하거나 하면 사워종의 미숙을 그 원인으로 본다.

■ 문제 있는 사워종과 그에 따른 호밀빵의 결함

1. 사워종의 첨가량이 적다.
- 크럼에 호밀 냄새(곡물 냄새)가 섞여 있다.
- 크럼이 질퍽하다.
- 크럼에 탄력이 없다.

2. 사워종의 첨가량이 많다.
- 크럼의 기포가 크다.
- 식감이 퍼석퍼석하다.
- 신맛이 심하다.

3. 사워종의 미숙성
- 크럼의 겉면 부근에 파열이 생긴다.
- 크럼에 향이 없다.
- 크럼에 탄력이 없다.
- 나중에 강한 신맛이 남는다.

4. 사워종의 과숙성
- 크럼의 풍미가 나쁘다.
- 크럼에 신 냄새가 남는다.

Weizenmischbrot

바이첸미슈브로트

호밀분과 밀가루를 혼합한 빵이지만, 바이첸(밀)이라는 단어가 붙은 빵 이름은 밀가루의 배합이 호밀분보다 많은 것을 뜻한다. 배합율은 마음대로 바꿀 수 있으며, 이 책에서 소개하는 것은 밀가루를 70% 혼합한 빵이다. 사워종을 넣은 빵은 자칫 무겁다거나 쉰 것처럼 느껴진다고 하는데 이 빵은 호밀분이 적어 사워종 특유의 향과 신맛이 약한, 비교적 가벼운 빵이다.

- 제법 : **2단계 사워종법   밀가루:호밀분 = 7:3**
- 가루 양 : 5kg   • 사워종에 넣은 호밀분 : 1kg
- 분량 : 750g / 10개분

재료	(g)
그룬트자워	**TA150**
안슈텔구트	25
호밀분	400
물	200
폴자워	**TA180**
그룬트자워	600
호밀분	600
물	600
하오프트타이크	**TA165**
프랑스분	3,500
호밀분	500
폴자워	1,800
소금	90
생이스트	85
물	2,450

· POINT ·

바이첸미슈브로트 중에서도 가벼운 빵이므로 크럼의 기공은 약간 큰 편이며, 크러스트도 얇게 구워진다. 외관은 로겐미슈브로트보다 높이가 높게 구워져도 보기 좋으나 크러스트가 파열되지 않도록 주의한다. 굽기 손실은 15% 정도가 좋다.

공정과 조건	시간	/총시간(분)
준비 재료 계량	10	
그룬트자워 믹싱 1단-2분 ┐ 반죽 온도 24℃ 2단-1분 ┘	5	
발효 15~20시간, 22~25℃	오버 나이트	
폴자워 믹싱 1단-2분 ┐ 반죽 온도 28~30℃ 2단-1분 ┘	5	0 5
1차 발효 3시간, 30℃	180	185
하오프트타이크 믹싱 (스파이럴 믹서) 1단-4분 ┐ 반죽 온도 28℃ 2단-2분 ┘	10	195
플로어타임 15분, 30℃	15	210
분할·성형 750g, 긴 막대형	10	220
2차 발효 60분, 온도 33℃, 습도 70%	60	280
굽기 40~45분, 굽는 온도 230℃ 스팀 굽기 손실 15~17%	45	325

공정 포인트

○ 그룬트자워

가루 양이 5kg인 경우, 사워종 만들기를 2단계로 하면 안슈텔구트의 양은 25g 정도의 소량이 된다. 안전을 기하려면, 안슈텔구트 양은 많은 편이 안정적이므로 안슈텔구트는 배로 믹싱하고 폴자워 믹싱을 반으로 줄여도 좋다. 발효 시간은 16시간 정도.

○ 폴자워

믹싱은 전체가 섞일 정도가 좋고 반죽 온도를 맞추는 데 신경 쓴다. TA가 180인 진 반죽에 온도를 높여 부드러운 산의 생성을 목적으로 한다. 발효 시간은 3시간 정도.

○ 하오프트타이크 믹싱

숙성시킨 폴자워에서 최초의 안슈텔구트의 양 25g을 빼서 다음 안슈텔구트에 사용한다. 밀가루 배합이 많으므로 믹싱은 약간 긴 편이지만 하드계 빵보다는 짧다. 반죽은 시간이 지남에 따라 조여드는 특성이 있기 때문에 믹싱을 완료했을 때 진 편이 좋다. 반죽 온도는 28~30℃ 사이로 조절한다.

○ 플로어타임

반죽의 탄력을 위해 15분 반죽을 쉬게 하는 공정이다. 호밀의 배합이 많을수록 시간이 짧아진다.

○ 분할

박코르프(발효틀) 크기에 따라 분할 중량이 달라지지만 독일에서는 구워진 중량이 500g 이상인 빵은 250g 단위로 늘어나므로 굽기 손실을 생각해 분할 중량을 구한다. 하지만 규정이 없다면 소비자가 사기 쉬운 크기로 분할하면 된다. 호밀분의 배합이 늘어났지만 같은 크기의 빵을 만들고자 한다면(같은 박코르프를 사용한다면) 분할 중량을 늘인다. 벤치타임은 10~15분.

○ 성형

반죽을 일단 손바닥으로 압축시킨 후 접어 박코르프의 길이로 성형한다. 이때, 반죽의 바닥을 확실히 봉해야 한다. 이음새를 위로 해 가루를 뿌린 박코르프에 담는다.

○ 2차 발효

습도가 높으면 반죽이 박코르프에 붙어 구운 후 떨어지지 않으므로 주의한다. 2차 발효의 완료 시점은 박코르프와 반죽의 비율로 판단할 수 있다. 박코르프의 약 100~110%의 상태일 때 굽도록 한다.

○ 굽기

박코르프를 뒤집어 슬립벨트에 균형 있게 반죽을 올린 다음 프티 나이프로 쿠프를 적당히 넣고 스팀을 주입한 오븐에서 굽는다. 3분 후 댐퍼를 열어 스팀을 5분간 뺀 후 댐퍼를 닫고 40분 정도 굽는다.

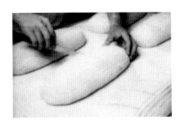

스팀빼기

호밀분이 많은 반죽을 굽는 경우라면 중간에 스팀을 뺄 필요가 있다. 이것은 호밀은 굽는 도중 수분을 흡수하면서 팽윤하기 때문에 오븐 안에 스팀이 있으면 크러스트가 굳지 않아 반죽의 팽창을 견디지 못하고 크러스트의 일부가 파열되기 때문이다. 스팀은 처음 3분만 사용하고 그 후 완전히 뺀다. 크러스트를 빨리 굳히면 반죽은 더 이상 팽창하지 못하며 크럼의 기공이 고른 호밀빵으로 구워진다. 스팀을 빼는 시간은 오븐에 따라 차이가 있으나 5~10분간이 좋다.

Roggenmischbrot

로겐미슈브로트

바이첸미슈브로트에 비해 로겐(호밀)의 비율이 많은 촉촉하고 무거운 듯한 빵이다. 안은 더욱 촉촉하고 오래 보존된다. 호밀빵의 향과 신선한 신맛, 그리고 점성이 있는 듯한 식감을 즐길 수 있다. 한편, 밀가루와 호밀분의 양이 동일한 경우는 간단하게 미슈브로트라고 한다. 박코르프라는 발효틀을 사용해 대형으로 만드는 경우가 많으며 브뢰트헨으로 만드는 것도 가능하다.

- 제법 : **2단계 사워종법   호밀분:밀가루 = 6:4**
- 가루 양 : 5kg   • 사워종에 넣은 호밀분 : 1,500g
- 분량 : 950g / 8개분

재료	(g)
그룬트자워	**TA150**
안슈텔구트	40
호밀분	600
물	300
폴자워	**TA180**
그룬트자워	900
호밀분	900
물	900
하오프트타이크	**TA166**
폴자워	2,700
프랑스분	2,000
호밀분	1,500
소금	85
생이스트	70
물	2,100

· POINT ·

호밀분 60%, 밀가루 40%인 미슈브로트의 경우는 크럼의 기포가 잘고 골고루 분포해 촉촉하게 구워진다. 크러스트는 약간 짙게 구워 고소한 맛을 내도록 한다. 호밀분이 많을수록 반죽 안의 수분이 많이 필요하므로 반죽은 질게 만든다.

공정과 조건	시간/총시간(분)	
준비 재료 계량	10	
그룬트자워 믹싱 1단-2분 ┐ 2단-1분 ┘ 반죽 온도 24℃	5	
발효 15~20시간, 25℃	오버 나이트	
폴자워 믹싱 1단-2분 ┐ 2단-1분 ┘ 반죽 온도 28~30℃	5	0 5
1차 발효 3시간, 30℃	180	185
하오프트타이크 믹싱 (스파이럴 믹서) 1단-5분 반죽온도 28℃	10	195
플로어타임 10분	10	205
분할 · 성형 950g, 긴 막대형	10	215
2차 발효 60분, 온도 33℃, 습도 70%	60	275
굽기 45~50분, 굽는 온도 230℃ 스팀 굽기 손실 13~15%	50	325

공정 포인트

○ 그룬트자워

안슈텔구트는 숙성이 부족하면 심하게 신 냄새가 나며, 지나쳐도 쉰 냄새가 난다. 부드러운 향이 있는 동안 사용하도록 한다. 사워종에 들어가는 호밀분의 양은 50%로 1500g, 안슈텔구트는 이것의 2.5%인 약 40g이 필요하다. 또한 이 단계에서 호밀분의 양은 이것의 16배인 600g이고, TA는 150이므로 물은 300g이 된다. 발효 시간은 오버나이트 시켜 16시간 정도.

○ 폴자워

그룬트자워의 양은 900g으로 되어 있으나 폴자워의 완성시점에서 다음 안슈텔구트로 40g이 필요하므로 실제 전량을 940g으로 배합하는 것을 잊지 말도록 한다.

○ 하오프트타이크 믹싱

호밀분의 양이 늘어나면 믹싱도 짧아지고, 스파이럴 믹서라면 저속만으로 충분하다. 반죽 온도는 28~30℃로 조절한다. 믹싱이 완료되었을 때 반죽은 부드러운 편으로 물기가 있다.

○ 플로어타임

플로어타임은 약 10분. 많은 양을 반죽한다면 일의 흐름에 따라 거의 연속작업이 되도 괜찮다.

○ 분할

분할 중량은 사용하는 박코르프에 따라 결정한다. 미슈브로트의 경우 호밀이 많아질수록 볼륨이 억제되므로 호밀분이 늘어날수록 분할 중량을 무겁게 한다. 분할 후 둥글리기 한다.

○ 성형

박코르프에 호밀분이나 밀가루를 얇게 뿌려 둔다. 호밀분은 글루텐을 형성하지 않아 반죽에 탄력이 없으므로 로겐미슈브로트는 분할과 둥글리기 한 후 바로 성형할 수 있다. 박코르프 크기에 맞춰 막대형으로 성형하고 이음새를 위로 해 박코르프에 담는다.

○ 2차 발효

반죽이 마르지 않을 정도의 습도로 발효실을 조절해 발효시킨다. 반죽이 팽창해 박코르프의 윗부분까지 오면 굽기로 이동한다. 발효가 지나치면 오븐으로 이동할 때 반죽이 그 충격으로 꺼져 구워도 회복이 불가능하므로 주의해야 한다.

○ 굽기

반죽을 슬립벨트에 뒤집어 올려 프티 나이프로 쿠프를 넣어 스팀을 주입한 오븐에서 굽는다. 3분 후 댐퍼를 열어 스팀을 뺀다. 5분 후 댐퍼를 닫고 약 45분간 충분히 굽는다.

Bauernbrot

바우어브로트

바우어(농부)의 빵이란 이름처럼 소박한 외관을 갖고 있는 빵이다. 란트브로트(시골풍의 빵)라고도 불리며, 혼합된 호밀분도 거칠게 빻은 것을 사용한다. 크러스트가 두껍고 신맛이 강한 것이 많다고 한다. 형태는 원형이나 막대형 등 특별히 정해져 있지는 않다. 이 책에서는 보통 호밀을 사용한다. 레스트브로트라는 호밀빵의 빵가루를 섞어 풍미를 증가시키고 보존성을 좋게 한다.

- 제법 : **1단계 사워종법   호밀분:밀가루 = 6:4**
- 가루 양 : 5kg   • 사워종에 넣은 호밀분 : 1,200g
- 분량 : 900g / 9개분

재료	(g)
자워타이크	**TA180**
안슈텔구트	120
호밀분	1,200
물	960
레스트브로트	
호밀빵가루	150
물	150
하오프트타이크	**TA168**
자워타이크	2,150
프랑스분	1,800
호밀분	2,000
레스트브로트	300
소금	90
생이스트	70
물	2,300

· POINT ·

자워타이크는 1단계법을 이용해 오버나이트로 숙성시킨다. 이 방법으로 만들면 오전 중에 빵을 구워 낼 수 있다. 크러스트는 충분히 구워 향을 좋게 하고, 크럼은 기포가 촘촘하고 균일하도록 굽는다. 레스트브로트를 넣으면 빵 냄새가 풍부해지고 크럼의 수분을 유지시켜 보존기간이 길어진다. 적정량은 밀가루의 3%까지다.

공정과 조건	시간/총시간(분)	
준비 재료 계량	10	
자워타이크 믹싱 1단-2분 2단-1분 반죽 온도 23~25℃	5	
발효 15~20시간 25℃	오버 나이트	
레스트브로트 혼합 3시간	180	0 180
하오프트타이크 믹싱 (스파이럴 믹서) 1단-5분 반죽온도 28~30℃	10	190
플로어타임 10분	10	200
분할 · 성형 900g, 원형	15	215
2차 발효 60분 온도 33℃, 습도 70%	60	275
굽기 45~50분 굽는 온도 230℃ 스팀 굽기 손실 12~13%	60	335

공정 포인트

○ 자워타이크
호밀분과 밀가루의 비율이 6:4인 경우 산화시킬 호밀분의 양은 호밀분 총량의 40%인 1200g이 좋다. 혼합하는 안슈텔구트는 가루의 10%인 120g으로 하고, 반죽 온도는 25℃로 설정한다. 발효는 16시간 정도 시킬 수 있으므로 오버나이트로 처리한다.

○ 레스트브로트의 혼합
하오프트타이크 믹싱 3시간 전에 레스트브로트를 같은 양의 물에 담궈 둔다. 레스트브로트의 첨가는 물의 흡수를 증가시키고 빵의 노화를 느리게 하는 효과가 있다.

○ 하오프트타이크 믹싱
저속으로 5분 믹싱한다. 반죽은 진 편이고 물기가 있다. 반죽 온도는 28~30℃로 조절한다.

○ 플로어타임
반죽은 10분 동안 쉬게 한다.

○ 분할
박코르프의 크기에 맞춰 분할 중량을 정한다. 분할 후 둥글리기 한다. 벤치타임이 필요 없으므로 작업의 흐름에 따라 그대로 성형한다.

○ 성형
박코르프에 가루를 뿌려 둔다. 반죽은 일단 손바닥으로 가스를 빼고, 다시 둥글리기 한다. 반죽의 바닥을 확실히 봉하고, 둥글리기 한 반죽의 이음새를 위로 해 박코르프에 담는다.

○ 2차 발효
호밀이 들어간 빵의 발효는 밀가루빵에 비해 발효의 허용범위가 좁고 특히, 발효가 지나치면 볼륨이 없어지기 쉽다. 기본적으로 발효실의 온도는 33~35℃, 습도는 70%를 유지한다.

○ 굽기
박코르프에서 슬립벨트로 반죽을 뒤집어 옮기고, 가는 막대로 반죽의 표면에서 2/3 정도 깊이까지 7~8개의 구멍을 깊게 내고 스팀을 넣어 굽는다. 3분 후 약 5분 동안 댐퍼를 열고 스팀을 뺀다. 45~50분 동안 굽는다.

Berliner-Landbrot

베르리나-란드브로트

베를린풍의 시골빵이라는 이름이다. 외관상 특징이라면 크러스트 표면에 있는 나뭇결 모양이다. 이것은 발효실에서의 표면 건조로 만들어진다. 이 갈라짐이 빵에 자연적인 느낌을 준다. 다만, 갈라짐이 지나치면 상품이 될 수 없으므로 조절이 필요하다. 호밀분의 비율이 많고 크럼은 촉촉하며, 풍부한 향과 적당한 신맛을 가진 빵이다.

* 제법: **2단계 사워종법** **호밀분:밀가루 = 7:3**
* 가루 양: 5kg * 사워종에 넣은 호밀분: 2,000g
* 분량: 1,150g / 7개분

재료	(g)
그룬트자워	**TA150**
안슈텔구트	50
호밀분	800
물	400
폴자워	**TA180**
그룬트자워	1,200
호밀분	1,200
물	1,200
하오프트타이크	**TA168**
폴자워	3,600
프랑스분	1,500
호밀분	1,500
소금	90
생이스트	65
물	1,800

· POINT ·

박코프르를 사용하지 않을 땐 물의 흡수를 높여 진 반죽으로 만든다. 반죽이 되면 구울 때 빵의 옆면에 갈라짐이 생기거나 빵 바닥이 부풀어오르는 등 결함이 생기기 쉽다. 호밀분과 밀가루의 비율은 7:3으로 이런 종류의 빵으로서는 밀가루가 많은 편이다. 크럼의 기공은 조밀하게 된다. 크러스트는 색이 진하고, 두껍게 굽는다.

공정과 조건		시간/총시간(분)	
준비 재료 계량		10	
그룬트자워 믹싱 1단-2분 ┐ 반죽 온도 25℃ 2단-1분 ┘		5	
발효 15~20시간, 25℃		오버나이트	
풀자워 믹싱 1단-2분 ┐ 반죽 온도 28~30℃ 2단-1분 ┘		5	0 5
1차 발효 3시간, 30℃		180	185
하오프트타이크 믹싱 (스파이럴 믹서) 1단-5분 반죽온도 28℃		10	195
플로어타임 5분		5	200
분할 · 성형 1150g, 구형이나 긴 막대형		15	215
2차 발효 60분, 온도 33℃, 습도 50%		60	275
굽기 50~60분 굽는 온도 250℃→ 230℃ 스팀, 굽기 손실 10~12%		60	335

공정 포인트

○ 그룬트자워

호밀분과 밀가루의 비율이 7:3인 로겐미슈브로트로 가루 양은 5kg. 자워타이크는 2단계로 만든다. 호밀분의 총량은 3,500g이 된다. 산화시키는 양은 2,000g(8:2 빵과 같아도 좋다)으로 안슈텔구트는 이것의 2.5%인 50g. 그룬트자워 호밀분의 총량은 안슈텔구트의 16배로 800g. TA는 150이므로 물은 400g이 된다. 발효 시간은 16시간 정도.

○ 폴자워

첨가한 호밀분은 1,200g으로 TA가 180, 따라서 물의 양은 1,200g이 된다. 그룬트자워는 배합에는 1,200g으로 되어 있으나, 안슈텔구트 50g을 포함한 종의 총량은 1,250g이다. 폴자워 완료 시점에서 50g을 빼내 다음 안슈텔구트로 사용하기 때문에 계산에 넣지 않는다.

○ 하오프트타이크

저속 5분으로 믹싱을 끝내는데 반죽의 되기에 주의한다. 반죽은 손에 들러붙으며 뭉치기 힘들 정도로 질다. TA는 168로 설정되어 있으나 가루의 물 흡수에 따라 170 정도까지 올리기도 한다.

○ 플로어타임

반죽을 뭉쳐 5분간 쉬게 한다. 쉬는 동안 반죽은 조여든다.

○ 분할

1,000g을 구우려면 굽기 손실이 약 12% 정도이므로 그만큼 늘려서 분할한다. 즉, 원료에 대한 제품의 비율을 88%로 해 1,000g의 빵을 구하면 1,000÷0.88≒1,136이므로 1,150g으로 분할한다. 둥글리기 후 바로 성형한다.

○ 성형

원형이나 길이 35㎝ 정도의 막대형으로 성형한다. 성형할 때 반죽을 너무 당기지 않도록 한다. 성형이 세면 반죽의 옆면이 갈라질 수 있다. 원형은 가루를 뿌려 둔 박코르프에 이음새를 위로 해 담는다. 막대형은 천 위에 올려놓은 후 양옆의 천을 올려 세워 옆으로 퍼지지 않도록 한다. 체로 호밀분을 뿌린다.

○ 2차 발효

건조한 것이 좋으나 이 빵만을 위한 발효실 설정이 불가능할 경우는 60분의 발효 중 40분은 보통 발효실에 넣고, 나머지 20분은 밖에 둔다. 단, 표면의 갈라짐 상태에 따라 온도와 습도의 조절이 필요하다. 온도가 높고 습도가 낮으면 갈라짐이 크고 온도와 습도가 모두 낮으면 갈라짐이 작아진다. 원형은 발효 20분 전에 박코르프에서 슬립벨트로 옮겨 둔다.

○ 굽기

반죽은 표면에 갈라짐이 있어, 충격에 약하므로 약간 이르게 슬립벨트로 이동시켜, 잠시 발효시킨 후 오븐에 넣으면 반죽에 무리없이 구울 수 있다. 250℃의 오븐에 넣었다가 그대로 230℃로 낮춰 굽는다. 3분 후 5분간 댐퍼를 열어 스팀을 뺀다. 굽기 시간은 50분 정도로 상태를 보면서 너무 굽지 않도록 조심한다.

Roggenmischbrot mit Schrotanteil

로겐미슈브로트(슈로트 함유)

호밀 전립분(슈로트)을 배합한 빵이다. 본래 슈로트브로트는 전립분을 90% 이상 배합한 것이지만 이 빵은 30% 밖에 배합하지 않았기 때문에 슈로트를 넣은 호밀빵이 된다. 슈로트는 빻는 법에 따라 여러 종류가 있으나 입자가 크면 단단해서 그대로는 먹을 수 없고 제빵성도 나쁘게 된다. 먼저 찬물이나 뜨거운 물에 전처리 하여 반죽에 넣는다.

- 제법 : **1단계 사워종법   밀가루:호밀분 = 7:3**
- 가루 양 : 5kg   • 사워종에 넣은 호밀분 : 1,400g
- 분량 : 1,000g / 8개분

재료	(g)
자워타이크	**TA180**
안슈텔구트	140
호밀분	1,400
물	1,120
쿠벨슈튀크	
슈로트	1,500
물	1,500
레스트브로트	
호밀빵가루	150
물	150
하오프트타이크	**TA168**
자워타이크	2,520
쿠벨슈튀크	3,000
레스트브로트	300
호밀분	450
프랑스분	1,500
소금	90
생이스트	60
물	750

공정과 조건	시간/총시간(분)	
준비 재료 계량	10	
자워타이크 믹싱 1단-2분 2단-1분　반죽 온도 23~25℃	15	
발효 15~20시간 22~25℃	오버 나이트	
쿠벨슈튀크 15~20시간 20℃	오버 나이트	
레스트브로트 혼합 3시간 20℃	180	0 180
하오프트타이크 믹싱 (스파이럴 믹서) 1단-5분 반죽온도 28℃	10	190
분할 · 성형 1,000g 굽기틀	15	205
2차 발효 50분 온도 33℃, 습도 70%	50	255
굽기 70~80분 굽는 온도 220℃ 스팀 굽기 손실 10~12%	80	335

· POINT ·

슈로트의 전처리는 찬물에 담그는 방법(쿠벨슈튀크)과 뜨거운 물에 담그는 방법(브류슈튀크)이 있다.
두 가지 모두 반죽의 물 흡수를 늘려 제빵성을 좋게 하는 동시에 식감도 개선한다. 크럼은 거칠지만 촉촉하다. 이 빵은 옆면에 단열판을 넣은 특수한 틀로 굽기 때문에 빵의 옆면은 크러스트가 형성되지 않는다. 때문에 슬라이스가 쉽고 먹기도 좋다. 자워타이크는 1단계로 만들고, 쿠벨슈튀크와 레스트브로트는 본 반죽의 시간에 맞춰 반죽한다.

공정 포인트

○ 자워타이크

기본은 7:3의 로겐미슈브로트이므로 호밀분의 40%를 산화시킨다. 즉 1,400g의 호밀분을 자워타이크로 사용하고 안슈텔구트의 양은 이것의 10%인 140g을 배합하면 된다. TA가 180이므로 물은 80%인 1120g이 된다. 발효 시간과 온도 관리를 정확하게 한다.

○ 쿠벨슈튀크

슈로트에 물을 섞은 후 16시간 정도 방치해 팽윤시킨다. 입자는 물을 흡수해, 구울 때 물 흡수를 도와 보존성 좋은 크럼을 만든다. 즉, 효모가 들어가지 않은 종이라고 생각하면 된다. 온도는 20℃ 정도로 한다.

○ 레스트브로트 혼합

빵가루를 잘게 해 하오프트타이크 믹싱 3시간 전에 물에 담궈 둔다.

○ 하오프트타이크 믹싱

스파이럴 믹서로 5분간 믹싱한다. 반죽은 매우 질어 뭉치지 않는 상태가 된다. 반죽이 되면 충분한 탄력을 가진 빵으로 구워지지 않고, 퍼석한 크럼이 되거나 제조 도중에 반죽이 끊어지기도 한다.

○ 분할·성형

믹싱 후 바로 분할한다. 사용하는 틀에 맞춰 중량을 결정한다. 틀 용적의 50% 정도가 적당하지만 완성된 크럼 상태로 조절해도 좋다. 분할 후 둥글리기 하고 그대로 틀에 맞춰 막대형으로 성형해 틀에 담는다. 틀은 구운 후 쉽게 빼기 위해 유지를 발라 둔다.

○ 2차 발효

반죽이 팽창해 틀의 100%가 되면 발효를 마친다.

○ 굽기

반죽의 표면에 호밀분을 체로 뿌려 230℃의 오븐에 스팀을 넣고 굽는다. 3분 후 5분간 스팀을 뺀다. 이후 10℃ 정도 온도를 낮춰 굽는다. 단열판이 붙어 있는 틀은 열전달이 나쁘기 때문에 약간 온도를 낮춰 충분히 굽는다. 빵의 위아래에는 일반적인 크러스트가 만들어지므로 굽기가 지나치지 않도록 조심한다.

Zwiebelbrot

츠뷔벨브로트

츠뷔벨은 양파란 뜻이다. 구운 양파는 부드러운 단맛과 고소한 맛을 빵에 더해 준다. 기본 반죽은 바이첸미슈 브로트에 전립분이 들어간 것으로 빵이 가지는 산뜻한 신맛과 양파가 섞여 풍부한 풍미를 가진 빵으로 구워진 다. 구운 양파는 다른 하드계의 빵에 넣어도 맛있는데 양은 가루의 15% 정도가 적당하다.

- 제법 : **1단계 사워종법 밀가루:호밀분 = 6:4**
- 가루 양 : 5kg • 사워종에 넣은 호밀분 : 800g
- 분량 . 600g / 14개분

재료	(g)
자워타이크	**TA180**
안슈텔구트	80
호밀분	800
물	640
하오프트타이크	**TA168**
자워타이크	1,440
호밀분	1,200
프랑스분	2,500
전립분	500
소금	90
생이스트	75
물	2,760
구운 양파	600

공정과 조건	시간	/총시간(분)
준비 재료 계량	10	
자워타이크 믹싱 1단-2분 2단-1분] 반죽 온도 25℃	5	
발효 15~20시간, 22~25℃	오버 나이트	
하오프트타이크 믹싱 (스파이럴 믹서) 1단-4분 2단-2분 양파 1단-1분 반죽 온도 28℃	10	0 10
플로어타임 15분	15	25
분할 600g	15	40
성형 긴 막대형	10	50
2차 발효 60분 온도 33℃, 습도 75%	60	110
굽기 40분, 굽는 온도 235℃ 스팀 굽기 손실 14~16%	45	155

• POINT •

구운 양파를 넣으면 향과 부드러운 단맛이 빵 전체에 스며 들어간다. 그러나 맛을 내는 빵이 아니므로 이것은 어디까 지나 풍미를 위한 것이다. 자워타이크의 초산이 완화되고 밀가루도 많이 배합되어 있어서 크럼이 늘어나 가볍게 구워 진다. 크러스트 부분에도 양파가 남아 있기 때문에 부분적 으로 양파가 타서 농후한 향을 낸다.

공정 포인트

○ 자워타이크

1단계로 만드는 자워타이크로 산화시키는 호밀량은 40%인 800g이다.

사용하는 안슈텔구트는 호밀분의 10%인 80g으로 한다. TA가 180이므로 물은 640g이 된다. 발효 온도는 25℃ 정도로 발효 시간은 16시간으로 한다. 안슈텔구트의 80g은 하오프트타이크 믹싱 후, 다음의 안슈텔구트를 위해 빼 놓는다.

○ 하오프트타이크 믹싱

저속 중심의 믹싱으로, 밀가루가 많은 만큼 2단 추가한다고 생각하면 된다. 양파는 공정이 진행되면서 반죽 안의 물을 흡수하므로 믹싱 완료 시 반죽의 되기를 조절해 구울 때 반죽이 너무 당겨지지 않게 한다. 호밀빵이라는 것을 고려해 물을 2~3% 더한다. 양파는 믹싱 마지막에 넣는다. 반죽 온도는 28℃.

○ 플로어타임

반죽을 15분간 쉬게 한다. 반죽 놓는 장소는 작업대 위나 믹싱볼 안 그대로라도 좋다.

○ 분할

600g씩 분할해 둥글리기 하고, 벤치타임 10분을 준다. 호밀 혼합의 특성상 탄력이 나쁘므로 벤치타임을 너무 많이 주면 갑자기 퍼지기 시작한다. 이른 듯 처리한다.

○ 성형

반죽의 가스를 빼고 접어 막대형으로 성형한다. 이음새가 바닥에 오도록 해 천 위에 올려놓고 퍼지지 않게 양옆의 천을 접어 올린 다음 발효실에 넣는다.

○ 2차 발효

박코르프를 사용하지 않고 발효시키므로 발효는 약간 이르게 마친다. 오븐 이동은 반죽에 다소 충격을 주므로 발효가 지나치면 치명적일 수 있다. 발효 시간은 60분 정도.

○ 굽기

반죽을 슬립벨트에 올려 취향에 따라 위에서 밀가루를 뿌리고, 프티 나이프로 쿠프를 3~4개 넣고 스팀을 주입한 오븐에서 굽는다. 굽기 3분 후 5분간 스팀을 뺀다. 굽기 시간은 약 40분.

Joghurtbrot

요구르트브로트

바이첸미슈브로트에 요구르트를 넣어 구운 빵이다. 자워타이크의 신맛을 요구르트가 끌어올려 더욱 상큼한 맛으로 구워진다. 햄, 소세지를 비롯해 특히 어패류와 잘 어울리는 빵이다. 요구르트이외에도 버터를 만들 때 나오는 버터밀크나 숙성 전 치즈인 쿠박 등 유제품을 넣은 빵도 있다. 이 유제품들은 기본적으로 15~20% 정도 넣어야 그 맛이 살아난다.

- 제법 : **1단계 사워종법 밀가루:호밀분 = 7:3**
- 가루 양 : 5kg
- 사워종에 넣은 호밀분 : 800g
- 분량 : 600g / 13개분

재료	(g)
자워타이크	**TA180**
안슈텔구트	80
호밀분	800
물	640
하오프트타이크	
자워타이크	1,440
호밀분	700
프랑스분	3,500
소금	90
생이스트	80
물	2,100
요구르트(플레인)	750

· POINT ·

요구르트의 맛을 살리기 위해 사용하는 요구르트는 순한 신맛을 가진 플레인으로 한다. 7:3의 바이첸미슈브로트이므로 크럼은 거칠다. 크러스트가 얇고 볼륨이 풍부한 빵으로 굽는 것이 좋다.

공정과 조건	시간	/총시간(분)
준비 재료 계량	10	
자워타이크 믹싱 1단-2분 2단-1분 ⎬ 반죽 온도 25℃	5	
발효 15~20시간, 22~25℃	오버 나이트	
하오프트타이크 믹싱 (스파이럴 믹서) 1단-4분 2단-2분 ⎬ 반죽 온도 28℃	10	0 10
플로어타임 15분	15	25
분할 600g	15	40
성형 타원형	10	50
2차 발효 60분 온도 33℃, 습도 75%	60	110
굽기 40분, 굽는 온도 230℃ 스팀, 굽기 손실 14~16%	45	155

공정 포인트

○ 자워타이크

1단계 완성의 자워타이크를 사용한다. 산화시키는 호밀분의 양은 6:4의 바이첸미슈브로트와 마찬가지로 800g으로 한다. 사용하는 안슈텔구트는 호밀분의 10%인 80g으로 한다. TA가 180이므로 물은 호밀의 80%인 640g이 된다. 발효 시간은 16시간으로 한다.

○ 하오프트타이크 믹싱

사용하는 요구르트가 수분이 많은 경우는 가볍게 수분을 짠다. 배합하는 물의 양은 요구르트에 수분이 있으므로 믹싱 초기에 반죽의 되기를 보면서 조절한다.

○ 플로어타임

플로어타임은 밀가루의 배합이 많을수록 길어진다. 여기서는 반죽을 15분간 쉬게 한다.

○ 분할

600g씩 분할해 둥글리기 한다. 이 빵도 박코르프를 이용해 발효시키므로, 그 크기에 맞춰 분할 중량을 정한다. 둥글리기 후 반죽을 10분 쉬게 한다.

○ 성형

가볍게 반죽의 가스를 빼면서 박코르프에 맞춰 성형한다. 박코르프가 없으면 비슷한 모양의 틀에 천을 씌워 사용해도 된다. 성형은 세지 않게 하고, 반죽의 이음새를 위로 해 박코르프에 담는다.

○ 2차 발효

온도는 32~35℃, 습도는 75% 정도로 억제해 습기에 의한 반죽 표면의 질퍽임을 방지한다.
발효 시간은 60분 정도.

○ 굽기

반죽을 뒤집어 슬립벨트에 올려 반죽 표면에 얇게 호밀가루를 뿌리고, 프티 나이프나 쿠프 나이프로 쿠프를 1개 넣고, 스팀을 주입한 230~235℃ 오븐에 넣는다. 굽기 3분 후 5분간 스팀을 빼고 약 40분 굽는다.

Flockenbrot

프로켄브로트

프로켄브로트라고 하면 호밀 플레이크를 배합한 빵으로 잘 알려져 있다. 이 책에서는 반죽에 배합하지 않고, 표면에 호밀 플레이크를 뿌리기만 했다. 기본 배합은 미슈브로트(호밀분과 밀가루 양이 같은 빵)와 같지만 여러 가지 전립분을 혼합했다. 성형 후 박코르프에 담지 않고 발효시킨다. 반죽의 표면에 호밀 플레이크를 뿌리면 발효실에서 적당한 갈라짐이 생긴다.

- 제법 : **1단계 사워종법 밀가루:호밀분 = 5:5**
- 가루 양 : 5kg • 사워종에 넣은 호밀분 : 1,000g
- 분량 : 600g / 13개분

재료	(g)
자워타이크	**TA180**
안슈텔구트	100
호밀분	1,000
물	800
하오프트타이크	**TA166**
자워타이크	1,800
호밀분	1,000
호밀전립분	500
프랑스분	2,000
밀전립분	500
소금	90
탈지분유	150
쇼트닝	50
생이스트	70
물	2,500
호밀 플레이크	

· POINT ·

호밀과 밀, 각각의 전립분을 배합해 소박한 풍미를 가지고 있다. 전립분의 입자는 중간 정도로 선택하고 전처리는 하지 않는다. 표면의 호밀은 납작하게 누른 것을 이용한다. 크럼의 기공은 전립분의 배합으로 크지만, 수분이 많아 촉촉하다. 크러스트는 두껍고 부분적으로 갈라짐이 있는 거친 느낌으로 구워진다.

공정과 조건	시간	총시간(분)
준비 재료 계량	10	
자워타이크 믹싱 1단-2분 ┐ 2단-1분 ┘ 반죽 온도 25℃	5	
발효 15~20시간 22~25℃	오버 나이트	
하오프트타이크 믹싱 (스파이럴 믹서) 1단-4분 ┐ 2단-2분 ┘ 반죽 온도 28℃	10	0 10
플로어타임 10분	10	20
분할 · 성형 600g 짧은 막대형	25	45
2차 발효 60분 온도 32℃, 습도 70%	60	105
굽기 40분 굽는 온도 230℃ 스팀 굽기 손실 14~16%	45	150

공정 포인트

○ 자워타이크

1단계 완성의 미슈브로트의 배합을 그대로 이용한다. 산화시키는 호밀분의 양은 40%인 1,000g. 사용하는 안슈텔구트는 호밀분의 10%인 100g을 사용한다. TA가 180이므로 물의 양은 800g으로 하고 관리 온도는 25℃로 한다. 발효 시간은 16시간으로 예상해 공정을 진행하면 좋다.

○ 하오프트타이크 믹싱

스파이럴 믹서로 1단 4분, 2단 2분으로 믹싱한다. 전립분은 공정 도중에 물의 흡수를 증가시키므로 반죽은 질게 한다. 완성된 반죽은 손에 들러붙어 다루기 힘들다.

○ 플로어타임

반죽을 10분간 쉬게 한다.

○ 분할

구워서 500g 정도가 되도록 분할은 600g씩 한다. 둥글리기 후 벤치타임을 10분 준다.

○ 성형

반죽의 가스를 빼고 접어서 막대형으로 성형한다. 이때, 반죽에 무리가 가지 않도록 부드럽게 성형한다. 힘이 너무 들어가면 발효시킬 때나 굽기 초기에 반죽 옆면이 파열되기 쉽다. 스폰지 또는 행주를 물에 적시고 그 위에 반죽을 올려 표면을 촉촉하게 한 후 호밀 플레이크를 뿌린다. 옆면이 퍼지지 않도록 반죽 양옆의 천을 접어 올린다. 이때 접어 올린 천과 반죽이 밀착하면 반죽이 뜯어지는 원인이 되므로 반죽과 천 사이는 손가락 1개 반 정도의 여유를 둔다.

○ 2차 발효

습도를 낮게 설정해, 반죽의 표면에 가벼운 갈라짐을 만든다. 온도는 약간 낮은 32℃, 습도는 65~70℃로 한다. 시간은 60분 기준으로 반죽을 확인하면서 대처한다. 박코르프를 사용하지 않으므로 약간 발효를 빨리 마쳐 슬립벨트로 이동시킨다.

○ 굽기

스팀을 주입한 230℃ 오븐에 넣고 약 40분간 굽는다. 굽기 3분 후 5분간 스팀을 뺀다.

White pan bread

화이트 팬 브레드

Pan(팬, 굽는 틀)을 이용한 소맥빵이다. '식빵'이란 이름으로 잘 알려져 있으며 최근엔 변형된 식빵도 많이 선보이고 있다. 덮개 없이 산 모양으로 구울 때는 고단백질 밀가루를 사용해 세로로 잘 팽창된 크럼을 가진 식빵으로 구워낸다. 덮개를 사용해 각진 형으로 구울 때에는 밀가루의 힘을 떨어뜨려 크럼을 조밀하고 균형 있게 만들어 소프트한 느낌을 내는 것이 일반적인 방법이다. 영국빵이라 불리는 산형 식빵은 '교회와 예배당'이라는 Tin(틴, 굽는 틀)으로 구운 loaf(로프, 대형빵) 중 하나다.

- 제법 : **스트레이트법**
- 밀가루 양 : 3kg
- 분량 : 중형틀 / 8개분

재료	(%)	(g)
강력분	100	3,000
설탕	5	150
소금	2	60
탈지분유	2	60
버터	3	90
쇼트닝	3	90
생이스트	2	60
물	70	2,100

· POINT ·

표준적인 식빵 배합이다. 밀가루는 고단백질분을 사용하고 잘 팽창된 크럼을 목표로 한다. 유지는 풍미를 향상시키고 토스트 했을 때 바삭바삭한 식감을 내기 위해 쇼트닝과 버터를 함께 배합한다. 크러스트의 상하는 조금 두껍게, 옆면은 얇게 굽는다.

공정과 조건	시간	총시간(분)
준비 재료 계량, 틀 준비	10	0 10
믹싱 (수직형 믹서) 1단-3분 2단-3분 3단-3분 유지 1단-2분 3단-6분 4단-2분 3단-3분 반죽 온도 26℃	25	35
1차 발효 130분 (90분에 펀치) 30℃	130	165
분할 220g×3, 용적비 4.4	30	195
성형 원통형	15	210
2차 발효 70분, 온도 35℃, 습도 80%	70	280
굽기 40분 굽는 온도 ┌ 윗불 210℃ └ 아랫불 220℃ 굽기 손실 12~14%	40	320

177

공정 포인트

○ 믹싱

천천히 길게 믹싱해 충분히 팽창되는 반죽을 만든다. 하지만 고속 믹싱을 많이 해 크림 색을 하얗게 만들지 않는다. 고단백질분은 흡수(吸水)가 좋으므로 물의 양을 70%보다 조금 더 넣기도 한다. 믹싱이 끝난 반죽은 얇은 막을 형성하며 부드럽게 늘어진다. 온도는 26℃로 조절한다.

○ 1차 발효

이스트 배합을 증가시킨 90분 발효(60분에 펀치)도 괜찮지만 이 배합으로는 130분 정도 충분히 발효시킨 것이 풍미가 좋다. 가스빼기는 반죽의 강도에 따라 가감한다. 반죽이 강할 때 가스빼기를 지나치게 하면 반죽의 탄력 때문에 성형이 어렵거나 구운 빵의 바닥이 솟아오르는 원인이 될 수 있다.

○ 분할

덮개를 하지 않고 산 모양으로 굽는 경우 용적비는 4.2~4.5 정도가 적당하다. 벤치타임은 밀가루 종류(단백질 양이 틀림)에 따라 15~25분 준다.
※ 틀의 용적 ÷ 반죽 중량 = 용적비

○ 2차 발효

온도는 35℃ 전후로 높게 설정하고 습도도 높은 환경을 만든다. 발효의 완료 시점은 반죽의 제일 윗부분이 틀의 끝에 100% 도달했을 때로 삼고 시간은 70분 전후가 되도록 한다.

○ 성형

몰더를 사용하지 않는 경우는 가스빼기를 충분히 하고 (밀대 사용) 반죽을 접어 직사각형으로 만든 다음 원통형으로 만든다. 중형틀은 3개의 산을 만드는 것이 균형적으로 좋으므로, 손 성형을 할 경우 성형 후 반죽의 강도를 균일하게 한다.

○ 굽기

달걀물은 묽게 해서 붓으로 균일하게 바른다. 굽는 온도는 210℃ 전후로 윗불은 낮게 해서 굽는다. 40분 정도 후에 구워지는 게 좋다. 빵의 윗면은 옆면, 바닥과 비교했을 때 조금 짙은 것이 좋다.

■ 화이트 팬 브레드 (중종법)

재료	(%)	공정과 조건	
중종		**중종**	
강력분	70	믹싱 (수직형 믹서)	1단-3분 2단-2분
생이스트	1.5		반죽 온도 24℃
물	45	발효	240분, 25℃
본 반죽		**본 반죽**	
강력분	30	믹싱 (수직형 믹서)	1단-2분 3단-5분 유지
설탕	5		1단-2분 3단-6분
소금	2		4단-1분 3단-2분
탈지분유	2		반죽 온도 30℃
버터	3	1차 발효	30분, 30℃
쇼트닝	3	2차 발효	60분, 35℃, 75%
물	27	굽기	40~45분, 윗불 210℃, 아랫불 220℃

■ 하드 토스트 (스트레이트법)

재료	(%)	공정과 조건	
프랑스분	100	믹싱 (스파이럴 믹서)	1단-5분
소금	2		2단-2분
탈지분유	2		반죽 온도 25℃
쇼트닝	2	1차 발효	180분(120분에 펀치), 28℃
인스턴트 이스트	0.6	2차 발효	70분, 32℃, 70%
몰트 엑기스	0.3	굽기	35분, 윗불 220℃, 아랫불 230℃
물	68		스팀

Pain de mie

뺑 드 미

유럽에서 만들어지고 있는 식빵으로 프랑스에서는 뺑 드 미, 독일에서는 카스텐브로트 또는 토스트브로트 등으로 불려지고 있다. 빵 껍질을 먹는 하드계 빵보다 속에 수분이 많고 부드러우며 식감이 좋다. 밀가루는 고단백분을 사용하며 덮개를 씌워 굽는다. 배합은 영국빵보다 유지량과 분유를 증가시켜 크럼 기포의 조밀함과 부드러움을 증가시킨다. 용도는 오르되브르의 카나페나 샌드위치 등이다. 특히 원통형으로 구운 것은 캐비아용으로 빵 이름도 그대로 캐비아라고 부르는 곳도 있다.

- 제법 : **스트레이트법**
- 밀가루 양 : 3kg
- 분량 : 소형틀 / 14개분

재료	(%)	(g)
강력분	100	3,000
설탕	8	240
소금	2	60
탈지분유	4	120
버터	5	150
쇼트닝	5	150
생이스트	3	90
물	70	2,100

· POINT ·

덮개를 씌워 구우면 크럼에 수분이 많이 남아 촉촉하고 부드러워진다. 반죽의 힘이 지나치게 강하면 반죽이 위로 부풀어 올라 결과적으로 옆면이 움푹 들어가는 원인이 되기도 한다. 또 힘 부족이면 반죽이 덮개까지 부풀지 않아 제품이 될 수 없다. 배합은 당분이 많아 크러스트의 색깔이 쉽게 나오므로 오래 구워 크러스트의 색깔이 짙어지는 것에 주의한다.

공정과 조건	시간	총시간(분)
준비 재료 계량, 틀 준비	10	0 10
믹싱 (수직형 믹서) 1단-3분 2단-2분 3단-2분 유지 1단-2분 3단-6분 4단-1분 3단-2분 반죽 온도 26℃	25	35
1차 발효 90분 (60분에 펀치), 30℃	90	125
분할 220g×2, 용적비 4.2 원통형 280g, 용적비 4.0	30	155
성형 원통형	15	170
2차 발효 60분, 틀의 3/4 온도 35℃, 습도 75%	60	230
굽기 40분 굽는 온도 [윗불 200℃ 아랫불 210℃ 굽기 손실 12~14%	40	270

공정 포인트

○ 믹싱

밀가루는 조금 강한 편이므로 적정 믹싱을 하면 충분히 부푸는 반죽이 된다. 반죽은 조금 질게 한다. 반죽이 되면 신장성이 나쁘고 크러스트가 두꺼워진다. 반죽 온도는 26℃가 되도록 조절한다.

○ 1차 발효

90분 발효에서 60분 전후로 발효 최고점에 다다르면 펀치를 준다. 나머지 발효는 30분으로 한다.

○ 분할

틀에 맞게 분할 중량을 결정하지만 용적비는 3.6~4.2의 범위에서 설정하면 된다. 반죽 중량은 크럼의 조밀함이나 토스트 후의 식감 등에도 영향을 끼치므로 어떤 크럼으로 할 것인가를 미리 결정해 둔다. 벤치타임은 15~20분이다.

○ 성형

손 성형의 경우는 가스빼기를 충분히 하고(밀대 사용) 직사각형으로 접어 원통형으로 말면 크럼이 균일해지고 반죽도 안정된다. 재둥글리기는 크럼이 다소 불규칙해지지만 소프트하게 구워진다. 몰더나 시터로 밀면 크럼이 균일해진다. 원 로프(one loaf)의 경우는 불규칙하지만 부드러움이 있는 크럼으로 구워진다. 구워진 상태를 확인하고 성형을 변화시키면 그대로의 제품을 얻을 수 있다.

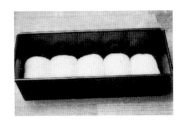

○ 2차 발효

온도는 높게 설정하고 습도도 충분히 올려놓는다. 2차 발효가 끝나는 시점은 반죽의 팽창으로 판단한다. 기본적으로는 반죽의 정점이 틀의 3/4 부분에 도달하면 구울 수 있지만 반죽의 되기나 신장성에 따라 어느 정도 변하므로 주의한다. 2차 발효 시간은 50~60분이 기준이다.

○ 굽기

덮개를 씌워 오븐에 넣는다. 온도는 210℃ 전후로 설정하고 시간은 소형틀로 40분 정도 걸린다. 굽는 도중에는 가능한 덮개를 열지 않는 편이 좋으므로 목표 시간 조금 전에 확인하는 정도로 반죽을 관찰한다. 각형 식빵의 표준적인 굽기는 윗부분이 각지지 않고 둥그스름하며 흰선이 남아 있는 것이다. 크러스트는 균일한 색깔로 구워낸다. 구운 후 작업대 위에 틀째로 떨어뜨려 수증기를 뺀후 덮개를 벗겨 재빨리 꺼낸다. 크러스트를 필요 이상으로 습하게 만들지 않는다.

Raisin bread

레이즌 브레드

화이트 팬 브레드의 버라이어티 브레드로 가장 일반적인 것이 레이즌 브레드일 것이다. 포도의 재배는 고대 페니키아인과 아르메니아인이 시작했다고 한다. 당시의 산지는 지중해 연안의 말라가, 발렌시아, 커런트 등이었으며, 아시아에서는 페르시아가 유명하다. 유럽에서 빵이나 과자에 사용되고 있는 설타너레이즌은 아르메니아인이 최초로 재배한 '씨 없는 포도'로, 이슬람세계의 왕 이름인 '술탄'에서 따서 설타너라고 불리운다. 전 세계 수천 종이나 되는 포도 품종에서 레이즌에 적합한 포도가 엄선되며 현재는 캘리포니아의 톰슨 시드리스라는 종류가 주류를 이룬다. 레이즌은 씨 없는 포도를 말린 것으로 일본은 미국과 호주에서 톰슨종, 커런트종, 설타너종을 중심으로 수입한다.

● 제법 : **중종법** ● 밀가루 양 : 3kg ● 분량 : 소형틀 / 15개분

중종

재료	(%)	(g)
강력분	70	2,100
생이스트	2	60
물	42	1,260

본 반죽

재료	(%)	(g)
강력분	30	900
설탕	8	240
소금	2	60
탈지분유	2	60
버터	6	180
쇼트닝	4	120
노른자	5	150
물	26	780
레이즌	70	2,100

공정과 조건	시간	총시간(분)
준비 재료 계량, 틀 준비	10	0 10
중종 믹싱 1단-2분 ⎤ 2단-3분 ⎦ 반죽 온도 24℃	5	15
1차 발효 3시간 25℃	180	195
본 반죽 믹싱 (스파이럴 믹서) 1단-3분 3단-4분 4단-2분 유지 4단-2분 3단-1분 레이즌 2단-1분 반죽 온도 30℃	25	220
플로어타임 30분 30℃	30	250
분할 · 성형 250g×2, 용적비 3.4 원통형	40	290
2차 발효 60분 온도 35℃, 습도 75%	60	350
굽기 35분 굽는 온도 ⎡ 윗불 190℃ ⎣ 아랫불 200℃ 굽기 손실 7~9%	40	390

· POINT ·

레이즌 양은 30~100%까지 기호에 맞게 배합하나 건포도를 즐길 수 있는 빵으로 만들려면 50%정도 배합하는 게 좋다. 그러나 레이즌이 많아짐에 따라 반죽의 결합이 나빠지므로(글루텐 조직이 취약) 밀가루를 고단백분으로 바꾸거나 중종법이나 발효종법으로 제법을 바꿀 필요가 있다. 크럼은 부드럽게, 크러스트는 얇게 굽도록 한다. 레이즌이 들어가면 반죽에 당분이 증가해 구울 때 색깔이 빨리 나므로 굽는 온도에 신경을 써서 주의 깊게 굽는다.

공정 포인트

○ 중종 믹싱

온도가 지나치게 높아지지 않게 물 온도를 조절한다. 믹싱은 재료가 섞여 혼합이 이루어진 상태에서 멈춘다. 반죽 온도는 24~26℃로 한다.

○ 1차 발효

3시간을 목표로 반죽을 숙성시킨다. 중종의 목적은 반죽의 조직 강화와 발효력 안정에 있다. 숙성도는 중종반죽의 망조직이 엉성해져 있는 것과 다소 시큼한 냄새가 나는 것으로 알 수 있다. 반죽은 퍼석퍼석하고 신장성을 잃어버린다.

○ 본 반죽 믹싱

레이즌은 물에 씻어 물기를 빼놓는다. 반죽은 조금 질게 한다. 이것은 공정이 진행되면서 레이즌이 반죽 중의 수분을 흡수하므로 믹싱 단계에서 최적의 상태로 하면 성형 때에는 반죽이 지나치게 되직해져 버리기 때문이다. 충분히 신장성 있는 반죽으로 만들어 레이즌을 섞는다. 반죽 온도는 30℃로 한다.

○ 플로어타임

30분 정도는 반죽을 휴지시킨다. 반죽이 질어 끈적거리면 10분 정도 연장시킨다.

○ 분할

틀에 맞게 분할하지만 레이즌 배합에 따라 분할 중량을 변화시킨다. 레이즌이 많아지면 반죽의 절대량은 줄어들기 때문에 당연히 중량을 늘려 분할하지 않으면 볼륨 없이 구워진다. 벤치타임은 15분으로 한다.

○ 성형

반죽의 결합이 나쁜 만큼 가능한 한 강하게 성형한다. 손성형의 경우는 가스를 충분히 빼고 직사각형으로 접어서 말아 원통형으로 만든다.

○ 2차 발효

반죽의 팽창이 틀에 비해 어느 정도인지 판단할 수 있다. 일반적으로는 100%지만 잘 늘어나지 않는 반죽은 110% 정도까지 발효를 연장해도 괜찮다.

○ 굽기

달걀물을 바르고 화이트 브레드보다 조금 낮은 온도로 설정해 천천히 굽는다. 반죽에 당분이 많으므로 색깔이 잘 난다. 표면에 바르는 달걀물은 묽게 한다.

honey bread

허니 브레드

다른 당분은 사용하지 않고 벌꿀만 넣어 풍미를 강조시킨 버라이어티 브레드이다. 벌꿀의 이점은 풍미가 있는 점, 발효 효과가 설탕보다도 빠른 점, 흡습성이 뛰어나 빵의 노화를 늦춘다는 점 등이다. 단, 풍미는 밀가루의 10% 이상 넣지 않으면 효과가 나타나지 않는다. 벌꿀이 제빵성에 미치는 영향은 반죽의 삼투압을 높여 이스트의 활동을 억제하며 글루텐의 연화를 가져온다. 때문에 글루텐 조직을 단단하게 만들 필요가 있다. 벌꿀 중에서도 라벤더는 특징 있는 향으로 개성 있는 빵을 만들지만 좋고 싫음이 확실한 향이기도 하다.

- 제법 : **스트레이트법**
- 밀가루 양 : 3kg
- 분량 : 소형틀 / 11개분

재료	(%)	(g)
강력분	100	3,000
벌꿀	20	600
소금	1.5	45
탈지분유	2	60
버터	4	120
생이스트	2.5	75
노른자	4	120
물	60	1,800

· POINT ·

벌꿀이 많이 들어가 풍미와 함께 단맛도 강하다. 글루텐을 잘 만들어 반죽을 구운 후에 움푹 들어가는 것에 대비한다. 크럼은 부드럽고 쫄깃하게, 크러스트는 윤기 있게 굽는다. 빵 윗면은 옆면에 비해 조금 짙은 색의 크러스트가 된다.

공정과 조건	시간/총시간(분)	
준비 재료 계량, 틀 준비	10	0 10
믹싱 (수직형 믹서) 1단-3분 2단-3분 유지 1단-2분 3단-6분 4단-1분 3단-2분 반죽 온도 26℃	20	30
1차 발효 90분 (60분에 펀치), 30℃	90	120
분할 220g×2, 용적비 3.8	30	150
성형 교차형, 원통형	10	160
2차 발효 50분 온도 35℃, 습도 80%	50	210
굽기 35분 굽는 온도 ┌ 윗불 190℃ └ 아랫불 200℃ 굽기 손실 10~12%	40	250

공정 포인트

○ 믹싱

크림을 부드럽게 굽기 위해 수분을 많이 배합한다. 벌꿀의 영향으로 글루텐 조직이 느슨해지기 쉬우므로 반죽을 충분히 믹싱해 잘 늘어나는 얇고 말끔한 막을 형성시킨다. 반죽 온도는 26℃로 조절한다.

○ 1차 발효

발효가 순조로우면 90분 발효 중 60분 정도에 발효 최고점에 다다른다. 이때 펀치를 넣어 글루텐 조직을 강화한다.

○ 분할

소형틀을 이용하므로 틀에 맞는 분할 중량을 결정한다. 용적비는 3.7~4.0 사이로 설정한다. 벤치타임은 15분 준다.

○ 2차 발효

온도는 35℃, 습도는 80% 전후로 설정해 놓는다. 2차 발효의 완료 시점은 반죽의 팽창과 시간, 반죽의 발효 정도로 판단한다. 반죽 팽창은 틀의 90%를 기준으로 한다.

○ 굽기

달걀물을 발라 화이트 브레드보다 굽는 온도를 낮게 해서 굽는다. 이것은 당의 비율이 높아 크러스트가 타기 쉽기 때문이다. 특히 윗불이 200℃를 넘지 않아야 안전하다.

○ 성형

손 성형은 원통형이라야 반죽이 안정된다. 여기서는 막대형 2개를 교차시키는 것과 두개의 산 모양을 소개한다. 원통형의 경우 밀대로 반죽의 가스를 빼고 직사각형으로 접어 만다. 교차시키는 경우는 반죽의 가스를 빼가며 길게 늘인 후 교차시킨다.

○ 구운 후

틀째로 충격을 주어 제품이 움푹 패는 것을 예방한다. 반죽 조직이 약한 경우 움푹 패이기 쉽다. 밀가루를 강한 것으로 사용하거나 믹싱을 강화한다.

Carrot bread

캐럿 브레드

당근의 붉은색을 반죽에 혼합하면 연한 오렌지색으로 변한다. 채소가 들어간 버라이어티 브레드로 틀에 굽는 빵이다. 당근을 생으로 넣으면 수분을 흡수해서 반죽이 단단해지므로 수분조절이 어려워진다. 가볍게 삶아 퓌레로 만들어 넣으면 좋다. 야채빵은 그 외에도 시금치, 토마토 등을 넣어 응용할 수 있다.

- 제법 : **스트레이트법**
- 밀가루 양 : 3kg
- 분량 : 소형틀 / 13개분

재료	(%)	(g)
강력분	100	3,000
설탕	5	150
소금	2	60
탈지분유	2	60
쇼트닝	5	150
생이스트	3	90
당근(퓌레)	25	750
물	58	1,740

· POINT ·

원 로프(one-loaf) 성형이므로 크럼은 조금 엉성해지고 가볍게 구워진다. 속은 당근의 작은 알맹이가 다소 남아 있으며 풍미는 약하게 느껴질 정도다. 크러스트는 너무 두꺼워지지 않게 한다.

공정과 조건	시간	총시간(분)
준비 재료 계량, 틀 준비 당근을 삶아 퓌레를 만든다	20	0 20
믹싱 (수직형 믹서) 1단-3분 2단-3분 유지 당근 1단-2분 3단-4분 4단-1분 3단-2분 반죽 온도 26℃	20	40
1차 발효 90분 (60분에 펀치), 30℃	90	130
분할 420g, 용적비 4.0	30	160
성형 원 로프	10	170
2차 발효 60분, 온도 35℃, 습도 80%	60	230
굽기 35분 굽는 온도 ┌ 윗불 200℃ └ 아랫불 210℃ 굽기 손실 12~14%	40	270

190

공정 포인트

○ 믹싱
당근 때문에 반죽이 다소 질어질 것을 예상하여 밀가루는 강력한 것을 선택한다. 틀에 굽는 빵은 반죽이 되면 갈라지므로 조금 질게 한다. 믹싱은 충분히 돌려 반죽이 얇게 늘어날 수 있도록 한다. 당근을 혼합하는 타이밍은 유지와 함께 넣거나 맨 나중에 넣는다. 반죽 온도는 26℃다.

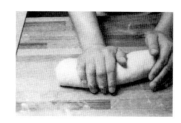

○ 1차 발효
90분 발효를 예상하지만 반죽의 믹싱 상태와 반죽 온도에 따라 조절한다. 60분을 기준으로 발효 최고점에 다다르면 펀치를 준다. 펀치 후 30분간 발효시킨다.

○ 2차 발효
60분 전후로 반죽이 틀 상부에 도달하면 2차 발효가 완료됐다고 생각한다. 성형 시 반죽의 강약에 따라 2차 발효 시간은 다소 차이가 난다. 발효실 온도는 35℃ 전후로 습도는 80%가 표준이다.

○ 분할
소형 틀에 구우므로 틀에 맞는 중량을 결정한다.
원 로프(one-loaf)의 경우 용적비를 낮게 하면 머리부분이 지나치게 커져 불안정해지며 움푹 패일 가능성도 있다. 4.0 전후의 용적비로 하는 것이 좋다. 벤치타임은 15분 준다.

○ 굽기
달걀물을 얇게 칠해 210℃ 오븐에서 굽는다. 굽는 시간은 35~40분 정도다.

○ 구운 후
틀째로 충격을 가해 곧바로 꺼낸다.

○ 성형
손 성형의 경우는 밀대로 가스를 빼고 틀 길이에 맞게 막대형으로 접는다. 이음새를 잘 봉하고 틀에 넣는다. 이때 반죽을 틀 한쪽으로 치우치게 넣어도 형태가 쉽게 평균화된다.

Walnuts bread

월넛 브레드

원래 호두는 기름을 짜기 위해 재배되었다. 4세기 전, 유럽에 로마인이 호두 재배를 명하면서 널리 보급되었다고 한다. 호두나 호두기름은 프랑스요리에도 자주 사용된다. 호두성분의 70%는 지질이며 양질의 단백질이나 비타민B도 포함되어 있다. 또 호두껍질에는 탄닌(tannin)이 많이 함유되어 있어 껍질째 호두를 먹으면 떫은맛과 쓴맛이 나는 것은 이 때문이다. 떫은맛은 빵 반죽의 발효가 진행되면서 산화돼 반죽이 보라빛을 띠게 한다.

- 제법 : **스트레이트법**
- 가루 양 : 3kg
- 분량 : 소형틀 / 13개분

재료	(%)	(g)
강력분	80	2,400
그레이엄분(소맥전립분)	10	300
호밀분	10	300
설탕	5	150
소금	2	60
탈지분유	2	60
버터	5	150
생이스트	3	90
물	76	2,280
호두 (구운 것)	25	750

· POINT ·

그레이엄분(소맥전립분)은 호두의 풍미를 끌어내며 호밀분은 빵에 깊이를 더해 준다. 호두는 가볍게 구워서 독특한 냄새를 없앤다. 전립분과 호밀분, 호두가 들어가므로 결합이 나빠져 크럼이 엉성해진다. 전체적으로 볼륨 있는 가벼운 빵을 목표로 토스트 했을 때 바삭바삭한 식감이 나도록 한다.

공정과 조건		시간/총시간(분)	
준비 재료 계량, 틀 준비 호두 굽기		15	0 15
믹싱 (수직형 믹서) 1단-3분 2단-3분 유지 1단-2분 3단-3분 4단-1분 3단-2분 호두 2단-1분 반죽 온도 26℃		20	35
1차 발효 90분 (60분에 펀치) 30℃		90	125
분할 460g, 용적비 3.7		30	155
성형 원 로프		10	165
2차 발효 70분 온도 33℃, 습도 80%		70	235
굽기 35분 굽는 온도 [윗불 210℃ / 아랫불 220℃ 굽기 손실 11~13%		40	275

공정 포인트

○ 믹싱

반죽의 결합이 나쁘므로 기본적으로 충분히 믹싱해야 볼륨이 나온다. 호두를 넣으므로 발효가 진행됨에 따라 호두가 수분을 흡수해 반죽이 되직해진다. 믹싱 시 반죽을 조금 질게 한다. 호밀분과 그레이엄분을 넣은 배합은 믹싱을 짧게 하지만 반죽이 부드러운 만큼 보완되어 다른 버라이어티 브레드와 시간은 비슷해진다. 반죽 온도는 26℃로 조절한다.

○ 1차 발효

반죽이 질고 결합이 느슨하므로 발효는 비교적 빨리 진전된다. 60분을 기준으로 발효 최고점에 다다르는 것이 좋다. 펀치를 한 뒤 30분 발효시킨다.

○ 분할

소형틀에 맞게 분할 중량을 정하지만 호두가 들어가 있는 분량만큼 반죽의 절대량이 적어지므로 기준의 빵보다 20% 정도 무겁게 분할한다. 벤치타임은 15분 준다.

○ 성형

손 성형의 경우 원통형으로 하는 편이 반죽을 안정시키지만 이번엔 원 로프(one-loaf)로 만들어 크럼이 엉성한 가벼운 빵을 목표로 했다. 성형은 지나치게 세게 하면 반죽이 갈라지므로 반죽의 상태를 보아 가감하는 것이 필요하다.

○ 2차 발효

온도가 높으면 발효가 지나치게 되어 많이 부풀어올라 성형 후 움푹 패일 가능성이 있으므로 온도를 낮춰 천천히 발효시키도록 한다. 시간은 70분을 기준으로 한다. 틀에 비해 100% 팽창되면 2차 발효가 완료된 것으로 본다.

○ 굽기

달걀물을 얇게 바르고 윗불을 낮춘 오븐에 넣어 굽는다. 35~40분 정도로 굽는다. 구운 뒤 틀째로 충격을 가해 움푹 패이는 것을 방지한다.

English muffin

잉글리시 머핀

머핀은 영국 태생으로 미국으로 옮겨져 발전해왔는데. 원래는 가열한 철판 위에서 양면으로 굽던 것이었다. 어떤 시기에는 같은 재료지만 조금 진 반죽으로 만드는 크럼펫(Crumpets)과 혼동된 적도 있었다고 한다. 미 대륙에 들어온 후 여러 변화를 겪어 컵케이크 같은 케이크 머핀도 태어났다. 이스트로 만드는 머핀은 이것과 구별되도록 잉글리시 머핀이라고 부른다. 잉글리시 머핀은 전용틀을 이용해 하얗게 굽는데 이것은 내기 전에 다시 토스트 하기 때문이다. 본래 머핀을 내놓는 방법은 옆면을 조금 자른 뒤 양면을 토스트 한 다음 벌려 버터를 듬뿍 발라 손님들에게 제공하는 것이라고 한다.

- 제법 : **스트레이트법**
- 밀가루 양 : 2kg
- 분량 : 55g / 65개분

재료	(%)	(g)
강력분	100	2,000
설탕	2	40
소금	2	40
탈지분유	3	60
올리브오일	2	40
생이스트	2	40
물	85	1,700
콘밀		적당량

공정과 조건		시간/총시간(분)	
준비 재료 계량, 틀 준비		10	0 10
믹싱 (수직형 믹서) 1단-3분 2단-3분 3단-10분 4단-2분 3단-2분 반죽 온도 27℃		25	35
1차 발효 70분, 30℃		70	105
분할 55g		15	120
성형 둥글려 틀에 넣음		15	135
2차 발효 70분 온도 35℃, 습도 75%		70	205
굽기 20분 굽는 온도 [윗불 200℃ 아랫불 235℃		25	230

· POINT ·

전체적으로 하얗게 굽는다. 크러스트는 얇고 크럼은 엉성하게 소박한 느낌으로 만든다. 팽창은 베이킹파우더와 이스트를 병용하는 배합도 있지만 여기에서는 이스트만을 사용했다. 크럼을 엉성하게 하기 위해서는 반죽을 질게 해 충분히 발효시킨다. 또 발효종을 사용해도 엉성한 크럼을 만들 수 있다. 전용틀을 사용해 덮개를 씌워 구우므로 분할중량의 많고 적음에 따라서도 크럼이 변할 수 있다.

공정 포인트

○ 믹싱

수분이 많으므로 처음부터 물을 전부 넣으면 밀가루 덩어리가 생기는 경우가 있다. 70% 전후의 물로 반죽을 시작해 믹싱을 하면서 조금씩 더해가는 방법으로 한다. 배합은 간단하지만 수분이 많으므로 믹싱은 길어진다. 끈적거리는 반죽이지만 발효에서 조금 회복된다. 반죽 온도는 27~28℃로 조절한다.

○ 1차 발효

충분히 발효시키며 가스빼기는 하지 않는다. 60~70분 정도가 적당하다. 발효가 종료된 반죽은 믹싱 직전보다 끈적거림이 덜하지만 부드러워 다루기 힘들다.

○ 분할·성형

머핀 틀은 쇼트닝을 발라 콘밀을 뿌려 둔다. 반죽은 55g씩 분할해 둥글린다. 크럼이 가급적 단순해지도록 재둥글리기는 하지 않는다. 반죽이 뭉쳐지지 않을 때는 손에 올리브오일을 발라 둥글리기를 하면 된다. 이음새를 잘 봉하고 바닥에 콘밀을 묻혀 틀에 넣는다.

○ 2차 발효

틀의 높이를 기준으로 반죽의 팽창 정도를 가늠한다. 틀의 80%까지 팽창하면 2차 발효가 완료된 것이라고 판단한다. 늦으면 각진 머핀이 되며, 빠르면 머핀의 윗부분이 부풀지 않고 둥글게 된다.

○ 굽기

반죽의 표면에 콘밀을 뿌린 다음 덮개를 씌워 오븐에 넣는다. 머핀은 상부 모서리에 흰 선이 남을 정도로 둥그스름하게 구워지는 것이 좋다. 구운 후 곧바로 틀에서 꺼내 식힌다.

Pain au lait

빵 오 레

이름대로 우유 향이 풍부한 소형빵이다. 용도가 넓어져 빵 판타지로 동물빵에 사용되거나 트레스(가닥빵)에 이용되기도 한다. 기원은 축제 때 굽던 푸와스나 푸가스에 있다고 한다. 배합은 테이블 롤과 브리오슈의 중간이다. 가위로 자른 부분이 가시가 돋친 것처럼 구워지므로 Pain Picot(빵 피코, 가시 또는 바늘)라고 불리기도 한다.

- 제법 : **스트레이트법**
- 밀가루 양 : 2kg
- 분량 : 60g / 65개분

재료	(%)	(g)
강력분	100	2,000
설탕	10	200
소금	1.5	30
탈지분유	6	120
버터	15	300
생이스트	3	60
노른자	6	120
물	62	1,240

· POINT ·

우유 향을 내기 위해서는 배합하는 물을 우유로 대체해 믹싱해도 되지만 탈지분유를 사용하는 편이 효과적이다. 사용량은 물의 10%를 기준으로 하면 된다. 크럼은 균일하고 부드러운 식감을 목표로 하고 크러스트는 황금색으로 윤기 있게 굽는다. 배합하는 버터는 반죽 용도에 맞게 10~30% 범위에서 변화시키면 된다.

공정과 조건	시간	/총시간(분)
준비 재료 계량	10	0 10
믹싱 (수직형 믹싱) 1단-3분 2단-2분 3단-2분 유지 1단-2분 3단-3분 4단-1분 3단-3분 반죽 온도 26℃	20	30
발효 90분 (60분에 펀치) 30℃	90	120
분할 60g	30	150
성형 길이 10cm의 막대형, 원형	15	165
2차 발효 50분 온도 35℃ 습도 75%	50	215
성형 12분 굽는 온도 210℃	15	230

공정 포인트

○ 믹싱

밀가루는 단백질 양이 많은 것을 사용하고, 충분히 믹싱해 얇고 매끈한 막을 만든다. 그러나 고속 믹싱은 필요 이상으로 반죽에 공기가 들어가므로 줄이고 최소한으로 이용한다. 반죽은 조금 질게 한다. 반죽 온도는 26℃로 조절한다.

○ 1차 발효

90분 발효 중 60분 전후로 반죽에 손가락을 넣어 발효 최고점을 확인한 후 펀치를 준다. 반죽은 조금 단단한 편이다. 펀치 후 최저 30분 발효시킨다.

○ 분할

60g씩 분할시켜 둥글린다. 벤치타임은 15분 준다.

○ 성형

손바닥으로 충분히 가스를 빼고 접어가며 10㎝ 막대형으로 성형한다. 또는 재둥글리기를 한다. 철판에 간격을 두고 나열해 발효실에 넣는다.

○ 2차 발효

온도는 35℃까지로 하고 습도는 낮은 것이 좋다. 틀을 사용하지 않는 경우는 2차 발효의 완료점을 잘 관찰하는 것이 포인트이다. 빠르면 빵의 팽창이 부족해 볼륨 부족이 된다. 빵 바닥이 둥글게 되는 것이 이 타입의 결함이다. 한편 늦으면 바닥이 평평해져 구운 뒤 줄어들며 이 경우도 볼륨 부족으로 구워진다.

○ 굽기

붓으로 달걀물을 바른 다음 가위로 칼집을 넣는다. 210℃ 오븐에 넣어 약 12분 굽는다.

Table roll

테이블 롤

테이블 롤은 식사용 소형빵의 총칭이다. 지금까지 소개한 유럽의 하드계 빵도 이 이름으로 불리지만 여기서는 버터롤을 대표하는 소프트계 아침식사 빵을 일컫는다. 물론 아침식사뿐 아니라 샌드위치로 만들어 점심식사나 모양을 바꿔 간식용으로 가볍게 먹는 등의 폭넓은 용도를 가진 편리한 빵이다. 형태는 원형이 기본형이며 반죽을 말아 만드는 크레센트(초생달)형이나 반죽을 접어 굽는 파카하우스, 막대형으로 만드는 가닥빵 등 성형도 많은 종류가 있다. 비교적 단시간에 반죽을 숙성시켜 재료가 지닌 맛을 낼 수 있는 빵이다.

- 제법 : **스트레이트법**
- 밀가루 양 : 2kg
- 분량 : 40g / 95개분

재료	(%)	(g)
강력분	100	2,000
설탕	10	200
소금	1.5	30
탈지분유	4	80
버터	10	200
쇼트닝	5	100
생이스트	3	60
노른자	10	200
물	58	1,160

· POINT ·

크럼이 균일하고 부드러우면서 잘 끊어지는 좋은 식감을 가진 빵으로 굽는다. 풍미는 버터와 우유 향이 전체적으로 풍긴다. 크러스트는 너무 진하지 않게 해 소프트한 느낌을 살린다. 여러 가지 형태로 만들 수 있지만 형태에 따라 2차 발효 시간이 다소 변하므로 주의한다.

공정과 조건	시간	총시간(분)
준비 재료 계량	10	0 10
믹싱 (수직형 믹싱) 1단-3분 2단-3분 3단-2분 유지 1단-2분 3단-2분 4단-1분 3단-1분 반죽 온도 27℃	20	30
발효 70분 (60분에 펀치), 30℃	70	100
분할 40g	30	130
성형 원형, 크레센트, 가닥빵	20	150
2차 발효 60분 온도 35℃ 습도 75%	60	210
굽기 12분 굽는 온도 ┌ 윗불 210℃ └ 아랫불 190℃	15	225

공정 포인트

○ 믹싱

믹싱이 지나치게 강하면 기포막이 얇고 맛이 없는 롤로 구워지므로 오버 믹싱을 하지 않도록 주의한다. 노른자를 많이 배합해 부드럽게 하고 쇼트닝으로 끊어짐을 좋게 한다. 테이블 롤 치고는 약간 고배합이므로 용도에 따라 배합을 바꿀 수 있다. 반죽 온도는 27℃ 전후다.

○ 1차 발효

재료의 풍미를 살리고 싶다면 기본적으로 노펀치로 한다. 발효는 70분 전후로 최고점에 다다른다. 반죽에 힘 부족이 느껴지거나 신장성을 원한다면 가스빼기를 할 수 있다. 이 경우 이스트를 줄이거나 믹싱을 줄여 질게 반죽한다.

○ 분할

40g씩 분할해서 둥글린다. 벤치타임은 15분이 표준이지만 크레센트로 말거나 가닥빵으로 하는 경우는 일단 막대형으로 만들어 성형하므로 10분 정도 빨리 성형에 들어간다. 또 성형에 시간이 걸릴 것 같으면 반죽에 탄력이 없어도 빨리 시작하는 것이 좋다.

○ 성형

크레센트나 가닥빵은 반죽에 무리가 가지 않게 여유를 가지고 성형한다. 반죽을 세게 당기면 반죽이 파열되는 등의 결함이 구운 후에 나타나므로 주의한다. 철판이 일반적인 것이라면 유지를 얇게 발라 놓고, 오일이 필요 없는 철판은 그대로 반죽을 올린다. 유지는 가능한 한 얇게 바른다. 유지가 많거나 많이 변형된 철판을 사용하면 빵 바닥이 뜨기 쉽다.

○ 2차 발효

원형은 60분이 기준이지만 성형에 따라 발효 시간이 짧거나 길어진다. 가닥빵은 반죽이 쉽게 느슨해지기 때문에 빨라진다. 크레센트는 반죽의 감기 정도에 따라 다르지만 대체적으로 늦어진다.

○ 굽기

달걀물을 발라 오븐에 넣는다. 달걀물은 묽게 한다. 진하면 구운 후에 크러스트에 껍질이 생기거나 주름이 생기는 원인이 된다. 굽는 온도는 아랫불은 낮추고 윗불 중심으로 10~12분 정도 굽는다.

Hard roll

하드 롤

테이블 롤의 하나지만 부드럽고 다목적인 버터 롤에 비해 반죽을 저배합으로 했기 때문에 식사빵에 적합하다. 일본에서 메이지시대때부터 호텔빵으로 익숙한 '가다랑어포' 형태는 오랫동안 이어져 내려와 이제는 표준이 되었다고 한다. 프랑스의 프티빵이나 독일의 브뢰트헨과 비교하면 유지와 달걀이 들어가므로 크러스트와 크럼 모두 가벼운 식감의 세미하드 빵으로 구워진다.

※ 본래 이 빵은 세미하드 쪽에 넣어야 하지만 테이블 롤과 쉽게 비교하기 위해 여기에 넣었다.

- 제법 : **스트레이트법**
- 밀가루 양 : 2kg
- 분량 : 50g / 65개분

재료	(%)	(g)
강력분	100	2,000
설탕	8	160
소금	2	40
탈지분유	4	80
버터	4	80
쇼트닝	2	40
생이스트	2	40
노른자	5	100
물	52	1,040

· POINT ·

크레센트로 감은 것은 크럼이 촘촘하고 균일하며 식감이 부드럽다. 가닥빵은 전체적으로 단단하게 구워져 크럼은 수분이 적고 식감이 좋다. 스팀을 넣어 구운 것은 크러스트가 얇고 바삭하지만 물을 뿌려 구운 것은 두껍고 씹는 맛이 있는 빵이 된다.

공정과 조건	시간	/총시간(분)
준비 재료 계량	10	0 10
믹싱 (수직형 믹싱) 1단-3분 2단-2분 유지 1단-2분 3단-5분 반죽 온도 26℃	15	25
발효 90분 (60분에 펀치), 30℃	90	115
분할 50g	30	145
성형 크레센트, 가닥빵	15	160
2차 발효 60분 온도 32℃ 습도 75%	60	220
굽기 20분 굽는 온도 ┌ 윗불 200℃ └ 아랫불 235℃	20	240

공정 포인트

○ 믹싱
버터 롤보다 신장성이 약하게 반죽한다. 유지는 조금 늦게 넣거나 또는 믹싱 초기에 넣어도 된다. 설탕 양은 단 것이 싫으면 줄여도 된다. 반죽은 되직하지만 매끈한 상태가 될 때까지 믹싱한다. 반죽 온도는 26℃ 정도가 좋다.

○ 1차 발효
발효 시간은 90분이지만 도중에 60분 전후로 발효 상태를 보고 펀치 한다. 가스를 뺀 후 30분 발효시킨다. 노펀치의 경우는 이스트를 늘려 60분 정도 발효시켜도 되지만 빵의 풍미가 떨어진다.

○ 분할
50g씩 분할해 둥글린다. 크기는 용도에 맞게 변화시키면 되지만 40~60g이 적당하다. 벤치타임을 15분 주면 반죽에 탄력이 생긴다.

○ 성형
크레센트와 가닥빵은 막대형으로 먼저 만든 다음 성형하므로 다른 빵보다 시간이 걸린다. 벤치타임을 조금 빨리 끝마치고 성형을 시작하면 좋다. 성형을 끝낸 반죽은 철판에 올려 발효실에 넣는다.

○ 2차 발효
발효 온도는 너무 높이지 말고 천천히 발효시키고 습도도 반죽이 마르지 않을 정도로 한다. 성형이 빡빡한 크레센트는 가닥빵보다 발효 시간이 길어진다. 2차 발효 종점에서 반죽의 발효 상태는 보통 정도면 적당하다.

○ 굽기
스팀으로 굽거나 물을 뿌려 구워도 괜찮다. 스팀을 사용하면 광택 있고 얇은 크러스트가 되고 물을 뿌리면 조금 칙칙한 색의 두꺼운 크러스트가 된다. 굽는 시간은 15~20분 정도가 적당하다.

Hamburger buns

햄버거 번즈

햄버거는 1850년대에 독일의 함부르크와 미국을 연결하는 항로를 운행하면서 만들어졌다고 한다. 긴 항해의 식량으로 육류는 소금에 절이거나 훈제로 만들어졌지만 딱딱해서 먹기 어려웠기 때문에 가늘게 잘라 빵 조각이나 다진 양파와 섞어 구웠다고 한다. 이 배로 미국에 이주한 유태인이 이것을 싱싱한 고기로 재현해 일반적으로 널리 퍼졌고, 함부르크의 이름을 따 햄버그라고 부르게 되었다. 그 후 여러 변화를 겪으며 응용돼 햄버거가 되었다. 당초에는 롤이나 머핀이 사용되었다.

● 제법 : **스트레이트법**
● 가루 양 : 2kg
● 분량 : 45g / 80개분

재료	(%)	(g)
강력분	85	1,700
호밀분	10	200
그레이엄분	5	100
설탕	10	200
소금	2	40
탈지분유	4	80
버터	5	100
쇼트닝	5	100
생이스트	3	60
노른자	5	100
물	60	1,200

재료	(%)	(g)
깨		

· POINT ·

전체적으로 부드럽지만 맛은 고기의 무게감에 맞는 깊이 있는 빵으로 굽는다. 볼륨도 억제한다. 전용 철판을 사용하는 편이 제품 형태면에서 안정된다. 둥글게 성형한 후 밀대 등으로 위에서부터 눌러 전체를 납작하게 한다.

공정과 조건	시간/총시간(분)	
준비 재료 계량 틀 준비 가루배합	10	0 10
믹싱 (수직형 믹싱) 1단-3분 3단-3분 유지 1단-2분 3단-3분 4단-1분 3단-2분 반죽 온도 27℃	20	30
1차 발효 60분 30℃	60	90
분할 45g	30	120
성형 둥글려 전용 철판에 올림	10	130
2차 발효 50분 온도 35℃, 습도 75%	50	180
굽기 반죽 표면에 물 뿌림 10분 굽는 온도 210℃	15	195

공정 포인트

○ 믹싱
호밀분과 그레이엄분이 혼합된 반죽의 믹싱 시간은 짧은 것이 기본이다. 그러나 이 반죽은 질고 발효 시간이 짧으므로 천천히 충분히 반죽하는 것이 좋다. 반죽 온도는 26~28℃를 목표로 한다.

○ 1차 발효
온도 30℃에서 60~70분에 발효 최고점에 다다른다.

○ 분할
전용 철판을 사용할 경우는 원형에 맞게 분할 중량을 정한다. 둥글려 벤치타임을 15분간 준다.

○ 성형
재둥글리기를 한 뒤 표면을 밀대나 평평한 것으로 눌러 원반형으로 만든 다음 틀에 넣는다.

○ 2차 발효
50분을 기준으로 온도와 습도를 조절해가며 반죽 상태를 관찰한다. 발효 상태는 보통이다.

○ 굽기
물을 뿌려 깨를 묻힌 뒤 오븐에 넣는다. 달걀물을 바르면 크러스트가 형성되서 식감이 나빠지므로 사용하지 않는다. 또한 냉각 후 주름의 원인이 되기도 한다. 굽는 시간은 10분을 표준으로 삼는다.

Korinthenbrötchen

코린튼브뢰트헨

커런트 레이즌은 산미와 단맛이 강한 작은 크기의 검은 건포도다. 고대 로마시대에 그리스 남부 도시 커런트(커런트스)주변의 경계지에서 재배되었으며 그 항구에서 수출되었기 때문에 이런 이름이 붙여졌다. 현재도 지중해와 에게해에 걸쳐 각지에서 재배되고 있다. 레이즌과 함께 이 빵의 풍미를 만들어 내는 것은 사프란, 바닐라를 잇는 고급 향신료 카더먼이다. 카레 파우더에도 사용되는 향신료이나 향이 강하므로 많이 넣지 않는다.

• 제법 : **스트레이트법**
• 밀가루 양 : 2kg
• 분량 : 40g / 120개분

재료	(%)	(g)
강력분	100	2,000
설탕	12	240
소금	1.5	30
탈지분유	5	100
카더먼	0.3	6
버터	15	300
쇼트닝	5	100
생이스트	3	60
노른자	6	120
물	68	1,360
오렌지필	6	120
커런트 레이즌	35	700

공정과 조건		시간	총시간(분)
준비 재료 계량 틀 준비		10	0 10
믹싱 (수직형 믹싱) 1단-3분 3단-6분 유지 1단-2분 3단-4분 4단-2분 오렌지필 레이즌 2단-1분 반죽 온도 26℃		20	30
발효 90분 (60분에 펀치) 30℃		90	120
분할 40g		30	150
성형 원형		15	165
2차 발효 50분 온도 35℃ 습도 75%		50	215
굽기 12분 굽는 온도 210℃		15	230

· POINT ·

크러스트와 크럼 모두 부드러운 빵을 목표로 한다. 반죽의 흡수(吸水)가 조금 많아져, 힘 부족이 염려되므로 발효 도중에 펀치를 넣는다. 카더먼의 양은 조금 적게 표기되어 있으므로 맛을 보고 가감한다. 제품의 형태는 원형 또는 풋볼형이 일반적. 성형할 때는 레이즌이 표면에 나오지 않도록 주의한다.

공정 포인트

○ 믹싱

반죽이 질기 때문에 시간을 들여 충분히 믹싱한다. 믹싱 부족은 반죽이 퍼지거나 크럼이 달라붙는 원인이 된다. 그러나 고속으로 지나치게 돌리면 제품이 많이 부풀거나 크러스트에 주름이 가거나 외관이 나빠지므로 주의한다.

○ 1차 발효

90분 발효 도중 60분 전후로 발효 최고점에 다다르면 가스빼기를 한다. 진 반죽이 조금 된 상태로 회복된다. 만약 반죽이 되직한 경우는 가스빼기를 하지 않고 분할하는 것이 좋다.

○ 2차 발효

습도가 지나치게 올라가지 않도록 주의해서 발효시킨다. 발효실에서 2차 발효가 미숙하면 진 반죽이라도 오븐에서 구워지는 도중에 바닥부분이 갈라진다. 과발효는 전체가 납작하게 구워진다. 적절한 발효 후 굽기에 들어간다.

○ 분할

40g씩 분할해 둥글린다. 벤치타임을 15분 준다.

○ 굽기

진 반죽은 크러스트가 얇고 잘 부풀어오르므로 농도가 짙은 달걀물을 바르면 냉각 후에 주름이 지기 쉽다. 물로 묽게 한 달걀물을 발라 오븐에 넣고 굽는다. 시간은 약 12분. 크러스트는 조금 짙은 색으로 구워 낸다.

○ 성형

재둥글리기를 해서 원형이나 풋볼형으로 만든다.

Zopf

좁프

좁프는 독일어로 여성의 땋은 머리를 가리키며 빵에 사용할 경우 가닥빵이란 뜻이 된다. 이 빵은 역사가 길어 고대 그리스와 로마에서도 만들어졌다고 한다. 당시의 매장품이나 공예품에 그려진 그림에서 제사에 가닥빵을 만들어 사용했음을 볼 수 있다. 또한 매장품으로 여성의 땋은 머리를 넣었던 것으로 알려졌으나 이것이 언제부 터인가 가닥빵으로 변했다. 스위스, 독일, 오스트리아, 헝가리, 북유럽, 러시아에도 장식적인 가닥빵이 퍼져 나 름대로 발전하고 있다. 프랑스에서는 Tresse(트레스)라고 하며 사보아 지방의 가닥빵은 유명하다. 유태인 사이 에서는 경사스러운 날의 빵으로 통하는 등 각지에서 특별한 빵으로 취급되고 있는 것이 이 가닥빵이다. 설타너 레이즌을 섞은 세 가닥빵을 소개한다.

- 제법 : **스트레이트법**
- 밀가루 양 : 2kg
- 분량 : 50g×3 / 28개분

재료	(%)	(g)
프랑스분	100	2,000
설탕	16	320
소금	1.5	30
탈지분유	4	80
버터	15	300
생이스트	3	60
노른자	8	160
물	48	960
설타너레이즌	30	600

재료	(%)	(g)
우박설탕		
아몬드		

공정과 조건	시간	/총시간(분)
준비 재료 계량	10	0 10
믹싱 (수직형 믹서) 1단-3분 3단-3분 유지 1단-2분 3단-4분 레이즌 2단-1분 반죽 온도 26℃	20	30
1차 발효 70분 30℃	70	100
분할 50g	30	130
성형 막대형을 세 가닥 엮음	15	145
2차 발효 50분 온도 35℃ 습도 75%	50	195
굽기 18분 굽는 온도 210℃	25	220

· POINT ·

반죽을 막대형으로 만들어 엮으므로 되직한 것이 작업하기 편하고 구우면 엮은 모양이 확실하게 나와 외관상 보기도 좋다. 크러스트는 전체적으로 색을 짙게 하고 엮은 부분의 경계가 희게 남아 형태가 도드라져 보이게 한다. 크럼은 쫄 깃하고 부드럽게 한다.

공정 포인트

○ 믹싱

이 빵은 반죽이 질면 성형하기 어려우므로 믹싱 초기의
수분 조절을 신중히 한다. 시간이 경과함에 따라 레이즌
이 반죽의 수분을 흡수하므로 이를 고려해 되기를 결정
한다. 반죽에 공기가 많이 함유되지 않도록 고속 믹싱은
하지 않는다. 반죽 온도는 26℃로 한다.

○ 1차 발효

가스빼기를 하지 않아야 성형 때 반죽이 잘 늘어나며 평
균적으로 팽창한다. 그러나 반죽의 숙성이 부족하면 크
럼이 끈적하게 구워지며 반죽의 힘 부족은 볼륨을 작게
해 제품이 볼품없어진다. 이럴 때는 펀치를 발효 최고점
앞에 넣고 나머지 발효를 길게 하면 좋다.

○ 분할

50g씩 분할해 둥글린다. 벤치타임은 10분으로 하고 10㎝
막대형으로 만들어 다시 5분 휴지시킨다.

○ 성형

세 가닥빵은 구워지면 150g이 되므로 전체의 볼륨을 생
각해서 길이를 결정하지만 20~25㎝ 정도의 막대형이
적당하다. 반죽을 지나치게 가늘게 하면 구웠을 때 볼
륨이 나오지 않고 크럼 부분이 얇아져 딱딱한 빵이 돼
버린다. 반죽을 손으로 눌러 평평하게 하고 반으로 접어
막대형으로 늘려 간다. 반죽은 전체를 같은 굵기로 하거
나, 양끝을 가늘게 한다. 반죽 상태가 같은 3개를 갖춰
엮어야 한다.

○ 2차 발효

50분이 기준이다. 조금 미숙한 상태에서 구우면 엮은 부
분이 부풀어 외관이 좋아진다. 2차 발효가 지나치게 길
면 전체가 납작하게 되고 부드러움이 없어진다.

○ 굽기

달걀물을 발라 우박설탕, 아몬드 등을 뿌려 오븐에 넣는
다. 굽는 시간은 15~20분이다.

• 가닥빵 (2가닥)

① 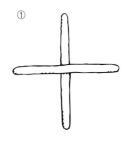 ② 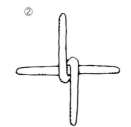 ③ 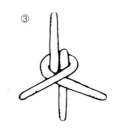 ④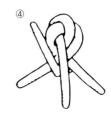

⑤   ⑥

• 가닥빵 (3가닥)

①  ②  ③  ④  ⑤

• 가닥빵 (4가닥)

①  ②  ③  ④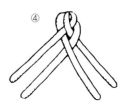

⑤  ⑥

• 가닥빵 (5가닥) - 1

① 　② 　③

④ 　⑤ 　⑥

• 가닥빵 (5가닥) - 2

① 　② 　③

④ 　⑤ 　⑥

Flechten

프레히텐

프레히텐은 독일어로 '엮은 것'이란 뜻으로 좁프(Zopf)와 같은 가닥빵을 가리킨다. 가닥빵은 화려하기 때문에 옛날부터 경사스러운 날에 만들어졌다. 제사나 특별한 날에 구워졌던 특수한 빵이었다. 현재는 일상화되어 세 가닥 빵의 경우 많이 만들어지고 있으나 그 이상 엮은 빵은 대형화되기 때문인지 만드는 경우가 그다지 많지 않다. 그러나 가게 장식용 빵으로 인기가 많아 먹는 용도보다는 장식용으로 빼놓을 수 없는 빵이 되었다.

• 제법 : **스트레이트법**
• 밀가루 양 : 2kg
• 분량 : 50g×6개 / 12개분

재료	(%)	(g)
프랑스분	100	2,000
설탕	10	200
소금	1.8	36
탈지분유	4	80
버터	10	200
쇼트닝	5	100
생이스트	3	60
노른자	6	120
물	50	1,000

공정과 조건	시간/총시간(분)	
준비 재료 계량	10	0 10
믹싱 (수직형 믹서) 1단-3분 3단-3분 유지 1단-2분 3단-6분 반죽 온도 26℃	20	30
1차 발효 60분, 30℃	60	90
분할 50g	30	120
성형 막대형을 엮음	15	135
2차 발효 50분 온도 35℃ 습도 75%	50	185
굽기 15~20분 굽는 온도 210℃	20	205

· POINT ·

막대형을 엮기 때문에 반죽이 질고 공기가 많이 들어간 것은 적당하지 않다. 그러나 구워 낸 크림은 부드러움을 필요로 하므로 노른자를 많이 배합해 대처한다. 수분은 적게 넣고 길게 믹싱한다. 부드럽고 탄력 있는 적당한 반죽으로 완성한다. 크러스트는 윤기 있게 구워 내지만 엮은 경계부분은 하얗게 해 색의 농담(濃淡)으로 빵의 굴곡을 드러낸다.

공정 포인트

○ 믹싱

반죽이 질면 엮을 때 부분적으로 늘어져 모양 좋게 엮기 어렵다. 또 구워 냈을 때 엮은 부분이 확실하게 드러나지 않아 외관이 나빠진다. 믹싱은 중속으로 길게 하도록 한다. 가스빼기는 필요 없지만 반죽의 숙성이 부족한 경우는 이스트 양을 줄여 조금 빨리 펀치를 넣고 나머지 발효를 충분히 시키는 것이 좋다. 반죽 온도는 26~28℃로 한다.

○ 1차 발효

60분을 기준으로 반죽의 상태를 관찰한다. 반죽은 조금 된 듯하나 신장성은 있다.

○ 분할

50g씩 분할해 둥글린다. 벤치타임을 10분 준 뒤 짧은 막대형으로 만든다.

○ 성형

반죽을 눌러 평평하게 하고 반으로 접어 원하는 길이로 늘여 간다. 엮는 개수가 증가하면 전체가 커지므로 반죽을 길게 한다. 엮을 때는 반죽을 당기지 않도록 한다. 반죽을 당기면 그 부분이 가늘어짐과 동시에 여분의 힘이 들어가 반죽이 원상태로 되돌아가려 하므로 전체를 변형시키게 된다.

○ 2차 발효

반죽의 발효 상태가 지나치게 미숙하면 엮은 부분이 터져 변형된다. 과발효는 볼륨이 나오지 않고 납작하게 구워진다. 다소 미숙한 상태에서 발효를 끝내면 엮은 부분이 팽창해 힘있는 빵이 된다.

○ 굽기

엮은 개수가 많아지면 많아질수록 대형이 되기 때문에 온도를 낮추어 천천히 굽는다. 올록볼록해서 달걀물을 칠하기 어려운 부분은 구우면 농담(濃淡)이 나타난다. 만약 전체적으로 고른 색을 원한다면 달걀물을 두 번 바른다. 크러스트는 두껍고 진하게 굽는다.

220

• 가닥빵 (6가닥) - 1

① ② ③
④ ⑤ ⑥

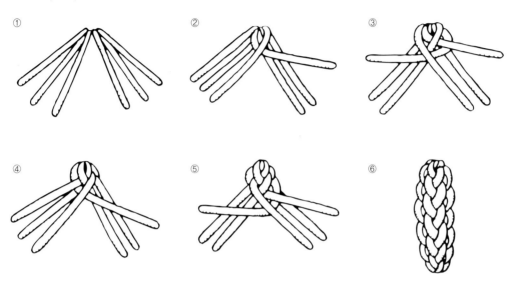

• 가닥빵 (6가닥) - 2

① ② ③
④ ⑤ ⑥

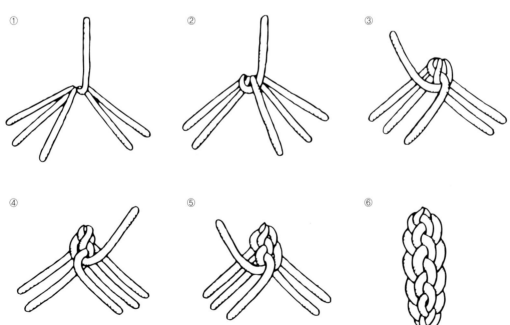

Butterknoten

부터크노텐

반죽을 막대형으로 만들어 Knoten(크노텐 = 매듭)을 한 빵이다. 한 가닥 빵 중에서는 비교적 단순한 모양이다. 표면에는 헤이즐넛 슬라이스를 뿌려 굽기 때문에 이 향이 빵의 맛이 된다. 헤이즐넛은 유럽에서 고대부터 재배되어 그 산지에서 헤라클레어(현재의 에레리, 터키의 흑해안의 마을) 너트로 불려졌다고 한다. 그 관목의 가지는 수맥이나 광맥의 유무를 점치는 불가사의한 나무, 혹은 성스러운 나무로 사용되기도 했다. 또 이 너트 향은 갓 구워 낸 빵의 향과 비교될 만큼 빵과 궁합이 잘 맞는다.

- 제법 : **스트레이트법**
- 밀가루 양 : 2kg
- 분량 : 50g / 75개분

재료	(%)	(g)
프랑스분	100	2,000
설탕	10	200
소금	1.5	30
버터	15	300
쇼트닝	5	100
생이스트	3.5	70
노른자	8	160
물	55	1,100

재료	(%)	(g)
헤이즐넛 슬라이스		

· POINT ·

매듭부분이 부풀어 강한 힘을 느낄 수 있도록 완성한다. 유지배합이 많지만 반죽은 펀치 없이 부드럽게 만든다.

공정과 조건	시간/총시간(분)	
준비 재료 계량	10	0 10
믹싱 (수직형 믹서) 1단-3분 3단-5분 유지 1단-2분 3단-3분 4단-1분 3단-2분 반죽 온도 26℃	20	30
1차 발효 50분, 30℃	50	80
분할 50g	30	110
성형 막대형을 묶음 달걀물을 발라 헤이즐넛 슬라이스를 뿌림	15	125
2차 발효 50분 온도 33℃, 습도 75%	50	175
굽기 12분 굽는 온도 210℃	15	190

공정 포인트

○ 믹싱
고배합 반죽이므로 힘이 부족한 반죽은 볼륨이 적고 무거운 빵이 된다. 따라서 충분히 믹싱해 잘 늘어나는 반죽을 만든다. 또 너무 질어지지 않게 흡수(吸水)에 신경을 쓴다. 조금 되직하게 반죽하는 것이 작업성도 좋고 맛도 깔끔하다. 반죽 온도는 26~28℃로 한다.

○ 1차 발효
발효 최고점은 50~60분을 기준으로 한다. 습도가 높으면 반죽이 퍼지므로 주의한다.

○ 분할
50g씩 분할해 둥글린다. 벤치타임은 15분 준다.

○ 성형
막대형으로 성형해 묶는다. 반죽은 당기지 말고 여유 있게 묶는다. 너무 길면 묶은 뒤에 반죽이 남아 모양이 나쁘므로 적절한 길이로 한다. 기본 길이는 25㎝다. 성형 후 바로 반죽 표면에 달걀물을 바르고 헤이즐넛 슬라이스를 뿌린다. 철판에 올려 발효실에 넣는다.

○ 2차 발효
50분 발효시킨다. 온도, 습도 모두 낮춰 반죽에 여유를 준다. 조금 미숙한 상태에서 굽는다.

○ 굽기
반죽이 마른 듯하면 가볍게 물을 뿌려 오븐에 넣는다. 약 12분간 굽는다.

• 가닥빵 (1가닥) - 1

①

②

③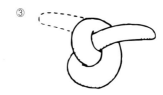

④

⑤

• 가닥빵 (1가닥) - 2

①

②

③

④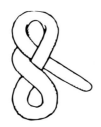

⑤

Croissant Pain au chocolat

크루아상 뺑 오 쇼콜라

크루아상의 원형이 만들어진 것은 1683년으로 거슬러 올라간다. 이슬람교와 기독교의 다툼이 계속되던 당시, 빈은 오스만 제국군에 포위되어 있었다. 하지만 지친 원정군, 구원군의 도착, 시민 참전 등으로 운 좋게 오스만군을 물리칠 수 있었다. 전쟁 후 전쟁 공로가 있던 빵집에게 승리를 기념하기 위해 오스만군의 상징인 초생달을 빵으로 만들 수 있는 특전이 주어졌다. 이것이 크루아상의 시작이다. 초승달 모양 빵은 그 후 마리 앙투아네트와 함께 프랑스로 들어갔다고 한다. 당시는 현재와 같이 버터를 넣은 것이 아닌, 킵펠(Kipfel)이라는 하드계 빵이었다. 접는 크루아상이 일반적으로 보급된 것은 1920년경이다. 뺑 오 쇼콜라는 막대형 초콜릿을 크루아상 반죽으로 감아서 만든다.

- 제법 : **스트레이트법**
- 밀가루 양 : 1kg
- 분량 : 40g / 55개 분

재료	(%)	(g)
프랑스분	100	1,000
설탕	10	100
소금	2	20
탈지분유	2	20
버터	10	100
생이스트	3.5	35
달걀	5	50
물	50	500

재료	(%)	(g)
롤인버터	50	500

재료	(%)	(g)
초콜릿(뺑 오 쇼콜라용)		

· POINT ·

버터를 넣어 접어 만드는 파이처럼 바삭바삭한 층과 이스트 발효에 의해 만들어지는 소프트한 크럼과의 밸런스는 넣는 버터 양과 발효 방법에 따라 변화시킬 수 있다. 유지량을 증가시키고 발효를 줄일수록 파이에 가깝게 구워진다. 단, 발효를 줄이면 빵의 보존기간이 짧아진다. 여기서의 배합은 구운 후 3~4일간은 파이와 같은 식감을 가지나 시간이 경과하면서 부드러워진다. 크러스트는 짙게 구워지고, 크럼은 엉성한 층을 형성한다.

공정과 조건	시간/총시간(분)	
준비 재료 계량	10	
믹싱 (수직형 믹서) 1단-3분 ㄱ 반죽 온도 24℃ 2단-2분 ㄴ	10	
1차 발효 45분, 26℃→ 3~18시간, 냉장(0℃)	오버 나이트	
접기 3절×3회 1회마다 30분 냉동실(-16℃)에서 휴지시킴	100	0 100
성형 두께 2.5mm 크루아상 : 밑변 10cm×높이 17cm 의 이등변삼각형. 밑에서 감음 뺑 오 쇼콜라 : 11cm×7.5cm의 직사각형 초콜릿을 싼다.	15	115
2차 발효 60~70분 온도 30℃, 습도 70%	70	185
굽기 13~15분 굽는 온도 220℃	20	205

공정 포인트

○ 믹싱

접어 만드는 파이 반죽과 마찬가지로 지나치게 반죽하지 말고 하나로 뭉쳐지는 정도의 믹싱이면 된다. 따라서 재료가 섞이고 가루기가 없어진 상태에서 끝낸다. 반죽 온도는 24℃로 한다.

○ 1차 발효

25~26℃에서 45분 정도 발효시킨다. 반죽은 약 2배로 팽창되어 있으므로 가볍게 손으로 눌러 공기를 빼고 뭉친 다음 두꺼운 비닐을 씌워 냉장한다. 이후의 작업성과 완성 상태를 생각하면 최저 3시간은 냉각시키는 것이 좋다.

○ 성형 : 크루아상

시터로 2.5mm 두께로 밀어 반죽을 충분히 이완시킨 후 삼각형으로 자른다. 삼각형의 정점을 자기 앞으로 놓고 밑변부터 앞쪽을 향해 감는다. 삼각형 크기는 자유로 결정할 수 있지만 밑변을 길게 하면 크루아상의 폭이 넓어지며 높이를 높게 하면 중앙부가 두꺼워진다. 여기서는 밑변 10㎝, 높이 17㎝로 하고 있다. 철판에 올려 발효실에 넣는다.

○ 접기

냉장고에서 막 꺼낸 딱딱한 버터를 밀대로 두드려가며 접어 단단함을 조절하고 전체가 균일하게 되면 조금씩 개어 버터에 탄력을 준다. 반죽 크기에 맞추어 직사각형으로 밀고 반죽 위에 올린다. 반죽으로 버터를 감싼 다음 3절 3회 접는다. 1회마다 30분씩 냉동고(-16℃)에서 반죽을 휴지시킨다. 만약 휴지 시간이 길어질 경우는 도중에 냉장고로 옮겨 반죽의 동결을 막는다.

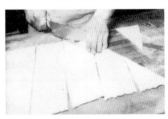

○ 굽기

반죽 표면에 달걀물을 발라 220℃ 오븐에서 13~15분 굽는다.

○ 성형 : 뺑 오 쇼콜라

시터로 2.5㎜ 두께로 밀어 세로 11㎝, 가로 7.5㎝로 자르고 초콜릿을 올려 싼다. 반죽과 반죽 이음새를 1㎝ 정도 겹쳐 바닥에 밀착시킨다.

○ 2차 발효

온도는 30℃를 넘지 않게 조절하고 습도도 반죽이 마르지 않을 정도인 70%로 억제해 천천히 발효시킨다. 60~70분이 기준이다. 크루아상은 반죽이 감겨 있어 뺑 오 쇼콜라보다 발효실에서의 발효 시간이 길어진다.

[힌트]

크루아상의 배합은 여러 가지며 제법도 각각의 환경에 맞게 선택한다. 제법은 스트레이트법, 오버나이트 스트레이트법, 액종법, 발효종법 등이 있다.

제법에 따라서도 변화시킬 수 있는데 같은 스트레이트법이라도 반죽을 오버나이트 시키면 크럼 조직이 부드러워지고, 냉각 시간이 짧으면 질긴 파이에 가까워진다. 또 액종법을 이용하면 볼륨 있게 구워지고 크럼도 부드러워진다.

작업성은 30℃를 넘는 곳에서의 버터 사용은 반죽을 자주 냉각시켜야 하며 시간의 여유를 갖고 작업해야만 한다. 롤인유지량은 밀가루의 30~60% 정도이며 식감과 풍미를 중시하면 50% 전후가 적당하다. 그러나 여름 기온이 높을 때는 조금 낮추는 것도 생각해 볼 만하다.

달걀의 사용은 크럼 조직을 부드럽게 하는 효과가 있어 5~10% 정도까지 혼합한다.

공정에서는 반죽 믹싱 후 발효를 하느냐 발효 없이 냉장하느냐에 따라 제품이 달라진다. 발효를 시키면 시킬수록 크럼과 크러스트 모두 부드러워진다.

크루아상의 모양은 기본적으로 초승달 모양이다. 삼각형으로 잘라 반죽을 밑변부터 감아 그대로 구워도 전체가 활 모양이 되어 초승달에 가까워진다. 또 밑변을 넓게 하고 중앙을 1㎝ 정도 잘라 양끝을 길게 해서 접어 성형해도 된다. 그러나 끝을 가늘게 하거나 철판에 밀착시키거나 하면 그 부분만 타기 쉬우므로 주의한다. 또 반죽에 부담을 주어 롤인버터 양이 많은 배합에는 적합하지 않다.

뺑 오 쇼콜라에는 일반적으로 막대형 초콜릿을 사용한다. 단가는 높아지나 좋은 질의 카카오를 쓴 초콜릿이나 밀크초콜릿을 템퍼링해서 사용하는 것도 좋다.

Bovolo

보보로

휘감긴 모양의 빵은 스위트 롤 등 달콤한 빵에서는 일상적으로 볼 수 있지만 여기서 소개하는 것은 식사용, 그것도 반죽에 버터를 넣어 만드는 빵이다. 버터 양은 크루아상보다 적게 하고 당분도 짠맛을 강조하기 위해 줄인다. 보보로란 베네치아의 방언으로 달팽이(Lumaca, 루마카)란 뜻이다.

• 제법 : **스트레이트법**
• 밀가루 양 : 2kg
• 분량 : 50g / 75개분

재료	(%)	(g)
프랑스분	100	2,000
설탕	2	40
소금	2	40
탈지분유	2	40
버터	6	120
생이스트	3	60
물	57	1,140

재료	(%)	(g)
롤인버터	30	600

• POINT •

믹싱 후에는 충분히 발효시켜 가벼운 빵을 만든다. 접기는 급한 경우라면 한 번에 2회를 접을 수도 있지만 가능하면 1회마다 휴지시킬 것을 권한다. 또 시간적인 합리성을 생각한다면 발효 후 오버나이트를 한다. 이 경우 배합은 같아도 된다. 크러스트는 구운 후 몇 시간은 바삭바삭한 식감이 유지된다.

공정과 조건		시간/총시간(분)	
준비 재료 계량		10	0 / 10
믹싱 (수직형 믹서) 1단-3분 ┐ 반죽 온도 25℃ 2단-3분 ┘		10	20
1차 발효 60분, 28℃→ 60분, 냉장 (0℃)		125	145
접기 3절×3회 1회마다 30분 냉동실(-16℃)에서 휴지시킴		100	245
성형 소용돌이형		10	255
2차 발효 60분 온도 30℃, 습도 70%		60	315
굽기 15분 굽는 온도 220℃		20	335

공정 포인트

○ 믹싱

접어 미는 공정이 들어가므로 믹싱은 적게 한다. 또 발효 시간을 오버나이트로 하는 경우는 중속 믹싱을 2분 정도로 줄인다. 믹싱 단계에서 잘 늘어나는 반죽을 만들어 버리면 반죽의 탄성이 강해져 접어 미는 공정에서 작업이 어려워지거나 성형 또는 굽는 과정에서 반죽이 줄어들기 쉽다. 반죽 온도는 24~25℃로 조절한다.

○ 1차 발효

28℃에서 60분 발효시키는 것과 30분으로 단축시키거나 또는 발효를 하지 않고 바로 냉장시키는 제품은 서로 차이가 난다. 발효를 충분히 시킨 빵은 크럼을 형성해서 가볍게 구워지며 발효를 하지 않고 구운 빵은 버터와 밀가루 반죽 층이 팽창되므로 파이에 가깝게 구워진다. 어느 쪽이 좋다고는 단적으로 말하기 어렵지만 어떤 빵으로 구울 것인가 하는 의도를 가지고 빵을 만드는 것이 중요하다.

발효된 반죽을 가볍게 뭉쳐 건조를 막기 위해 비닐에 싸서 냉장고(0℃)에 넣는다. 최저 1시간 정도 냉각하는 것이 좋다. 오버나이트를 하는 경우는 그대로 15시간 냉장해둔다.

○ 접기

냉장고에서 꺼낸 버터를 작업대 위에서 밀대로 두들겨 전체적으로 균일하게 만든다. 버터에 점성이 생기면 직사각형으로 얇게 밀어 둔다. 반죽은 버터와 같은 크기로 밀어 버터를 위에 놓고 공기가 들어가지 않게 싼다. 시터로 5~6mm 두께로 밀어 3절로 접는다. 비닐에 싸서 냉동고에서 30분 휴지시킨다. 이 작업을 2번 더 반복해 3절 접기를 3회 행한다. 냉동고에서 30분 휴지시킨다.

○ 성형

시터를 이용해 두께 2mm, 폭 25cm로 편다. 반죽 전체에 물을 뿌리고 위에서부터 감는다. 1개 50g씩이 되도록 잘라 휘감긴 면이 위로 오게 해서 철판에 나열한다.

○ 2차 발효

버터를 넣은 반죽의 발효 온도는 30℃로 그 이상 높아지지 않게 한다. 습도도 반죽이 마르지 않을 정도인 70%로 한다. 시간은 60분을 기본으로 한다.

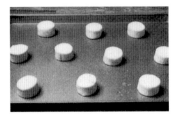

○ 굽기

220℃로 설정한 오븐에서 약 15분간 굽는다. 당분이 적으므로 하얗게 구워지나 확실하게 잘 구워야만 한다. 굽기가 부족하면 이 빵의 특징인 바삭바삭한 식감이 금방 없어지며 노화도 빨라진다.

Plunder-Rundstük Franzbröchen

233

프룬더룬트슈튀크, 프란츠브뢰트헨

룬트슈튀크는 아침식사용 빵으로, 프룬더 타입(데니시풍)의 둥근 빵이라는 의미다. 크루아상보다 저배합으로 만들며 가볍고 부드러운 식감에 카더먼 향이 약간 감돈다. 프란츠브뢰트헨은 프랑스빵을 의미하는 독일의 달콤한 빵으로 커피와 잘 어울린다. 밀크브레드같이 부드러운 반죽을 사용해 만들기도 하지만 여기서는 반죽 사이에 시나몬슈거를 뿌리고 접어 만든다.

- 제법 : **스트레이트법**
- 밀가루 양 : 1kg
- 분량 : 45g / 50개분

재료	(%)	(g)
프랑스분	100	1,000
설탕	12	120
소금	1.8	18
탈지분유	4	40
카더먼	0.3	3
버터	7	70
달걀	5	50
생이스트	4	40
물	55	550
롤인버터	40	400

재료	(%)	(g)
시나몬슈거(프란츠브뢰트헨용)		

· POINT ·

프룬더룬트슈튀크의 외관은 접는 반죽임을 알 수 있도록 반죽층이 보이지만 크럼은 크루아상처럼 확실한 층의 형태가 없는 크고 엉성한 기포만 나타난다. 크러스트는 얇으며 바삭하고 부드러우면 된다. 프란츠브뢰트헨은 시나몬 슈거가 향의 중심이 되며 성형 때 밀대로 반죽을 누르는 만큼 식감은 딱딱해진다. 반죽이 중앙에서 좌우로 균일하게 퍼지도록 굽는다.

공정과 조건	시간	/총시간(분)
준비 재료 계량	10	0 10
믹싱 (수직형 믹서) 1단-3분 ┐ 반죽 온도 24℃ 3단-2분 ┘	10	20
1차 발효 50분, 26℃→ 3~18시간, 냉장(0℃)	50	70
접기 3절×3회 1회마다 30분 냉동고(-16℃)에서 휴지시킴	100	170
성형 룬트슈튀크 : 두께 2mm 막대형으로 감음 1개 45g씩 자름 프란츠브뢰트헨 : 두께 2.5mm 시나몬슈거를 뿌리고 막대형으로 감음 1개 45g씩 자름	15	185
2차 발효 50~60분 온도 30℃, 습도 70%	60	245
굽기 15분 굽는 온도 220℃	20	265

공정 포인트

○ 믹싱
접어 미는 작업은 믹싱처럼 반죽조직을 강화시키므로 지나친 믹싱은 피한다. 단, 발효 공정에서 오버나이트를 하지 않고 스트레이트로 만들 경우 반죽의 발효 숙성이 부족하므로 믹싱은 강한 편이 좋다. 반죽 온도는 24℃로 설정한다.

○ 1차 발효
반죽 온도보다 2~3℃ 높은 온도로 50분간 발효시킨다. 이 발효에 의해 크림 조직이 만들어져 부드러운 속이 된다. 가볍게 재둥글리기 한 뒤 비닐에 싸서 냉장고(0℃)에 넣는다. 최저 3시간은 냉각시킨다.

○ 접기
차가운 버터를 반죽과 가까운 굳기로 조절하고 반죽을 밀어 싼 뒤 3절 접기를 3회 행한다. 1회마다 30분씩 냉동고에서 휴지시킨다.

○ 성형 (프룬더룬트슈튀크)
반죽을 시터를 이용해 두께 2mm, 폭 25cm로 밀어 편다. 반죽 표면에 물을 뿌리고 위부터 만다. 끝부분은 반죽에 밀착시키지 말고 그대로 놓아둔다. 만 반죽을 손으로 눌러 평평하게 한다. 냉장고에서 15분간 휴지시킨다. 4~5cm폭으로 45~50g씩 되도록 잘라 그대로 세워 철판에 나열한다.

※ 반죽을 밀어 펼 때 폭이 넓으면 말린 반죽이 두꺼워져 자른 후의 폭이 좁아지게 되고 이것을 그대로 세우면 발효시키거나 굽는 동안 반죽이 넘어진다.

○ 성형 (프란츠브뢰트헨)
시터로 반죽을 2.5mm로 밀어 편다. 반죽 폭은 33cm 정도로 한다. 밀어 편 반죽 표면에 붓으로 얇게 물을 바르고 시나몬슈거를 뿌린다. 위부터 폭 6~7cm로 접고 접은 반죽 표면을 눌러 납작하게 한다. 약 5cm폭으로 자른다. 자른 반죽의 중앙부를 가는 밀대로 꽉 눌러 홈을 만든다. 이때 좌우에 반죽이 평균적으로 퍼지게 한다. 알루미늄 케이스에 넣어 철판에 나열한다.

○ 2차 발효
온도는 30℃를 넘지 않게 하고 습도도 억제해 발효시킨다. 50~60℃를 기준으로 반죽 상태를 관찰한다.

○ 굽기
물을 뿌려 오븐에 넣는다. 굽는 온도는 220℃를 기본으로 한다. 15분간 굽는다.

*Mohngebäck,
Nußgebäck*

몬게백, 누스게백

프룬더룬트슈튀크 반죽을 사용하고 몬(양귀비 씨)이나 누스(나무 열매. 주로 껍질이 단단한 헤이즐넛, 호두를 가리킨다) 크림을 넣어 달게 만든다. 양귀비 씨는 청색과 흰색 2종류가 있다. 크림에는 독특한 너트처럼 향이 진한 블루 포피시드를 사용한다. 단단한 씨이므로 미지근한 물 또는 우유에 불리거나 흩어지지 않게 반으로 쪼개 향과 끈기를 내서 사용하면 좋다. 독일에서 양귀비 씨는 기름을 짜는 목적으로 재배되었으나 지금은 찾아볼 수 없게 되었다.

몬게백

● 제법 : **스트레이트법**

재료	(%)	(g)
프룬더룬트슈튀크 반죽 (P.234)		밀가루 1kg분
몬 크림		
서양배(통조림)		1통

몬 크림

재료	(%)	(g)
양귀비 씨		400
우유		250
로마지팬		200
버터		150
설탕		120
밀가루		50
달걀		130
케이크 크림		40

마무리

재료	(%)	(g)
살구잼		
퐁당		

> **몬 크림 만드는 법**
> ① 우유를 끓여 양귀비 씨를 넣고 덮개를 씌워 그대로 식힌다.
> ② 양귀비 씨가 불면 롤러로 갈아 반으로 쪼갠다.
> ③ 믹서에 로마지팬을 잘게 해서 넣고 설탕을 분량의 반만 넣는다. 버터를 조금씩 넣어 가며 섞은 뒤 나머지 설탕도 조금씩 섞는다.
> ④ 전체가 균일하게 섞이면 밀가루를 넣는다.
> ⑤ 달걀을 풀어 조금씩 섞는다.
> ⑥ 양귀비 씨와 케이크 크림을 넣어 섞는다.

공정 포인트

○ 성형

반죽은 시터를 이용해 두께 2㎜, 폭 20㎝로 밀어 편다. 반죽 위에 몬 크림을 균일하게 바르고 얇게 자른 서양배를 고르게 깐 뒤 위부터 만다. 끝부분은 달걀물을 발라 잘 봉한 뒤 냉동고에서 20분 휴지시킨다. 크림이 단단해지면 반죽을 길게 이등분하고 크림층을 위로 해 2개를 비틀어 꼰다. 버터를 바른 링 틀에 채우거나 막대형 그대로 철판에 나열한다.

○ **굽기**

굽는 온도는 조금 떨어뜨려 200℃ 정도에서 굽는다.

○ **마무리**

살구잼과 퐁당을 발라 마무리한다. 적당한 크기로 잘라 케이스에 넣는다.

○ **2차 발효**

30℃가 넘지 않게 하며 습도도 억제해 발효시킨다. 50분을 기준으로 해 반죽 상태를 관찰한다.

누스게백

• 제법 : **스트레이트법**

재료	(%)	(g)
프룬더룬트슈튀크 반죽		밀가루 1kg분
누스 크림		

누스 크림

재료	(%)	(g)
로마지팬		300
설탕		180
버터		120
프랄리네 페이스트		75
달걀		135
코코아파우더		20
헤이즐넛(과립)		75
아몬드(과립)		75
케이크 크럼		120
럼주		20

누스 크림 만드는 법

① 믹서에 로마지팬을 잘게 부숴 넣고 설탕을 분량의 반만 넣는다. 버터를 조금씩 넣어 가며 섞은 뒤 나머지 설탕도 조금씩 부수어 섞는다.

② 프랄리네 페이스트를 섞은 뒤 달걀을 풀어 조금씩 섞는다.

③ 헤이즐넛, 아몬드, 코코아파우더, 케이크 크럼, 럼주를 넣어 전체를 균일하게 섞는다.

마무리

재료	(%)	(g)
살구잼		
퐁당		

공정 포인트

○ **성형**

반죽은 시터를 이용해 두께 2㎜, 폭 20㎝로 밀어 편다. 반죽 위에 누스 크림을 고르게 바르고 위부터 만다. 끝부분을 잘 봉해 냉동고에서 20분 휴지시킨다. 크림이 단단해지면 반죽을 길게 이등분하고 비틀어 꼰다. 버터를 바른 링 틀에 채우거나 막대형 그대로 철판에 나열해 발효실에 넣는다.

○ **2차 발효**

30℃를 넘지 않는 온도에 습도도 억제시켜 발효한다. 50분을 기준으로 반죽 상태를 관찰한다.

○ **굽기**

굽는 온도는 200℃ 정도에서 열을 충분히 통과시킨다.

○ **마무리**

살구잼과 퐁당을 발라 마무리한다. 적당한 크기로 잘라 케이스에 넣는다.

Danish

데니시

빈이 발상지라고 하며 이 빵의 본고장인 덴마크에서는 Wienabrot(비엔나브로트)라고 불린다. 그러나 현재처럼 롤인유지를 사용하는 데니시가 보급된 것은 크루아상과 같은 시기인 1900년대. 크림이나 프루트를 넣어 굽는 양과자에 가장 가까운 빵이다. 반죽의 배합과 롤인유지의 다소에 따라 여러 타입이 있다. 덴마크의 데니시나 독일의 코펜하게나는 반죽이 저배합이며 롤인유지가 많은 타입이다. 반죽이 고배합인 프랑스의 브리오슈 퀴이테나 미국의 데니시, 또 그 중간적인 것으로 독일의 데니시, 프랑스의 파트 아 쿠크 등이 있다.

- 제법 : **스트레이트법(오버나이트)**
- 밀가루 양 : 1kg
- 분량 : 55g / 40개분

재료	(%)	(g)
프랑스분	100	1,000
설탕	10	100
소금	1.8	18
탈지분유	4	40
카더먼	0.3	3
버터	8	80
생이스트	5	50
달걀	10	100
물	47	470

재료	(%)	(g)
롤인버터	100	1,000

만델 크렘 (아몬드 크림)

재료	(%)	(g)
로마지팬		400
설탕		100
버터		130
노른자		80
럼주		25

프루트(통조림)

재료	(%)	(g)
살구잼, 파인애플		적당량
서양배, 오렌지, 그리오트		

마무리

재료	(%)	(g)
살구잼		
슈거파우더		

공정과 조건		시간/총시간(분)	
준비 재료 계량		10	
믹싱 (수직형 믹서) 1단-3분 ┐ 반죽 온도 24℃ 3단-2분 ┘		10	
1차 발효 3~18시간, 0~4분		오버 나이트	
접기 3절×3회 1회마다 30분 냉동고(16℃)에서 휴지 시킴		100	0 100
성형		15	115
2차 발효 40분 온도 30℃, 습도 75%		40	155
굽기 12~15분 굽는 온도 220℃		20	175
마무리		10	185

만델 크렘(Mandel krem) 만드는 법

① 로마지팬을 잘게 잘라 믹서에 넣고 설탕을 반 정도 넣는다. 버터를 조금씩 넣으며 거품기나 비터로 섞고 나머지 설탕을 넣어 섞는다.
② 노른자를 넣고 섞은 뒤 마지막으로 럼주를 섞는다.

> **· POINT ·**
>
> 데니시 중에서도 롤인유지의 배합율이 높기 때문에 반죽은 층 모양으로 구워지며 파이과자에 가까워진다.
> 버터를 사용하는 경우는 특히 반죽의 온도관리를 확실하게 하지 않으면 제품에 결함이 나타나기 쉽다. 또 반죽과 크림, 그리고 프루트 맛을
> 잘 조화시키는 것이 이 빵의 포인트이다. 또 프루트의 신맛이 부족해도 조화가 이루어지지 않는다. 양과자를 만드는 감각이 요구된다. 바삭
> 바삭한 파이와 같은 식감이 필요하다.

공정 포인트

○ 믹싱

재료가 섞이고 뭉쳐질 정도의 믹싱이면 충분하므로 길게 믹싱하지 않는다. 반죽은 크루아상보다 조금 질게 하면 접는 작업을 쉽게 할 수 있다. 가루기가 없어지고 거의 뭉쳐지는 상태로 믹싱을 끝낸다. 반죽 온도는 24℃로 조절한다.

○ 1차 발효

믹싱 후 바로 냉장할 것인가, 일단 따듯한 곳에서 발효시킬 것인가는 만드는 제품에 맞춰 선택한다. 파이에 가깝게 하려면 발효 없이 바로 냉장한다.
크림 조직의 생성과 부드러움을 원한다면 40~50분 발효시킬 필요가 있다. 단, 부드러운 데니시냐 바삭바삭한 데니시냐는 유지량과 발효 시간, 반죽의 단단한 정도 등이 각각 관계되므로 상호간에 조절해야만 한다.

○ 접기

버터를 밀대로 두드려 전체를 균일하게 한다. 버터에 탄력이 생기면 반죽 크기에 맞춰 직사각형으로 만든다. 냉장 발효한 반죽을 버터보다 조금 크게 펴 버터를 싼다. 이음새를 잘 봉한 다음 시터로 밀고 3절로 접는다. 냉동고(-16~-20℃)에서 30분 휴지시킨다. 반죽이 냉각되면 같은 방법으로 2회 더 반복한 다음 반죽을 냉각시킨다.

○ 성형

시터를 이용해 두께 2.5mm로 밀어 냉동고에서 15분 휴지시킨다. 폭은 데니시의 크기에 따라 필요 없는 부분이 나오지 않는 길이로 조절한다. 여기에서 크기는 9cm×9cm의 직사각형을 기본으로 하고 있다. 성형은 직사각형으로 잘라 하나씩 만드는 방법과 크게 밀어 펴 크림을 말아 자르는 방법 두 가지가 있다.

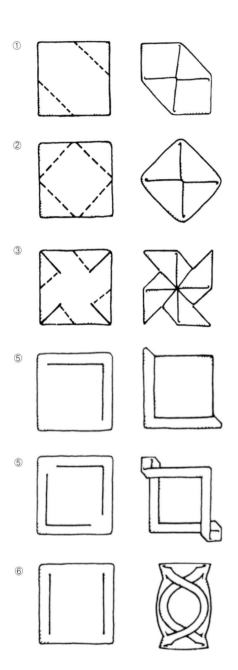

① ② ③ ⑤ ⑤ ⑥

○ 2차 발효

30℃를 넘지 않는 온도에서 발효시킨다. 온도가 높으면 반죽에서 버터가 녹아 거칠게 구워진다. 조금 미숙한 상태로 발효실에서 꺼낸다.

○ 굽기 전

달걀물을 칠한 다음 크림을 짜고 프루트 등을 올려 구울 준비를 한다.

○ 굽기

오븐의 온도를 높게 해 짙게 구워 낸다. 대형이나 크림이 많은 것, 수분이 많은 프루트를 사용하는 것은 조금 온도를 낮춰 오래 굽는다.

○ 마무리

살구잼이나 슈거파우더, 퐁당으로 마무리한다.

데니시에 대해

O 각지에 여러 가지 데니시가 있지만 독일은 세 가지로 분류해 정의하고 있다. 주로 롤인유지량에 따라 나누고 있으며 제각기 이름이 붙어 있다.

데니시 종류	롤인유지량(반죽1kg)
Deutsche Plunder(도이체 프룬더)	170~300g
Danisch(데니시)	400~600g
Kopenhagener(코펜하게너)	700~1,000g

마가린을 사용할 경우 Zieh-Margarine(쥐-마가리네) 라고 하는 롤인용에 적합한 신장성 있는 마가린을 사용한다. 버터를 접어 넣는 것은 Butterplunder(부터프룬더)라는 별도의 이름으로 불린다.

프룬더용 반죽의 기본배합

재료	(g)
밀가루	1,000
설탕	100
소금	12
달걀	50
우유	450
이스트	60
마가린	100

접어 넣는 유지 이외의 유지를 반죽에 넣으면 반죽의 신장성이 좋아지며 접는 작업에서 반죽이 끊어지지 않고 유지와 함께 윤기 있게 늘어나는 효과가 있다. 일반적으로는 밀가루의 5~10%를 넣는다.

- -

O 프랑스의 쿡크(couque)는 프란들 지방에서 만들어지는 과자이름으로, 브리오슈나 접는 파이 반죽으로 만든 것에도 이 이름이 사용되는 경우가 있다. 여기서 소개하는 배합은 질 좋은 밀가루로 만드는 데니시로 달걀이 20% 배합되는 것이 특징이다.

기본배합

재료	(g)
밀가루	1,000
설탕	100
소금	20
달걀	200
우유	400
생이스트	50
롤인버터	450

반죽은 24℃로 믹싱, 발효는 60분이다. 그 뒤 12시간 0℃에서 냉장한다. 3절 3회로 1회마다 15분씩 휴지시킨다.

- -

O 데니시는 이스트의 발효와 롤인유지가 녹아 수분이 증발, 부풀어오르는 작용에 의해 구워진다. 발효반죽과 버터를 넣은 반죽은 부분적으로 맞지 않는 것도 있다. 어떤 때는 발효에 마이너스인 냉각이 필요하며 어떤 때는 유지에 나쁜 온도 상승이 필요하기도 하다. 따라서 제조는 섬세한 온도 관리가 요구된다. 환경을 적절히 설정해 놓지 않으면 제품에 결함이 생긴다.

주된 결함	원인
볼륨이 적고 무겁다	발효실 온도가 높다
구우면 기름이 나온다	반죽의 접는 횟수가 적다
표면의 크러스트 이완	유지층이 두껍다 접는 횟수가 적다 발효가 지나친 반죽을 구웠다 발효가 부족한 반죽을 구웠다
층 형태로 안 나옴	롤인유지가 적음 균일하게 접어지지 않음 반죽을 지나치게 얇게 함 온도가 높은 곳에서 작업함
층은 나왔지만 무겁다	반죽이 미숙하다 반죽이 너무 고배합이다
표면에 구멍이 뚫리고 얼룩지게 구워짐	발효실의 온도가 높다 발효실의 습도가 높다 구울 때 증기를 넣었다

Brioche

브리오슈

버터의 풍부한 맛과 부드러운 식감을 가진 프랑스의 빵이다. 어원은 브리(부수다)와 오쉐(흔들다) 두 가지 단어를 합한 것이라는 설과, 지방이름인 브리(브리치즈로 유명)에서 왔다는 설이 있다. 머리가 달린 브리오슈 아 테트가 가장 알려진 형태이지만 이밖에도 여러 가지 형태의 브리오슈가 있다. 쿠론느라고 하는 왕관형의 브리오슈나 원통형으로 크림이 세로로 잘 부푼 무슬린, 틀에 굽는 낭테르 등이 있다. 또한, 프랑스 각지에서 이름은 다르지만 분류하자면 브리오슈에 가까운 빵이 많이 만들어지고 있다.

- 제법 : **스트레이트법(오버나이트)**
- 밀가루 양 : 1kg
- 분량 : 35g / 65개분

재료	(%)	(g)
프랑스분	100	1,000
설탕	10	100
소금	2	20
탈지분유	4	40
버터	50	500
생이스트	4	40
노른자	25	250
물	50	500

공정과 조건		시간/총시간(분)	
준비 재료 계량		10	
믹싱 (수직형 믹서) 1단-3분 2단-5분 버터 1단-2분 3단-6분 4단-2분 3단-2분 반죽 온도 24℃		30	
1차 발효 60분, 26℃ 펀치 후 평평하게 넓혀서 3~18시간, 냉장(0℃)		오버 나이트	
분할 테트 35~40g 낭테르 20g×8개		30	0 30
성형 둥글리기		10	40
2차 발효 70분 온도 30℃ 습도 75%		70	110
굽기 12분 굽는 온도 220℃ 아랫불을 강하게 한다		15	125

· POINT ·

부드러운 크림으로 촉촉한 상태를 보존하는 조직을 만든다. 테트는 머리부분의 크러스트는 바삭바삭하나, 몸체부분은 그다지 두껍지 않게, 부드러움을 가지는 정도로 구워 낸다. 속의 상태는 사용한 밀가루, 유지, 달걀 양에 좌우된다. 밀가루는 단백질이 많은 편인 강력분이 볼륨은 나오지만 기포가 거칠어 퍼석거릴 수가 있기 때문에, 될 수 있으면 프랑스분을 사용한다. 유지의 양은 50%로 하고, 달걀은 노른자만 약간 많이 배합하면 좋다. 전란이라면 50% 배합한다. 그러나 달걀 1개를 노른자 20g, 흰자 30g을 기준으로 따로 계산할 것을 권한다. 최근의 달걀은 노른자가 적고, 흰자는 많아서 그대로 쓰면 노른자의 양이 정확하지 않아 크림이 퍼석거리는 원인이 된다. 설탕의 배합은 10~12% 사이로 조절하면 좋다. 반죽은 부드럽게 흐를 정도의 상태로 믹싱한다. 반죽의 온도를 지키고, 냉각도 온도 관리를 확실히 해야 한다.

공정 포인트

○ 믹싱

반죽이 부드럽고 노른자가 많으므로 믹싱 초기는 반죽이 점성을 가져 볼의 내측에 붙어서 후크와 따로 돌게 된다. 카드로 계속 붙어 있는 반죽을 떨어뜨려가면서 믹싱한다. 유지를 투입하기 전에 부드러운 막을 형성해 충분히 늘어나는 반죽을 만들어 둔다. 버터는 냉장고에서 막 꺼낸 것을 밀대로 두들겨서 단단함을 조절해 투입한다. 믹싱이 길기 때문에 반죽 온도가 올라가기 쉽다. 버터를 넣을 때 온도를 한 번 재서 경과를 본다. 이 시점에서 목표의 반죽 온도에서 3℃ 정도 낮으면 알맞다. 만약, 너무 높으면 얼음물로 냉각하면서 믹싱한다. 투입한 버터가 녹으면 분리된 수분이 반죽에 영향을 주어 촉촉하고 부드러움을 가진 반죽이 되지 않는다. 반죽 온도는 24℃를 지킨다.

○ 1차 발효

26℃ 정도의 온도로 약 1시간 발효시킨다. 반죽 팽창은 2.5배 정도가 되므로 가스를 빼고 뭉친 후 가능한 납작하게 해 비닐에 싸서 냉장(0℃)한다. 최저 3시간은 냉각해야 한다. 될 수 있으면 오버나이트 시켜 다음날 아침 분할하는 것이 바람직하다.

○ 분할

반죽은 차갑고 단단해 탄성이 없어졌으므로 적당한 크기로 잘라 반죽을 접어가면서 유연성을 되살린다. 분할 후, 둥글리기를 하지 말고 납작하게 해 반죽의 회복을 기다린다. 둥글리기가 가능한 상태가 되면 반죽이 너무 질어지기 전에 재빨리 둥글리기를 한다. 벤치타임은 반죽의 상태로 판단하는데 대략 15분 정도면 알맞다.

○ 성형

• 테트

• 낭테르 20g씩 분할한 반죽 8개를 재둥글리기 한 다음 틀에 담는다.

○ 2차 발효

발효 온도는 30℃를 넘지 않게 해 천천히 발효시킨다. 습도도 너무 높으면 반죽이 퍼지기 쉬우므로 건조하지 않을 정도로만 맞춘다.

○ 굽기

달걀물을 칠한 후 오븐에 넣는다. 오븐의 온도는 높게 설정해 광택 좋게 구워 낸다. 브리오슈 틀을 이용해 구울 때는 틀이 씌워져 있는 아랫부분이 구워지기 힘드므로 아랫불을 강하게 해서 굽는다.

브리오슈 전란사용의 배합

재료	(%)
프랑스분	100
설탕	10
소금	2
탈지분유	5
생이스트	4
버터	50
달걀	50
물	20

※ 공정과 조건은 노른자를 사용할 때와 같다.

빵 브리오슈

재료	(%)
프랑스분	100
설탕	10
소금	2
탈지분유	2
생이스트	3
버터	25
달걀	25
물	40

공정과 조건

준비
재료 계량, 틀준비

믹싱(수직형믹서)
1단-3분 2단-5분 유지
1단-2분 3단-5분 4단-1분 3단-2분
반죽 온도 26℃

1차 발효
90분 (60분 펀치), 30℃

2차 발효
70분
온도 32℃, 습도 75%

굽기
30분
빵 드 미 틀
굽는 온도 210℃

브리오슈의 정보

브리오슈는 프랑스 각지에서 각각의 독자적인 배합으로 만들어진다.

방데 지방의 엮은 빵으로 만든 브리오슈 방덴누(Brioche vendéenne) 나 주현절(아기예수가 베들레헴에서 동방박사의 방문, 예배를 받은 기념일, 1월6일)에 굽는 가토 데 루아(Gâ teaudes Rois), 리용 남부의 포뉴 드 로망(Pogne de Romans), 거기에 알자스의 구겔호프도 브리오슈의 하나라고 할 수 있다.

브리오슈가 프랑스 전역에 퍼진 경위 중 하나는 18세기 오스트리아와 폴란드에서 맥주효모가 알자스, 로렌누, 노르망디에 전해져, 브리오슈같은 고배합 빵이 만들어지게 됐다고 한다. 또한, 이탈리아에서 전해진 포카치아가 푸와스나 푸가스로 변해 차츰 반죽이 고배합으로 변했다고도 한다. 옛날에는 버터를 많이 사용할 수 없었으므로 올리브오일을 사용하거나 동물유지를 혼합했다. 단맛을 위해서는 꿀을 사용, 향료로는 오렌지 꽃물을 사용했다. 올리브오일이나 오렌지 꽃물은 지금도 지방의 브리오슈 배합에 남아 있다. 브리오슈의 용도는 넓어 과자집에서는 타르트에, 레스토랑에서는 소시지나 푸아그라를 안에 넣은 오르되브르에도 사용되고 있다.

요리용 브리오슈는 설탕의 배합을 2~4% 낮춰 단맛을 억제하고 유지도 5~10% 줄여 성형하기 쉬운 굳기로 조절한다. 브리오슈의 유지나 달걀 배합을 낮춘, 딱 빵 오레와 브리오슈의 중간인 것이 있다. 그것을 빵 브리오슈라고 하는데, 식빵 틀에 넣어 굽거나, 소형으로 분할해 쇼쏭이나 인형 모양을 한 봉 옴므 등에 사용, 브리오슈와는 구별된다.

다양한 브리오슈

○ 브리오슈 오랑데즈(Brioche hollandaise)

200g씩 분할해 둥글리기 한 후 밀대로 원반형으로 만든다. 2차 발효를 50분 시킨 후, 오랑데즈의 반죽을 주걱으로 표면에 바른다. 슈거파우더를 전체에 뿌리고 10분 실온에 두었다가 다시 슈거파우더를 뿌린 후, 표면에 가위로 쿠프를 6등분으로 넣어 210℃의 오븐에서 굽는다.

오랑데즈 반죽

재료	(g)
탕 푸르 탕	100
흰자	50

※ 탕 푸르 탕 - 같은 양의 그라뉴당과 아몬드를 롤러로 갈아 가루상태로 만든 것. 아몬드파우더와 그라뉴당을 섞어 대용할 수 있다.

○ 브리오슈 스위스(Brioche suisse)

망케 틀의 바닥에 얇은 반죽을 깐다. 남은 반죽은 3㎜ 두께의 직사각형으로 늘여 크렘 파티시에르를 바르고 말린 과일을 골고루 뿌린 후 만다. 5㎝ 폭으로 잘라 준비한 망케 틀에 이음새를 위로 해 나열한다. 발효실에 넣어 발효시킨 후 달걀물을 칠해 굽는다.

○ 브리오슈 푀이테(Brioche feuilletée)

브리오슈 반죽으로 버터를 싸서 결을 만든다. 3㎜ 두께로 밀어 물을 분무하고 그라뉴당을 뿌린 후 만다. 브리오슈 틀(대)이나 파운드 틀에 반죽을 적당한 양 잘라 넣어 발효시킨 후 굽는다.

재료	(%)
프랑스분	100
설탕	15
소금	2
탈지분유	5
버터	20
생이스트	3.5
노른자	20
물	38

재료	(%)
버터(시트용)	40

공정과 조건
준비 재료 계량
믹싱 (수직형 믹서) 1단-3분 2단-5분 유지 1단-2분 3단-3분 4단-1분 2단-1분 반죽 온도 24℃
1차 발효 15~20시간, 0℃
접기 3절×3회 1회마다 30분씩 냉동고(-16℃)에서 쉬게 한다.
성형 3㎜ 두께로 늘여 물을 분무하고 그라뉴당을 뿌린 후, 말아 감는다. 적당히 잘라 틀에 담는다.
2차 발효 80분, 온도 30℃, 습도 75%
굽기 분무한 후 25~30분, 굽는 온도 220℃

Quarkbrötchen

크바르크브뢰트헨

독일의 크림빵이다. 크바르크는 숙성시키지 않은 프레시 치즈를 가리킨다. 두부같은 느낌의 뒷맛이 약간 거친 치즈와 입자가 고운 크림 타입 두 가지 종류가 있다.

독일의 케제쿠헨(치즈 케이크)에는 두 가지 중 하나를 사용한다. 프랑스에서는 프로마주 블랑이라는 이름으로 샐러드나 디저트에 사용되고 있다. 반죽은 유지가 약간 많은 소프트한 배합이며 잘게 부순 아몬드가 맛의 특징이 된다.

- 제법 : **스트레이트법**
- 밀가루 양 : 2kg
- 분량 : 50g / 80개분

재료	(%)	(g)
프랑스분	100	2,000
설탕	13	260
소금	2	40
탈지분유	4	80
생이스트	3.5	70
버터	25	500
노른자	10	200
물	47	940
아몬드(잘게 부순 것)	10	200

크바르크 크림

재료	(%)	(g)
프레시 치즈 (일본산 크바르크 타입)		1,500
설탕		380
버터		80
달걀		240
커스터드파우더		120

마무리

재료	(%)	(g)
살구잼		

공정과 조건	시간/총시간(분)	
준비 재료 계량 아몬드를 굽는다	10	0 10
믹싱 (수직형 믹서) 1단-3분 2단-4분 유지 1단-2분 3단-7분 아몬드 2단-1분 반죽 온도 27℃	20	30
1차 발효 60분 30℃	60	90
분할 50g	30	120
성형 나선형, 마름모형	15	135
2차 발효 50분 온도 35℃ 습도 75%	50	185
굽기 12분 굽는 온도 210℃	15	200

· POINT ·

이 빵은 반죽과 크림의 균형이 포인트다. 반죽이 너무 늘어나면 크림이 지나치게 부드러워져서 크림과의 조화가 이루어지지 않으므로 믹싱은 약간 빠른 듯 마친다. 반죽의 연화는 약간 나쁜 상태가 된다. 단, 먹었을 때 끈적거리면 믹싱이 부족한 것이므로 반죽의 볼륨이나 식감을 보아 조절한다. 크림은 프레시 치즈가 맛의 주체로 상큼한 신맛이 있다.

공정 포인트

○ 믹싱

유지가 많은 반죽이기 때문에 믹싱은 중속으로 길게 한다. 강한 고속 믹싱은 공기를 많이 포함시키므로 반죽이 지나치게 늘어나 연한 크림이 되게 한다. 아몬드는 잘게 잘라 그대로 넣어도 괜찮지만 엷은 색이 날 정도 구우면 아몬드 특유의 비린 냄새를 없애 풍미를 좋게 한다. 반죽 온도는 27℃.

○ 1차 발효

60분 정도에 발효 최고점에 이른다. 아몬드를 넣으면 반죽 결합이 조금 나빠지므로 발효는 빨라진다.

○ 분할

50g씩 분할해 둥글리기 한다. 나선 모양은 가볍게 둥글리기를 해 막대형으로 만들어 둔다. 벤치타임은 10~15분.

○ 성형

• 나선형 (Schnecken, 슈넷켄) 막대형으로 만든 반죽을 밀대로 폭 3㎝, 길이 20㎝로 늘인 후 반죽의 중앙에 크림을 길게 짠다. 반죽으로 크림을 감싸듯이 끝부분부터 만다. 말고 난 끝부분은 안쪽으로 접어 넣고, 알루미늄 케이스에 담는다.

- **마름모형** 둥글리기 한 반죽을 손바닥으로 눌러 밀대를 이용해 직경 10㎝ 길이로 늘인다. 4면을 접어 마름모형으로 만든다. 반죽이 접힌 쪽을 위로 해 알루미늄 케이스에 담는다.

○ 2차 발효

50분 정도 발효시킨다. 발효가 과다하면 크림의 기공이 거칠어지고 식감은 퍼석거리므로 약간 빠르게 굽기에 들어간다.

○ 굽기

달걀물을 칠한다. 마름모형은 중앙에 크림을 짜 넣고 오븐에 넣는다. 약 12분이면 구워진다.

○ 마무리

나선형은 전체, 마름모형은 크림부분에 살구잼을 바른다.

Chocolate roll

253

초콜릿 롤

반죽에 녹인 초콜릿을 넣어 믹싱하고 거기에 막대형의 초콜릿을 싸서 구워 낸 과자빵이다. 반죽에 초콜릿 풍미를 주기 위해서 코코아파우더를 밀가루에 섞어도 된다. 또 다양하게 반죽에 커피 엑기스나 인스턴트 커피로 맛을 주고 초콜릿을 싸서 구워 낸 것도 있다.

- 제법 : **스트레이트법**
- 밀가루 양 : 2kg
- 분량 : 50g / 80개분

재료	(%)	(g)
강력분	100	2,000
설탕	10	200
소금	1.5	30
탈지분유	2	40
버터	15	300
쇼트닝	5	100
생이스트	3	60
노른자	8	160
물	55	1,100
스위트초콜릿(녹인 것)	10	200

재료	(%)	(g)
초콜릿(데니시용)		

공정과 조건	시간	/총시간(분)
준비 재료 계량	10	0 10
믹싱 (수직형 믹서) 1단-3분 2단-5분 유지 초콜릿 1단-2분 3단-4분 4단-1분 3단-2분 반죽 온도 27℃	20	30
1차 발효 60분, 30℃	60	90
분할 50g	30	120
성형	15	135
2차 발효 60분 온도 33℃ 습도 75%	60	195
굽기 12분 굽는 온도 210℃	15	210

· POINT ·

반죽이 너무 부드러우면 성형하기 힘들기 때문에 약간 된 듯 반죽한다. 버터와 노른자가 많은 배합이므로 반죽이 되직해도 구우면 소프트한 빵이 나온다. 초콜릿의 크기에 따라 분할 중량을 조절한다.

공정 포인트

○ 믹싱
초콜릿은 버터나 쇼트닝과 함께 넣는다. 반죽을 너무 많이 믹싱하면 촉촉한 맛이 나오지 않는다. 따라서 늘어나는 정도가 약간 모자란 듯 믹싱을 마친다. 반죽 온도는 26~28℃로 한다.

○ 1차 발효
초콜릿을 혼합하여 반죽은 무거운 듯하며, 발효는 천천히 진행된다. 약 60분 정도에 발효 최고점에 다다른다.

○ 분할
안에 들어가는 초콜릿을 10g 정도 사용하므로 맛의 균형을 위해 반죽은 40~50g씩 분할하는 것이 좋다. 둥글리기 후 벤치타임은 15분.

○ 성형
밀대를 이용해 타원형으로 늘인 다음 아랫부분의 반을 1㎝ 폭으로 자른다. 자른 부분의 끝을 손가락으로 붙여 정리한다. 윗부분에 초콜릿을 얹고 자른 부분을 접어 표면이 되도록 한다. 철판에 올려 발효실에 넣는다.

○ 2차 발효
온도가 너무 높으면 반죽이 퍼지기 때문에 낮게 설정해 발효시킨다. 시간은 50~60분 정도. 반죽의 상태를 보며 조절한다.

○ 굽기
달걀물을 칠한 후, 210℃ 오븐에 넣는다. 12분 정도 굽는다. 반죽이 초콜릿색이기 때문에 굽기색을 판단하기가 힘들다. 굽기가 부족하거나 너무 굽지 않도록 주의한다.

Kugelhopf

구겔호프

구겔호프는 브리오슈로 분류된다. 루이 16세의 왕비였던 마리 앙투아네트가 즐겨 먹어 프랑스에 보급됐다고 한다. 당시 제법은 종래의 빵 종을 이용한 것이 아니라 맥주효모를 이용해 만들었다. 이 점은 프랑스의 구겔호프가 맥주효모로 빵을 만들던 오스트리아와 폴란드에서 전해진 것을 의미한다. 나폴레옹 시대 때 유명한 요리장인 카렘이 파리의 오스트리아 대사관 요리장 위젠느에게 제조비결을 배워 파리에 유행시켰다는 이야기와도 일치한다. 또한, 알자스 지방의 작은 마을 리보빌레에는 구겔호프의 기원과 관련한 전설이 남아 있다고 한다. 한 도공이 세 사람의 여행객을 재워 주었더니 세 사람은 그 답례로 도공이 구운 아름다운 틀을 이용해 과자를 만들어 주었다고 한다. 그 과자가 구겔호프의 시작이며 세 사람은 동방박사였다는 이야기다. 구겔호프의 어원은 둥근형(독일어로 쿠겔, 볼)과 맥주효모(호프펜, 호프)에서 왔다는 설이 있다. 알자스에서는 이스트반죽으로, 빈에서는 버터케이크의 반죽으로 만든 구겔호프가 특별한 날에 쓰인다.

- 제법 : **스트레이트법**
- 밀가루 양 : 2kg
- 분량 : 350g / 16개분

재료	(%)	(g)
강력분	100	2,000
설탕	25	500
소금	1.5	30
탈지분유	5	100
레몬 껍질(간 것)	0.3	6
버터	35	700
생이스트	4	80
노른자	20	400
물	48	960
설타너 건포도	50	1,000
오렌지 껍질	5	100
그랑 마르니에	3	60

재료	(%)	(g)
아몬드		
슈거파우더		

공정과 조건	시간	총시간(분)
준비 틀에 버터 바르고 아몬드를 정리해 붙임 재료 계량	10	0 10
믹싱 (수직형 믹서) 1단-3분 2단-3분 유지 1단-2분 3단-6분 건포도 등 2단-1분 반죽 온도 24℃	20	30
1차 발효 90분, 28℃	90	120
분할 대 350g, 소 200g	30	150
성형·틀에 담기 링으로 만들어 구겔호프 틀에 담는다	10	160
2차 발효 80분 온도 30℃, 습도 75%	80	240
굽기 분무하여 30~40분 굽는 온도 190℃	40	280
마무리 전체에 슈거파우더를 뿌린다		

· POINT ·

오렌지와 버터 향이 풍미의 중심이 된다. 기공이 잘고 촉촉하며, 부드러운 식감을 가진 빵으로 완성된다. 반죽에 당분이 많아 크러스트의 색상이 빨리 변하기 때문에 타지 않도록 주의한다. 버터가 많고 반죽이 부드러워 오버나이트로 많이 만든다. 브리오슈와 같은 방법으로 생각하면 된다.

공정 포인트

○ **믹싱**

배합이 풍부해 반죽을 퍼지게 하는 재료가 많지만, 브리오슈같은 부드러운 반죽막은 만들지 않는다. 건포도나 오렌지 껍질에 그랑 마르니에를 뿌려 둔 후 혼합한다. 노른자가 많아 믹싱 초기에는 점성이 있다. 볼에 달라붙기 때문에 카드로 반죽을 정리해 가면서 믹싱한다. 반죽 온도는 낮은 편인 24℃로 한다.

○ **1차 발효**

90분 발효시킨다. 유지의 배합이 많으므로 온도가 높아지지 않게 주의한다.

○ **분할**

틀의 크기에 맞추어 분할하고, 둥글리기 한 후 납작하게 한다. 벤치타임은 15~20분.

○ **성형**

밀대로 반죽을 평평하게 해 팔꿈치를 이용해 중앙에 구멍을 내고 전체의 굵기를 조절하여 링을 만든다. 준비한 틀에 담는다.

○ **2차 발효**

온도와 습도 모두 높아지지 않도록 주의하고, 틀 가득히 발효시킨다.

○ **굽기**

분무하여 오븐에 넣는다. 틀이 도자기인지 금속인지에 따라 온도 설정이 달라진다. 도자기의 경우는 온도를 조금 높게 해 구우면 좋다. 반죽의 조직이 약하므로 충분히 굽는다. 구워진 후 틀에서 꺼내 냉각시킨다.

○ **마무리**

슈거파우더를 뿌려 마무리한다.

Pastis bourrit

파스티스 브리

파스티스의 기원은 꽤 오래되어 14세기에는 프랑스의 보르도 지방에서 만들어졌다는 기록이 있다. 단단한 브리 오슈 반죽으로, 오렌지 꽃물이나 브랜디, 아니스 술 등으로 향을 낸다. 크럼의 기공은 잘고 촉촉하며 부드러운 풍미를 지닌다. 가정에서 축하할 일이나 결혼식 등에 자주 등장한다. 옛날에는 빵의 종(르방)을 이용해 긴 시간에 걸쳐 만들었다. 란드 지방이나 베아르느 지방의 파스티스는 잘 알려져 있다. 브리라는 말은 란드 지방에서 빵의 종(levain, 르방)을 의미하는 브리데(bourrid)에서 유래했다고 한다.

- 제법 : **스트레이트법**
- 밀가루 양 : 1kg
- 분량 : 300g / 8개분

재료	(%)	(g)
프랑스분		1,000
버터		400
설탕		500
달걀		400
소금		10
레몬 껍질(간 것)		소량
생이스트		20
우유		250
오렌지 꽃물		소량
럼주		소량

재료	(%)	(g)
슈거파우더		

· POINT ·

크럼에 수분이 많아 촉촉하고, 풍부한 풍미의 버터케이크처럼 굽는 것을 목적으로 한다. 크리밍을 충분히 한 후 반죽의 믹싱은 가루기가 없어질 정도에서 마친다. 발효는 냉장고에서 길게 한다. 굽는 틀은 큰 브리오슈 틀이나 파운드 틀을 이용하는 것이 좋다.

공정과 조건	시간/총시간(분)	
준비 재료 계량 틀 준비	10	0 10
크리밍 버터, 설탕, 소금, 달걀, 럼주, 오렌지 꽃물, 레몬 껍질	5	15
믹싱 (수직형 믹서) 1단-3분 ⎤ 3단-3분 ⎦ 반죽 온도 24℃	10	25
1차 발효 4~5시간, 0~4℃	240	265
틀에 담기 틀 크기에 맞춰 분할해 담는다	10	275
2차 발효 20분 온도 25℃	20	295
굽기 50분 굽는 온도 190℃	50	345
마무리 전체에 슈거파우더를 뿌린다		

공정 포인트

○ 크리밍·믹싱

버터, 설탕, 소금을 볼에 넣고 휘퍼로 크리밍한다.
달걀을 풀어 조금씩 섞는다.
오렌지 꽃물, 럼주, 레몬 껍질을 넣어 섞는다.
이스트는 우유에 넣어 밀가루와 함께 믹싱한다.
반죽 온도는 22~25℃ 사이로 한다.

○ 1차 발효

냉장고에서 반죽을 쉬게 한다. 발효에 의한 숙성은 필요
하지 않지만 반죽의 수화를 촉진시키기 위해 냉장고에서
4~5시간 쉬게 하는 것이 좋다.

○ 틀에 담기

반죽이 냉장돼 단단해졌기 때문에 성형할 수 있다. 틀
용적의 60~70% 크기로 둥글리기 하고 틀에 담는다.

○ 2차발효

실온에서 20분 둔다.

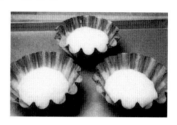

○ 굽기

190℃의 오븐에 넣어 약 45~50분 굽는다. 표면에 갈라
짐이 생기고 그 부분이 부풀어 오른 상태로 구워진다.

○ 마무리

슈거파우더를 뿌려 마무리한다.

Lemon roll

레몬 롤

브리오슈를 조금 가볍게 한 배합으로 파네토네 컵을 이용해 만든다. 케이스나 컵을 이용해서 구우면 부드러운 반죽이나 무거운 듯한 반죽의 형태를 보존하는 효과가 있다. 이것은 틀을 사용하지 않는 빵보다 반죽의 힘이 약하기 때문에 부드럽고 촉촉한 크럼과 기공이 큰 소프트한 속 등을 만들어 낼 수 있다. 그러므로 믹싱할 때 각 공정에서 필요 이상으로 반죽의 발효력을 이끌어 내지 않는다. 고배합 빵이지만 레몬 껍질과 리큐르를 넣어 향으로 가벼움을 느낄 수 있다.

• 제법 : **스트레이트법**
• 밀가루 양 : 2kg
• 분량 : 190g / 23개분

재료	(%)	(g)
강력분	100	2,000
설탕	18	360
소금	1.5	30
탈지분유	4	80
레몬 껍질(간 것)	0.5	10
버터	30	600
생이스트	3.5	70
달걀	20	400
노른자	10	200
레몬 리큐르	2	40
물	45	900

글라사주

재료	(%)	(g)
슈거파우더		100
녹인 버터		10
생크림		10
레몬 리큐르		20

공정과 조건	시간/총시간(분)	
준비 재료 계량 틀 준비 파네토네 컵 (바닥직경 9cm 높이 11.5cm)	10	0 10
믹싱 (수직형 믹서) 1단-3분 2단-3분 3단-2분 유지 1단-2분 3단-5분 반죽 온도 26℃	20	30
1차 발효 90분 (60분 펀치) 30℃	90	120
분할 컵에 맞춰 180g	30	150
성형 파네토네 컵에 둥글리기 해서 담는다	10	160
2차 발효 약 60분 온도 33℃, 습도 75%	60	220
굽기 20~25분 굽는 온도 200℃	25	245

공정 포인트

O 믹싱
유지량이 많으므로 반죽이 어느 정도 결합된 상태일 때 넣어야 한다. 고속 믹싱은 반죽막이 지나치게 얇게 늘어나고 구우면 필요 이상 늘어나 크럼이 촉촉하지 않은 원인이 된다. 먹을 때 점성 없는 크럼이 되면 이상적인 믹싱이다. 반죽 온도는 26℃까지 조절한다.

O 1차 발효
반죽이 고배합으로 무겁기 때문에 발효는 천천히 진행된다. 90분 발효 중 60분에 가스를 뺀다. 온도와 습도 모두 높아지지 않도록 확실하게 관리해야 한다.

O 2차 발효
발효 온도는 낮게, 천천히 발효시킨다. 발효 종점은 반죽의 팽창 정도에 따라 판단하며 정점이 컵의 80%까지 오면 굽기에 들어간다.

O 분할
사용할 컵의 크기에 따라 분할량을 조절한다. 또, 원하는 크럼의 상태(기포의 크기나 크럼의 기공이 늘어나는 형태)에 따라, 반죽의 양을 결정할 수 있다. 대략 컵 체적의 1/4~1/3 정도로 한다. 분할 후 둥글리기 한다. 벤치타임은 15분.

O 굽기
표면에 달걀물을 칠하고 190~200℃ 오븐에 넣어 20분간 굽는다.

O 마무리
재료를 섞어 글라사주를 만들고 구워진 롤이 따뜻할 때 붓으로 바른다. 롤이 차가워진 경우엔 글라사주를 바르고 오븐에 20~30초 넣으면 광택이 생긴다.

O 성형
다시 둥글리기 해 컵에 넣는다. 분할 후 둥글리기 한 상태 그대로 컵에 넣거나, 벤치타임을 주고 다시 둥글리기 해 넣는 것 모두 가능하다. 반죽의 상태나 원하는 크럼에 따라 선택한다.

Stollen

슈톨렌

독일의 크리스마스는 아드밴트(Advent)에서 시작한다. 크리스마스 4주전 일요일부터 마음을 깨끗하게 하고 각 가정마다 아드밴츠크란츠(전나무 가지를 둥글게 엮어 원으로 만든 것)를 준비해 그 위에 양초 4개를 꽂고 일요일이 올 때마다 하나씩 불을 붙인다. 양초 4개가 모두 타면 크리스마스를 맞이하게 되는데 이 아드밴트에 맞추어 슈톨렌이 만들어진다. 최근에는 11월부터 과자점이나 빵집에서 슈톨렌을 팔기 시작한다. 슈톨렌은 이스트반죽으로 만든 과자지만 빵처럼 반죽을 부풀려서는 안 된다. 버터케이크같은 속을 가지도록 만들어야 한다.

- 제법 : **안자츠법**
- 밀가루 양 : 1,250g
- 분량 : 500g / 7개분

안자츠

재료	(%)	(g)
프랑스분		250
생이스트		75
우유		250

본 반죽

재료	(%)	(g)
프랑스분		1,000
설탕		125
소금		15
노른자		60
로마지팬		200
버터		500
카더먼과 너트메그 2:3 혼합		3
바닐라 페이스트		소량
절인 과일		1300

절인 과일

재료	(%)	(g)
캘리포니아 건포도		500
설타너 건포도(일명 카렌즈)		500
오렌지 껍질		200
레몬 껍질이나 세도라		100
럼주		적당량
브랜디		적당량
셰리주		적당량
바닐라 빈		적당량

재료	(%)	(g)
녹인 버터		
바닐라슈거		
슈거파우더		

266

크림의 기공이 촘촘해 마치 버터케이크처럼 구워진다. 식감은 촉촉한 것이 좋다.
반죽을 너무 결합하면 크림 조직이 단단해져 빵처럼 되므로 믹싱은 모자란 듯한다. 절인 과일과 알코올은 품질이 좋은 것으로 택한
다. 과일은 절인 기간이 적어도 1개월 이상이어야 한다. 오랜 기간 동안 절이면 과일 속까지 수분이 들어가 촉촉한 반죽을 만들 수 있
으며 향도 부드러워진다. 틀을 사용해 구우면 반죽 표면에 있는 과일이 타지 않아 보기 좋은 모양이 된다.

공정과 조건	시간	총시간(분)
준비 재료 계량, 틀 준비	10	0 10
안자츠 믹싱 손 반죽, 반죽 온도 28℃	5	15
발효 40분, 30℃	40	55
본 반죽 크리밍 버터, 설탕, 로마지팬, 소금, 노른자, 향신료, 바닐라 페이스트	5	60
본 반죽 믹싱 (수직형 믹서) 1단-3분 2단-3분 } 반죽 온도 25℃	10	70
1차 발효 30분, 28℃	30	100
믹싱 과일 혼합 2단-1~2분	5	105
플로어타임 10분	10	115
분할 500g	5	120
성형 막대형으로 만든 슈톨렌형	10	130
2차 발효 60분 온도 30℃, 습도 75%	60	190
굽기 40~50분 굽는 온도 [윗불 200℃ 아랫불 190℃	50	240
마무리 녹인 버터, 바닐라슈거	10	250

공정 포인트

○ 안자츠

스타터와 의미가 같다. 독일 과자빵 가운데 고배합 반
죽의 제법으로 많이 사용하며 발효력을 안정시키는 게
목적이다. 이스트는 배합량 전부를 사용하고, 밀가루의
1/3~1/4 양으로 종을 만든다. 가볍게 뭉치는 정도로만
믹싱하고 반죽 시간은 30~60분이 표준이다.

○ 본 반죽 크리밍

버터, 로마지팬, 설탕, 소금을 휘퍼로 크리밍한다. 먼저
로마지팬을 잘게 찢어서 볼에 넣고 설탕을 1/3 넣은 후,
실온에 둔 버터를 조금씩 넣어 가면서 크리밍한다. 부드
러워지면 남은 설탕과 소금, 버터를 조금씩 넣어 크림 상
태가 될 때까지 섞는다. 노른자를 넣고 향신료와 바닐라
페이스트도 섞어 둔다.

○ 본 반죽 믹싱

과일을 뺀 나머지 재료와 크리밍한 재료를 함께 믹싱한
다. 느린 속도로 짧게 믹싱하면 버터 반죽같은 속을 만
들 수 있다. 믹싱한 반죽은 결합성이 없는 부슬부슬한
상태가 좋다.
반죽 온도는 25℃로 조절한다.

○ 1차 발효

30분 플로어타임을 준다. 플로어타임 후 과일을 섞기 때
문에 볼에 넣은 상태로 발효시켜도 좋다.

○ 과일 혼합

과일을 섞는다. 반죽을 먼저 발효시키면 과일 섞기가 쉬
워진다. 과일의 수분에 의해 반죽이 뭉쳐진다.

○ 플로어타임

믹싱한 반죽을 10분 쉬게 한다.

○ 분할·성형

분할해 둥글리기 한 후 다시 막대형으로 만든다. 반죽을 약간 쉬게 한 다음 슈톨렌형으로 만든다. 슈톨렌 틀을 사용할 경우엔 막대형 그대로가 좋다. 틀이 없다면 밀대로 형을 만들고 버터를 발라 알루미늄 포일을 씌운다.

○ 2차 발효

30℃ 발효실에서 천천히 발효시킨다. 온도를 높이면 반죽에서 버터가 녹아나오므로 주의한다.

○ 굽기

굽는 온도는 낮게 설정해 확실하게 굽는다. 굽는 시간이 길면 바닥이 타기 쉽기 때문에 아랫불은 낮춰서 굽는다.

○ 마무리

구운 후 제품이 식기 전, 녹인 버터를 전체에 바르고 바닐라슈거를 뿌린다. 틀을 사용하지 않고 구웠다면 표면의 탄 과일을 떼어 낸 다음 마무리한다. 식힌 다음 랩으로 싸서 서늘한 곳에 보존한다.

○ 서비스

여분의 바닐라슈거를 털어 내고 슈거파우더를 전체에 뿌리고 7~10㎜의 두께로 잘라 내놓는다.

Hint!

슈톨렌 정보

'이스트반죽으로 만든 과자' 항목에는 부터쿠헨이나 비넨슈티흐, 슈톨렌, 구겔호프, 프룬더, 가닥빵 등이 있다. 반죽의 종류는 배합에 따라 가벼운 반죽, 중간, 무거운 반죽으로 나뉜다. 유지와 과일이 많이 들어간 슈톨렌은 대표적인 무거운 반죽이다. 안자츠라는 스타터를 이용해 만들며 안자츠를 먼저 발효시킴으로써 발효를 억제하는 다량의 설탕이나 유지로부터 반죽을 보호한다. 이렇게 만들어진 기공은 크리밍 과정에서 잘게 돼 발효력을 안정시킨다.

[슈톨렌 규정] 밀가루 대비

● 크리스트슈톨렌 (Christstollen)

● 바이나하츠슈톨렌 (Weihnachtsstollen)
 버터 30%, 말린 과일 60%

● 드레스트너슈톨렌 (Dresdner stollen)
 버터 20%, 마가린 20%, 말린 과일 70%, 아몬드 10%

● 부터슈톨렌 (Butterstollen)
 버터 40%, 말린 과일 70%

● 만델슈톨렌 (Mandelstollen)
 버터 30%, 아몬드 20%

[기타 슈톨렌]

● 몬슈톨렌 (Mohnstollen)
 양귀비 씨 크림을 반죽 위에 올려, 말아서 성형해 굽는다.

● 쿠바크슈톨렌 (Quarkstollen)
 쿠바크를 40% 배합한 슈톨렌

● 누스슈톨렌 (Nuβstollen)
 헤이즐넛 크림을 펼쳐둔 반죽 위에 발라 말아서 굽는다.

[슈톨렌의 보존성(4주간)]

유지가 많고 수분이 적은 배합이라 필요 이상으로 수분을 증발시키지 않는다. 때문에 오랫동안 부드러운 상태로 보존된다.

구운 후 바로 버터와 설탕을 뿌려서 보호막을 만든다. 이것은 수분 증발을 막고 부패를 방지하는 역할을 한다. 향신료도 부패방지 효과를 돕는다.

[슈톨렌 틀]

● 덮는 뚜껑만 있는 틀
 4~5개 연결된 것과 하나로 된 것이 있다.

● 바닥과 뚜껑이 있는 틀
 반죽에서 수분이 필요 이상으로 빠져나가지 않아 과일이 타지 않고 구워진다.

● 틀을 사용하지 않은 경우
 형태를 보존하기 위해 알루미늄 포일에 버터를 발라 성형한 반죽에 붙인다. 굽는 도중 떼어 내 표면에 색을 입힌다. 표면의 과일이 타기 쉽다.

Sweet roll

스위트 롤

이 빵은 영국의 번(bun)에서 변형된 것이다. 영국의 식사용 빵에는 단순한 반죽으로 크게 만든 로프(loaf)와 작게 만든 롤이 있다. 또한, 오후의 티타임에 어울리는 약간 단맛이 나는 머핀이나 크럼핏이 있다. 너트메그나 오렌지 껍질을 넣은 바스 번(bath bun)이나, 커런트 건포도, 믹스 스파이스를 넣고 말은 첼시 번즈, 커런트 번즈, 스파이스 번즈 등도 있다. 부드럽고 촉촉한 반죽에 크림이나 과일 등을 첨가한 과자빵이다.

- 제법 : **스트레이트법**
- 밀가루 양 : 2kg
- 분량 : 55g / 75개분

재료	(%)	(g)
강력분	100	2,000
상백당	20	400
소금	1.5	30
탈지분유	5	100
버터	15	300
쇼트닝	10	200
노른자	20	400
바닐라 페이스트		적당량
생이스트	4	80
물	40	800

크렘 다망드

재료	(%)	(g)
버터		100
설탕		100
아몬드파우더		100
달걀		80
박력분		20
럼주		30

크렘 파티시에르

재료	(%)	(g)
우유		500
노른자		120
설탕		150
박력분		55
바닐라 빈		1개

재료	(%)	(g)
과일(통조림)		
슈트로이젤(P.286 참조)		
아몬드 슬라이스		

마무리

재료	(%)	(g)
살구잼		
퐁당		
슈거파우더		

이스트를 사용한 과자빵이란 감각으로 만든다. 버터는 크리밍하여 크림을 부드럽게 한다. 반죽 믹싱은 될 수 있는 한 적게 돌려 크림이 질퍽거리지 않을 정도로만 결합시키는 편이 좋다. 노른자를 많이 배합해 크림의 부드러움을 유지시킨다. 크림은 크렘 파티시에르와 크렘 다망드에 사용하는 것을 나눠 두면 좋다.

공정 포인트

○ 크리밍

버터와 설탕을 휘퍼나 비터로 저어 공기를 품게 한다. 자잘한 기포는 본 반죽 믹싱 때도 남아 산화를 촉진시키고 부드러운 크림을 만들게 해준다. 소금과 노른자도 이쯤에서 넣는다.

○ 믹싱

남은 재료를 모두 넣고 반죽한다. 노른자가 많고 유지도 처음부터 넣으므로 반죽은 잘 뭉쳐지지 않고 볼에 들러붙는다. 카드로 떼어 내면서 반죽하며 빵처럼 얇게 늘어날 정도로 믹싱하지 않는다. 반죽 온도는 26℃까지로 제한한다.

○ 발효 · 냉장

50~60분 발효시키고 약 2배로 부풀면 500~600g씩 크게 분할해 냉장시킨다. 반죽의 결합을 충분히 만들기 위해서는 3시간 정도 냉장시킨다. 시간의 합리성을 따진다면 15시간 정도의 오버나이트가 좋다.

○ 분할

하나씩 따로 성형할 것은 55g씩 분할해 둥글리기 해 둔다.

○ 성형

크게 분할한 반죽은 두께 5㎜, 폭 25㎝의 직사각형으로 늘인다. 크렘 다망드를 전체에 바르고 건포도를 뿌린 다음 윗부분부터 만다. 개당 70g씩 잘라 알루미늄 케이스에 담고 철판에 나열한다.

공정과 조건	시간/총시간(분)	
준비 재료 계량	10	
크리밍 버터, 쇼트닝, 설탕, 소금, 노른자, 바닐라 페이스트	10	
믹싱(수직형 믹서) 1단-3분 2단-3분 3단-7분 반죽 온도 26℃	15	
1차 발효 60분, 28℃	60	
냉장 3~15시간 0℃	오버 나이트	
분할 대 550g, 소 55g	10	0 10
성형	15	25
2차 발효 50~60분 온도 33℃, 습도 75%	60	85
굽기 12분 굽는 온도 200℃	15	100
마무리	10	110

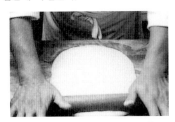

55g씩 분할한 반죽은

① 밀대를 이용해 원형으로 늘이고 중앙 부분에 크렘 파티시에르를 짜 넣고 싼다. 이음새를 아래로 놓고 반죽의 4면을 스크레이퍼로 잘라 알루미늄 케이스에 담는다.

② 막대형으로 만든 다음 밀대를 이용해 20㎝ 길이로 늘인다. 크렘 파티시에르를 짜 넣고 만다.

○ 2차 발효

32~33℃의 발효실에서 약 50분간 발효시킨다. 반죽은 질고 퍼지기 쉽기 때문에 오븐으로 옮기는 시간을 놓치기 쉽다. 반죽을 잘 보고 판단해야 한다.

○ 굽기

달걀물을 칠한 후 과일을 올리고 슈트로이젤, 아몬드 슬라이스 등을 뿌려 오븐에 넣는다. 굽는 온도는 너무 세지 않도록 주의한다. 12분 정도 굽는 것이 적당하다.

○ 마무리

살구잼, 퐁당, 슈거파우더로 마무리한다.

크렘 다망드(crème d'amande)

재료	(g)
버터	100
설탕	100
아몬드파우더	100
달걀	80
박력분	20
럼주	20

① 실온에 두어 부드러워진 버터와 설탕을 볼에 넣고 휘퍼로 충분히 섞는다.
② 아몬드파우더를 더해 섞는다.
③ 풀어 둔 달걀을 조금씩 넣으며 섞는다.
④ 박력분을 섞고 마지막에 럼주를 더해 크림 상태로 만든다.
⑤ 냉장고에 1시간 이상 넣어 둔다.

크렘 파티시에르(crème pâtissière)

재료	(g)
우유	500
노른자	120
설탕	150
박력분	55
바닐라 빈	1개

① 냄비에 우유와 반으로 가른 바닐라 빈을 넣고 데운다.
② 볼에 노른자와 설탕을 넣고, 휘퍼로 충분히 섞는다.
③ 밀가루를 섞고, 데운 우유를 부어 섞는다.
④ 걸러 냄비에 다시 담고, 중불에서 나무주걱으로 골고루 바닥까지 저어가면서 크림 상태로 만든다.
⑤ 바트에 옮겨 랩을 씌우고, 얼음물에 식힌다.

단과자빵

일본에서 만들어진 빵이다. 메이지 시대 초기의 앙금빵은 누룩을 이용해 만들어졌으며, 이후 크림빵, 잼빵, 메론빵 등이 만들어졌다. 다양한 연령층이 즐길 수 있어 지금은 과자빵의 표준이 되었다. 반죽에 설탕량이 매우 많고 거기에 앙금이나 크림도 들어가서 문자 그대로 과자같은 빵이 만들어진다. 제법은 반죽의 발효력을 안정시키기 위해서 중종법을 일반적으로 사용한다. 최근에는 토핑이나 필링의 종류도 늘어나 과자의 기술도 사용된다.

단과자빵 Ⅰ

- 제법 : **중종법**
- 밀가루 양 : 2kg
- 분량 : 40g / 95개분

중종

재료	(%)	(g)
강력분	70	1,400
상백당	5	100
생이스트	3	60
물	40	800

본 반죽

재료	(%)	(g)
강력분	30	600
상백당	20	400
소금	1.5	30
탈지분유	2	40
버터	5	100
쇼트닝	5	100
노른자	15	300
가당연유	5	100
물	5	100

공정과 조건	시간/총시간(분)	
준비 재료 계량	10	0 10
중종 믹싱 (수직형 믹서) 1단-2분 ⎤ 2단-2분 ⎦ 반죽 온도 24℃	10	20
발효 3시간, 26℃	180	200
본 반죽 믹싱 (수직형 믹서) 1단-3분 2단-3분 3단-2분 유지 1단-2분 3단-5분 반죽 온도 28℃	20	220
플로어타임 30~40분, 30℃	40	260
분할 40g	30	290
성형	15	305
2차 발효 메론빵 70분 그 외 60분 온도 30℃ 온도 35℃ 습도 50% 습도 80%	60	365
굽기 메론빵, 쿠키빵, 마카롱빵 : 12~15분, 굽는 온도 180℃ 앙금빵, 크림빵 : 10분, 굽는 온도 200℃	15	380

275

부드럽고 촉촉한 크림을 추구한다. 반죽은 당분이 많아서 무거우므로, 스트레이트법으로 만들 땐 충분히 발효시켜야 한다. 밀가루는 약간 강한 것을 사용해 퍼짐과 점성이 생기는 것을 막는다. 노른자를 많이 배합해 촉촉하게 구워 낸다. 중종법은 반죽의 발효력을 안정시키고, 크림을 부드럽게 하며, 만들기 쉽다는 장점이 있다. 반면, 스트레이트법은 풍미가 좋고 제조시간이 짧다는 장점이 있다. 씹는 맛도 비교적 좋은 편이다.

공정 포인트

○ 중종 믹싱

많은 설탕량을 한꺼번에 본 반죽에 넣으면 발효가 둔해진다. 때문에 중종과 본 반죽에 나누어 넣는다. 믹싱은 재료가 섞여 혼합되는 정도로 한다.

○ 발효

이스트 양과 발효 시간에 따라 중종의 숙성도가 바뀐다. 2~3시간 발효를 시키는 편이 안정적이다. 발효가 완료된 반죽은 기포가 크고 약간의 신맛을 가진다.

○ 본 반죽 믹싱

반죽의 수분량이 많아 믹싱을 길게 한다. 노른자를 배합해 반죽에 끈기가 있으므로, 초기에는 볼에 붙은 반죽을 정리하면서 믹싱할 필요가 있다. 반죽은 무겁지만, 공기를 필요 이상으로 품지 않도록 단을 조절하면서 반죽을 한다. 완성된 반죽은 잘 늘어나지만 막은 그다지 얇지 않다.

○ 플로어타임

반죽의 탄력과 끈적임이 없어지면 된다. 30분 후 반죽 상태를 살핀다.

○ 분할

40g씩 분할해 둥글리기 한다. 벤치타임은 15분 준다.

○ 성형

· 메론빵 (메론반죽 25g)

① 본 반죽을 눌러 손바닥으로 가스를 뺀다. 메론반죽은 재둥글리기 한다.

② 납작하게 한 메론반죽을 덮어씌워 손바닥으로 눌러 밀착시킨다.

③ 손바닥을 이용해, 메론반죽이 본 반죽을 감싸도록 둥글리기 한다.

④ 표면에 그라뉴당을 뿌리고, 스크레이퍼로 모양을 낸다.

- **앙금빵 (앙금 35~40g)**
  ① 손바닥으로 본 반죽을 눌러 가스를 빼고, 손바닥 위에 올려 앙금주걱으로 앙금을 중앙에 파묻히도록 올린다.
  ② 주변의 반죽을 모아 입구를 막고 철판 위에 올려, 위에서 가볍게 눌러 동글납작하게 만든다.
  ③ 손가락으로 가운데를 눌러 공기 구멍을 만든다.

- **크림빵 (크림 35~40g)**
  ① 밀대로 본 반죽을 둥근 타원으로 늘여 중앙에 크림을 짠다. 위 아래로 반죽을 잡아 올려 크림을 싼다.
  ② 이음새를 눌러 모양을 만들고 철판에 올린다.
  ③ 스크레이퍼로 끝 부분을 몇 군데 자른다.
  ※ 앙금빵과 같은 요령으로 크림을 넣어도 좋다.

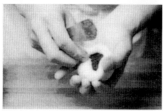

- **쿠키빵, 마카롱빵**
  다시 둥글리기 해 철판 위에 올리고 발효시킨다.

○ **2차 발효**

메론빵은 건조발효로 온도는 30℃를 넘지 않도록 한다. 시간은 70분 정도 걸린다. 다른 빵은 온도와 습도를 모두 높여 60분 정도 후 굽기에 들어간다.

○ **굽기**

마카롱빵은 약간 이르게 발효실에서 꺼내, 본 반죽에 붓으로 마카롱반죽을 바른다. 슈거파우더를 뿌리고 5분 후 다시 한 번 슈거파우더를 뿌리고 굽는다.

앙금빵과 크림빵에는 달걀물을 얇게 칠한다. 앙금빵에는 양귀비 씨를 밀대 끝 부분을 이용해 반죽의 중앙에

묻혀서 굽는다.

쿠키빵은 짤주머니를 이용해 쿠키반죽을 본 반죽의 표면에 둥글게 감는 식으로 짜고 굽는다.

굽는 온도

메론, 쿠키, 마카롱	180℃
앙금, 크림	200℃

<크림빵>

<쿠키빵>

<마카롱빵>

<앙금빵>

<메론빵>

필링과 토핑

메론빵 메론반죽 20개분

재료	(g)
버터	70
설탕	130
달걀	70
박력분	240
바닐라 에센스	소량
레몬 껍질(간 것)	1/2개분

① 볼에 실온에 둔 버터를 넣고, 설탕을 더해 휘퍼로 섞는다.
② 달걀을 풀어, ①에 조금씩 더하면서 섞는다. 레몬 껍질과 바닐라 에센스를 섞는다.
③ 박력분을 넣고 나무주걱으로 섞는다. 하나로 뭉쳐지면 작업대 위로 꺼내 가볍게 반죽한다. 비닐로 싸서 냉장고에 넣고 차갑게 식힌다.
※ 사용하기 1시간 전에 상온으로 만든다.
※ 사용 직전, 분할과 둥글리기를 해 반죽에 탄력을 준다.

앙금빵 앙금 50개분

재료	(g)
팥	1,000
상백당	600
소금	5
물엿	100
물	적당량

① 팥은 씻어서 하룻밤 물에 담가 둔다.
② 냄비에 물을 듬뿍 받아 팥을 넣고 끓인다.
③ 거품을 걷어 가면서, 팥이 무를 때까지 삶는다.
④ 물기를 빼고, 설탕과 소금, 물엿을 넣고 조린다.
⑤ 팥이 부드러워지고 앙금 굳기가 적당해지면 불을 끄고 식힌다.

쿠키빵 쿠키반죽 20개분

재료	(g)
버터	100
설탕	100
달걀	100
박력분	30
아몬드파우더	60
프랄리네 페이스트	30
럼주	적당량

① 볼에 실온에 둔 버터를 넣고, 설탕을 더해 휘퍼로 섞는다.
② 프랄리네 페이스트를 넣고 풀어 둔 달걀을 조금씩 섞는다.
③ 아몬드파우더와 럼주를 섞는다.

마카롱빵 마카롱반죽 15개분

재료	(g)
슈거파우더	100
아몬드파우더	80
박력분	20
흰자	100

① 체로 친 슈거파우더와 아몬드파우더, 박력분을 볼에 넣고 섞는다.
② 흰자를 넣는다. 시원한 곳에 반죽을 30분간 둔다.

크림빵 커스터드 크림

재료	(g)
우유	500
설탕	140
달걀	120
노른자	80
박력분	30
콘스타치	30
바닐라 빈	1개

① 우유와 반 가른 바닐라 빈을 냄비에 넣고 데운다.
② 볼에 달걀, 노른자를 넣고, 설탕을 더해 섞는다.
③ 콘스타치와 박력분을 합친 것을 넣고, ①의 우유를 부어 섞는다.
④ ③을 거른 후 냄비에 올려, 중불에서 가열한다.
⑤ 바트에 옮기고 랩을 씌워 식힌다.

단과자빵 Ⅱ

- 제법 : **스트레이트법**
- 밀가루 양 : 2kg
- 분량 : 40g / 95개분

재료	(%)	(g)
강력분	100	2,000
상백당	25	500
소금	1.5	30
탈지분유	2	40
버터	5	100
쇼트닝	5	100
생이스트	4	80
노른자	15	300
가당연유	5	100
물	48	960

공정과 조건	시간/총시간(분)	
준비 재료 계량	10	0 10
믹싱 (수직형 믹서) 1단-3분 2단-3분 3단-2분 유지 1단-2분 3단-4분 반죽 온도 26℃	25	35
1차 발효 90분 30℃	90	125
분할 40g	30	155
성형	15	170
2차 발효 60~70분 온도 35℃ 습도 80%	70	240
굽기 약 10분 굽는 온도 180~200℃	15	255

공정 포인트

설탕, 노른자가 많이 포함되어 있으므로, 믹싱에서 반죽을 충분히 결합시키도록 한다. 단, 고속 믹싱이 많으면 반죽이 너무 늘어나서, 크러스트가 주름지거나 크림이 질겨지므로 주의한다.

만약, 크림이 점성을 띤다면 원인은 믹싱 부족이다. 보유한 믹서로 작업할 때 알맞는 믹싱 시간과 믹싱의 정도를 발견하는 것이 중요하다.

믹싱 초기는 노른자의 점성으로 반죽이 볼에 붙으므로, 떼어 가면서 믹싱한다. 믹싱이 완료된 반죽 상태는 반죽막이 그다지 얇지 않은 정도가 좋다. 반죽 온도는 26℃를 목표로 한다.

○ 발효

발효는 천천히 진행되어 최고점까지 90분 정도 걸린다. 발효를 끝낸 반죽은 끈적임도 없고 다루기 쉽다.

어떻게 해도 힘이 부족한 반죽은 이스트 양을 늘리는 것보다 70~80분 정도에 펀치를 한 번 넣어 주는 것이 빵 맛을 더 좋게 한다.

○ 분할 · 성형, 2차 발효, 굽기

중종법과 같은 요령으로 한다.

※ 앙금빵과 크림빵에서 많이 발견되는 표면 주름의 원인은 몇 가지가 있다. 상반부의 반죽이 얇아서 구울 때 앙금이나 크림의 수분이 크러스트에 옮겨지는 경우도 있고, 굽기가 부족한 것도 원인 중 하나이다. 이 외에도 굽기 전에 바른 달걀물의 농도가 진하면, 크러스트가 단단해져서 구운 후 부드럽게 돌아오지 못해 주름이 생기는 일도 있다. 과자빵의 달걀물 칠은 묽게 해서 사용하거나, 노른자를 우유에 엷게 풀어서 사용하면 크러스트의 광택도 보기 좋게 구워지며, 주름도 잘 생기지 않는다.

Blechkuchen

브레히쿠헨

이스트반죽으로 만든 독일과자의 하나이다. 독일에서 이스트반죽은 '헤페타이크'라고 불리우며 가벼운 반죽, 중간 반죽, 무거운 반죽 등 3종류로 나뉜다. 이 책의 브레히쿠헨에는 중간 반죽이 사용된다. Blech(브레히, 철판)에 반죽을 깔고 크림이나 과일과 함께 굽기 때문에, 브레히쿠헨이라고 총칭한다. 반죽 제법은 안자츠를 이용한 방법과 스트레이트법 두 가지 종류가 있다. 여기서는 스트레이트법을 사용한다. 안자츠법은 일반적으로 슈톨렌 등의 무거운 고배합 반죽에 사용된다.

- 제법 : **스트레이트법**
- 밀가루 양 : 2kg
- 분량 : 650g / 6장분

재료	(%)	(g)
프랑스분	100	2,000
설탕	20	400
소금	1.5	30
탈지분유	4	80
레몬 껍질(간 것)		1개분
버터	20	400
생이스트	4	80
노른자	10	200
물	40	800

· POINT ·

헤페타이크는 부풀려서 굽지 않으므로 크림의 기공을 약간 조밀하고 수분이 많은 상태로 만든다. 믹싱은 성기게 하고, 2차 발효도 조금 모자란 듯 처리한다. 과자의 기본이라고 생각하면 된다.

공정과 조건	시간	/총시간(분)
준비 재료 계량	10	0 10
믹싱 (수직형 믹서) 1단-3분 2단-3분 3단-2분 반죽 온도 28℃	10	20
1차 발효 40분, 30℃	40	60
성형 철판에 깐다	10	70
2차 발효 20분 온도 33℃, 습도 75%	20	90
만들기	20	110
굽기 30~40분 굽는 온도 ┌ 윗불 200℃ └ 아랫불 180℃	40	150
마무리		

공정 포인트

○ 믹싱
버터는 1단에서 넣는다. 믹싱은 천천히. 재료가 섞일 정도로 가볍게 끝낸다. 입 안에서 크림이 질퍽거리지 않을 정도로 믹싱을 마치는 것이 좋다. 믹싱한 반죽이 너무 질어지지 않도록 한다. 반죽 온도는 28℃가 적당하다. 반죽한 후 철판 1장에 사용할 반죽량인 650g씩 분할해 둥글리기 한다.

○ 1차 발효
반죽에 탄력이 생기는 30~40분 정도로 한다.

○ 성형(깔기)
철판(40×30㎝) 크기보다 약간 작게 밀대로 밀어 철판에 올린다. 반죽을 당기면서 두께를 일정하게 하여 철판 구석까지 깐다.

○ 2차 발효
낮은 온도에서 20분 발효시킨다.
※ 이 과정 다음에는 개별적인 만들기에 들어간다.

몬케제쿠헨 *Mohnkäsekuchen*

몬 크림의 농후한 맛을 케제 크림이 완화시켜 조화를 이룬다. 서양배는 양귀비 씨에도, 치즈에도 잘 어울리는 과일이다.

재료	(g)
헤페타이크	철판 1장 분량
케제 크림(치즈 크림)	900
몬 크림(몬마세)	900
서양배(통조림, 반으로 잘라 놓은 것)	14개
케이크 크림	150
살구잼	적당량

○ 만들기
철판에 깐 반죽 표면 전체에 케이크 크림을 뿌리고, 슬라이스한 서양배를 올린 후 몬 크림을 1.5㎝ 간격으로 비스듬하게 짠다. 그 사이에 케제 크림을 짜 넣고 10분 후 오븐에 넣는다.

○ 성형
아랫불 180℃, 윗불 200℃의 오븐에서 약 40분간 굽는다. 식힌 후 틀에서 꺼낸다.

○ 마무리
살구잼을 발라 완성한다.
5㎝×8㎝ 크기로 자른다.

케제 크림 (치즈크림) 철판 1장분(900g)

재료	(g)
크렘 파티시에르	300
프레시 치즈	375
버터	75
설탕	75
달걀	50
밀가루	25
레몬 껍질(간 것)	1/2개
럼주	30

① 버터와 설탕을 볼에 넣고, 휘퍼로 충분히 섞는다.
② 밀가루와 레몬 껍질을 넣고 섞은 후, 풀어 둔 달걀을 조금씩 더하면서 섞는다.
③ 프레시 치즈를 넣고 섞는다.
④ 다른 볼에 크렘 파티시에르를 넣고 부드럽게 한 후, ③을 넣어 섞고, 럼주를 더해 균일한 크림으로 만든다.

몬 크림 (몬마세) 철판 1장분 (900g)

재료	(g)
양귀비 씨	250
우유	125
로마지팬	100
버터	100
설탕	200
소금	조금
달걀	200
케이크 크림	150
시나몬파우더	적당량

① 우유를 끓이다가 양귀비 씨를 넣고 뚜껑을 덮고 찌면서 식힌다.
② 롤러로 양귀비 씨를 부순다. (이 롤러는 브로와이유즈라는 기계로, 마지팬을 만들 때처럼 아몬드를 부수거나 하는데 사용된다.) 양귀비 씨를 잘게 부수면 크림에 점성을 주어 결합성도 생기고, 풍미도 강해진다.
③ 로마지팬은 잘게 찢어 믹서 볼에 넣고, 설탕 반과 소금을 넣는다. 버터를 조금씩 넣으면서 휘퍼로 섞은 후, 남은 설탕도 섞는다.
④ 풀어 둔 달걀을 조금씩 섞는다.
⑤ ④에 식힌 ②를 섞은 다음 케이크 크림과 시나몬파우더를 섞는다.
※ 롤러가 없을 경우엔 양귀비 씨를 그대로 이용하거나, 시판되는 몬 크림을 이용한다.

압펠쿠헨 *Apfelkuchen*

기본 헤페타이크에 건포도를 25% 넣어 반죽해 사과와 함께 만드는 제품이다. 크림은 프랑지판을 사용해 부드러운 맛을 준다.

재료	(g)
설타너 건포도를 밀가루의 25% 분량으로 넣고 반죽한 헤페타이크	철판 1장 분량
사과	8개
버터	100
설탕	200
크렘 프랑지판	350
슈트로이젤	적당량
슈거파우더	적당량

○ 사과조림
① 사과는 껍질을 벗기고 얇게 자른다.
② 냄비에 버터 100g을 넣고 녹인 후, 잘라 둔 사과와 설탕 200g를 넣고 걸쭉해질 때까지 조린다. 바트에 옮겨 식힌다.

○ 만들기
철판에 깔아 둔 반죽 위에 크렘 프랑지판를 펴 바르고, 조린 사과를 올린다. 10분간 놓아둔다.

○ 굽기
슈트로이젤을 전체적으로 뿌리고 윗불 200℃, 아랫불 180℃의 오븐에 넣고 약 35분간 굽는다.

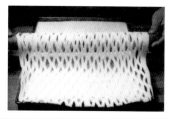

크렘 프랑지판 철판 1장 분량 (350g)

재료	(g)
크렘 파티시에르	150
버터	50
설탕	50
아몬드파우더	50
달걀	50
럼주	30

① 볼에 버터와 설탕을 넣고, 휘퍼로 충분히 섞는다.
② 풀어 둔 달걀을 조금씩 더해 섞은 후, 아몬드파우더를 섞는다.
③ 부드럽게 한 크렘 파티시에르를 더해 섞은 후, 최종적으로 럼주를 더한다.

요구르트쿠헨 *Johgurtkuchen*

요구르트 크림은 상큼한 신맛이 있고 식감도 가볍다. 크루아상 반죽으로 망을 만들어 씌워 굽기 때문에 맛의 변화를 즐길 수 있다.

재료	(g)
헤페타이크	철판 1장 분량
크루아상 반죽	300
요구르트 크림	1,800
살구잼	적당량

○ **만들기**

크루아상 반죽을 두께 1.5cm로 민 다음 냉동실에 넣어 굳힌다. 철판에 깐 반죽(헤페타이크) 위에, 요구르트 크림을 일정하게 붓는다. 굳힌 크루아상 반죽을 메시 롤러로 자른 다음 요구르트 크림의 위부터 씌운다. 10분간 쉬게 한다.

요구르트 크림 철판 1장 분량 (1,800g)

재료	(g)
크렘 파티시에르	600
요구르트(플레인)	750
버터	150
설탕	150
밀가루	45
달걀	100
레몬 껍질(간 것)	1/2개
그랑 마르니에	40

① 볼에 버터, 설탕을 넣고, 휘퍼로 충분히 섞는다.
② 밀가루와 레몬 껍질을 넣고 섞은 후 풀어 둔 달걀을 조금씩 섞는다.
③ ②에 수분을 뺀 요구르트를 넣는다.
④ 다른 볼에 크렘 파티시에르를 넣어 부드럽게 만들어 둔다. ③을 넣고 섞은 다음, 그랑 마르니에를 마지막에 넣는다.

○ 굽기

전체에 분무하고 윗불 200℃, 아랫불 180℃ 오븐에 넣어 40분간 굽는다.

○ 마무리

살구잼을 바르고 5㎝×8㎝ 크기로 자른다.

하이델베아쿠헨 *Heidelbeerkuchen*

신맛이 강한 하이델베아(블루베리)는 맛이 강한 크렘 다망드와 함께 구우면 부드러운 맛으로 변한다. 시나몬을 넣은 슈트로이젤이 맛에 특징을 준다.

재료	(g)
헤페타이크	철판 1장 분량
크렘 다망드	
케이크 크럼	100
블루베리(냉동)	1,000
슈트로이젤	400
슈거파우더	적당량

크렘 다망드

재료	(g)
버터	100
설탕	100
달걀	100
아몬드파우더	100
럼주	30

○ 만들기

철판에 깐 반죽 위에 크렘 다망드를 일정하게 펴 바르고 그 위에 케이크 크럼을 뿌린다. 블루베리를 균일하게 올린다. 10분 동안 쉬게 한다.

○ 굽기

슈트로이젤을 전체적으로 뿌리고, 윗불 210℃, 아랫불 180℃ 오븐에 넣고 약 40분간 굽는다.

○ 마무리

식으면 철판에서 꺼내 슈거파우더를 뿌리고, 5㎝×8㎝ 크기로 자른다.

슈트로이젤 철판 1장 분량 (400g)

재료	(g)
박력분	200
설탕	100
버터	100
시나몬파우더	적당량
레몬 껍질(간 것)	적당량
바닐라 페이스트	적당량

① 볼에 부드러운 버터를 넣고, 설탕을 넣고 섞는다.
② 바닐라 페이스트와 레몬 껍질을 넣고 섞는다.
③ 박력분, 시나몬을 넣고 나무주걱으로 섞는다. 다 섞이면 작업대로 올린 다음 손으로 가볍게 반죽해 하나로 뭉친다. 냉장고에 넣어 차게 굳힌다.
④ 굵은 체에 반죽을 눌러서 소보로 상태로 만든 다음 냉동고에 보관한다.

Mohnbuchteln

몬부흐텔

빈의 메르슈파이젠(Mehlspeisen, 밀가루를 사용한 요리나 과자)의 하나다. 오래 전부터 가정에서 만들었으나 지금은 카페나 콘디트라이의 상품이 되었다. 빈에는 야오제(휴식)라는 간식 먹는 전통이 있는데, 이때 이 메르슈파이젠이 등장한다. 이런 이유로 테이크 아웃 상품이 아니라 카페에서 직접 판매할 만큼만 만들고 있다. 쿠느델과 슈토르델도 메르슈파이젠의 하나이다. 몬부흐텔은 이스트반죽을 사용한 과자로 분류되며 충전물은 몬마세이다.

- 제법 : **스트레이트법**
- 밀가루 양 : 1kg
- 분량 : 20g×25 / 3개분

재료	(%)	(g)
프랑스분	100	1,000
설탕	8	80
소금	1.5	15
생이스트	4	40
달걀	10	100
노른자	4	40
버터	24	240
레몬 껍질(간 것)		1개
우유	50	500

몬마세

재료	(%)	(g)
양귀비 씨		250
우유		130
설탕		40
꿀		10
젬멜의 빵가루		20
시나몬파우더		소량
럼주		소량

재료	(%)	(g)
슈거파우더		

· POINT ·

과자를 만드는 감각으로 시작한다. 반죽은 부드럽고 촉촉할 정도 이상으로 믹싱하지 않도록 신경 쓴다. 믹싱이 강하면 반죽이 늘어나 크림의 기공이 빵처럼 되므로 몬마세와의 균형이 깨진다. 버터케이크 같은 상태의 반죽이 바람직하다.

공정과 조건		시간/총시간(분)	
준비 재료 계량		10	0 10
믹싱 (수직형 믹서) 1단-3분 2단-2분 3단-3분 반죽 온도 28℃		10	20
1차 발효 30분, 30℃		30	50
분할·성형		30	80
2차 발효 30분 온도 33℃, 습도 75%		30	110
굽기 15~20분 굽는 온도 190℃		20	130

공정 포인트

○ 믹싱

버터의 양이 많지만 1단으로 돌릴 때 조금씩 넣는다. 믹싱한 반죽은 잘 늘어나지 않아 얇은 막도 생기지 않는다. 식감이 질어질 것 같으면 믹싱 시간을 늘린다.

○ 발효

탄력을 살리기 위해 반죽을 쉬게 한다. 완성된 반죽은 질어지지 않는다.

○ 분할·성형

반죽을 5mm 두께의 사각형으로 민다. 파이 커터로 5cm의 정사각형으로 자르는데 이때 한 조각의 무게는 20g 정도가 된다. 약 15g씩 몬마세를 짠 다음 반죽으로 감싼다. 철판에 사각 틀을 올리고, 그 안에 반죽을 나열한다.

○ 2차 발효

30분 정도 발효시킨 다음 굽기로 이동한다. 반죽의 발효 상태는 부족한 느낌이 드는 게 좋다.

○ 굽기

표면에 달걀물을 칠하고, 190℃ 오븐에서 20분간 구워 낸다.

○ 마무리

식으면 슈거파우더를 뿌린다.

Pressburger Nußbeugel

프레스브르거 누스보위겔

슬로바키아의 수도 프란치스라바의 독일어 이름 '프레스브르거'가 붙어있으나, 일반적으로는 누스보위겔(nuβ beugel)이라고 통한다. 이스트반죽을 사용한 과자빵의 하나로, 누스퓨른크(헤이즐넛으로 만든 충전물)를 넣는다. 식감은 바삭거리면서 촉촉한 것이 중국의 월병과 비슷하다.

- 제법 : **스트레이트법**
- 밀가루 양 : 500g
- 분량 : 30g / 30개분

재료	(%)	(g)
프랑스분		500
설탕		70
소금		10
생이스트		20
버터		200
노른자		40
우유		140
레몬 껍질(간 것)		1개

누스퓨른크

재료	(%)	(g)
헤이즐넛(구운 분말)		300
케이크 크럼		150
꿀		30
시럽		
바닐라		1/2
시나몬파우더		적당량
레몬 껍질(간 것)		1/2
커런트 건포도		기호에 맞게 50

시럽

재료	(%)	(g)
설탕		150
물		150

공정과 조건	시간	/총시간(분)
준비 재료 계량	10	0 10
믹싱(수직형 믹서) 손 반죽 all-in 10분 반죽 온도 20~25℃	15	25
플로어타임 30분, 25℃	30	55
분할 반죽 30g, 퓨른크 20g	30	85
성형 배 모양으로 밀어 퓨른크를 싼다 초생달 모양으로 만든다 노른자 40g+우유 5g의 달걀물을 칠한다	10	95
냉장 30분, 5℃	30	125
굽기 반죽 표면에 흰자를 칠한 후 굽는다 18분 굽는 온도 [윗불 200℃ 아랫불 180℃	20	145

공정 포인트

○ **믹싱**

생이스트는 우유에 풀고, 버터는 실온에 둔 것을 사용한다. 재료를 모두 넣고 손으로 반죽하는 것이 좋지만, 양이 많다면 믹서로 1단~2단 범위 안에서 반죽한다. 결과적으로는 반죽에 공기가 들어가지 않는다. 반죽을 오래하면 빵처럼 돼 버려, 바삭거리는 보위겔 특유의 맛이 나타나지 않거나 금방 말라 보존성도 떨어진다.

○ **플로어타임**

약 30분간 준다. 반죽에 탄력을 주고, 질퍽거림을 없앤다. 너무 발효시키면 바삭거리지 않으므로 주의한다.

○ **분할**

30g씩 분할해 둥글리기 하면서 막대형으로 만든다. 퓨른크도 막대형으로 만들어 둔다.

○ **냉장**

노른자에 우유를 넣어 진하게 만든 달걀물을 표면에 바르고, 냉장고에 넣는다. 약 30분 정도 표면을 건조시켜 반죽을 당긴다.

※ 얼룩지게 구워질 염려가 있다면 달걀물을 두 번 칠한다.

○ **굽기**

흰자를 바르고 오븐에 넣어 18분간 굽는다. 표면에 가는 갈라짐이 생기면서 약간 진한 색이 난다.

○ **성형**

막대형에서 배 모양으로 민 후 퓨른크를 올려 싼다. 반죽 이음새에 달걀물을 칠해 속이 나오지 않도록 한다. 이를 초생달 모양으로 만들고 철판에 올린다.

Doughnuts

도넛

식용 유지의 역사는 길어서 고대 이집트 시대에는 동물성과 식물성으로 나누어 썼다. 또한, 기름은 예식용으로도 사용되어 기름을 머리 위로 붓는 의식을 통해 성인으로 인정받았다. 이것은 나중에 유대교나 기독교에도 이어져, 유럽의 국왕즉위식 등에 남아 있다고 한다. 유럽의 각지에서 기독교 의식에 기름으로 튀긴 과자가 많은 것은 이 때문일 것이다. 도넛은 유럽의 튀긴 과자지만, 미국으로 건너가 링이 되었다고 한다. 베르리나판쿠헨과 비교하면, 도넛을 링으로 만들면서 열이 잘 통하고 작업성도 좋아졌다. 둥근 튀김 과자에서 링으로 변한 것은 자연적인 것일지도 모른다. 링 모양 빵은 이슬람권에서 많이 볼 수 있는데 이것은 끊임없이 영원히 이어진다는 의미를 나타낸다. 도넛의 링도 이 영향을 받은 것으로 보인다.

• 제법 : **스트레이트법**
• 밀가루 양 : 1kg
• 분량 : 35g / 50개분

재료	(%)	(g)
강력분	70	700
박력분	30	300
설탕	12	120
소금	1.2	12
탈지분유	4	40
버터	5	50
쇼트닝	7	70
노른자	8	80
생이스트	4	40
물	47	470
너트메그	0.2	2
레몬 껍질(간 것)		1개
바닐라 페이스트		적당량

마무리

재료	(%)	(g)
그라뉴당		
슈거파우더		
시나몬 슈거 등		

• POINT •

입에서 녹을 정도로 부드러운 크림을 만든다. 기름의 흡수는 되도록 적게 하고, 먹을 때 크림이 뭉치지 않아야 한다. 강력분에 박력분을 혼합하는 것은 식감을 부드럽게 하기 위해서이다. 그러나 부드러운 속을 만들기 위해서는 어느 정도의 볼륨이 필요하므로, 반죽을 얼마나 결합시킬지가 포인트이다.

공정과 조건	시간	총시간(분)
준비 재료 계량	10	0 10
크리밍 버터, 쇼트닝, 설탕, 소금, 노른자	15	25
믹싱 (수직형 믹서) 1단-3분 2단-3분 3단-5분 반죽 온도 28℃	15	40
1차 발효 45분, 30℃	45	85
틀로 찍어내기 35~40g	20	105
2차 발효 30분, 온도 33℃, 습도 70%	30	135
튀기기 2분, 기름 온도 170~175℃	15	150

공정 포인트

○ 크리밍 · 믹싱

크리밍은 자잘한 기포를 먼저 만들어 제품을 부드럽게 만드는 것이 목적이다. 유지가 처음부터 들어간 믹싱은 반죽의 뭉침이 나쁘지만, 식감만 질퍽거리지 않으면 문제가 없다. 정성껏 둥글리기 해 발효실에 넣는다. 반죽 온도는 28℃로 한다.

○ 1차 발효

반죽은 발효가 부족한 듯 하여서 탄력이 남아 있는 상태에서 마친다. 40분을 기준으로 반죽 상태를 본다.

○ 틀로 찍어내기

반죽을 천 위에 올려 밀대로 두께 2cm로 민 다음 10분간 쉬게 한다. 도넛 틀이나 원형 틀로 찍어낸다. 남은 반죽은 30g씩 둥글리기 하여 벤치타임을 15분 주고 꽈배기 모양으로 성형한다.

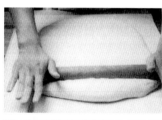

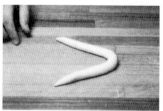

○ 2차 발효

천 위에서 발효시킨다. 반죽은 재둥글리기 과정이 없어 퍼지는데, 여기서 발효가 과다하면 제품에 나쁜 영향을 미친다. 따라서 주의 깊게 반죽 상태를 관찰한다. 약 30분 정도 지나면 튀길 수 있다. 기름 온도를 조절해 둔다.

○ 튀기기

윗부분을 아래로 가도록 해서 170~175℃의 기름에 넣는다. 튀김 시간은 위아래 각각 1분씩이지만, 볼륨이 생겨 옆면이 하얗게 남기 때문에 위아래를 뒤집어 옆면도 열전도를 좋게 한다. 기름을 빼고 식힌다.

○ 마무리

그라뉴당, 슈거파우더, 시나몬 슈거 등으로 마무리한다.

Berliner

296

베르리나

튀긴 과자에는 오랜 전통이 있다. 깨끗한 음식으로 기독교 의식에서는 빼놓을 수 없는 것이기도 하다. 지금도 그 관습이 남아 파싱스크랍펜이라는 카니발의 과자로 알려져 있다. 또한, 12월 31일, 마지막 날 밤에는 질베스터크랍펜을 먹었다. 옛날엔 이처럼 의식용 음식으로 만들었지만, 지금은 베르리나판쿠헨라는 이름으로 일상적인 음식이 되었다. 푸펠헨, 카라펠헨이라는 이름으로도 만들어진다.

- 제법 : **안자츠법**
- 밀가루 양 : 1kg
- 분량 : 40g / 45개분

안자츠

재료	(%)	(g)
프랑스분	40	400
생이스트	4	40
우유	55	550

본 반죽

재료	(%)	(g)
프랑스분	60	600
설탕	10	100
소금	1.2	12
버터	5	50
쇼트닝	5	50
노른자	10	100
레몬 껍질(간 것)		1개분
바닐라 페이스트		적당량

재료	(%)	(g)
잼		
그라뉴당		

공정과 조건	시간	총시간(분)
준비 재료 계량	10	0 10
안자츠 믹싱 손 반죽, 반죽 온도 28℃	5	15
발효 40분, 30℃	40	55
본 반죽 믹싱 (수직형 믹서) 1단-3분 2단-3분 3단-5분 반죽 온도 28℃	15	70
1차 발효 60분, 30℃	60	130
분할·성형 40g, 원형	15	145
2차 발효 50분 온도 33℃, 습도 70%	50	195
튀기기 약4분 기름 온도 165~170℃	15	210

> ### · POINT ·
>
> 베르리나는 옆면 중앙에 하얀 띠가 확실하게 있는 것이 좋다고 한다. 기름에 튀길 때 충분히 팽창하지 않으면 이 하얀 띠는 생기지 않는다. 반죽이 너무 부드러우면 하얀 띠 부분에 주름이 지기 쉬우므로, 반죽은 질지 않아야 한다. 반죽을 원형으로 성형하고 10분 후 위에서 눌러 약간 납작하게 한다. 반죽이 둥글면 튀길 때 위아래가 잘 뒤집어져 색이 서로 다를 수 있기 때문이다. 기름 흡수를 적게 하고 부드러운 크림을 가진, 씹는 맛이 좋은 제품을 상상해 만들도록 한다. 안에 들어가는 잼은 정해져 있지 않지만, 딸기나 프랑부아즈가 일반적이다.

공정 포인트

○ 안자츠

이스트반죽이 고배합일 경우, 발효의 안정을 목적으로 사용되는 방법이다. 베르리나에도 자주 사용된다. 가루의 양이 적은 경우는 나무주걱으로 섞어도 좋다. 단, 우유의 양이 밀가루보다 많으므로, 한 번에 넣지 말고 조금씩 밀가루와 섞는다. 전체가 다 섞이면 확실하게 반죽한다. 발효 시간은 30~40분이 적당하다.

○ 본 반죽 믹싱

1단에서 유지도 넣고 공기를 적게 품도록 믹싱한다. 공기가 많이 들어가면 반죽의 표면 부분에 기포가 생겨, 튀길 때 그 부분만 얇은 막을 형성하면서 부풀어 버린다. 믹싱 완료 시점은 일반적인 믹싱의 80% 정도에서 마친다. 반죽은 제대로 됐지만, 얇게 늘어나진 않는다. 반죽 온도는 28℃로 한다.

○ 1차 발효

60분 발효로, 약간 진 느낌이던 반죽이 매끄러워진다.

○ 분할·성형

40g씩 분할해 손바닥으로 눌러 가스를 확실하게 빼고, 원형으로 성형한다. 둥글린 반죽은 반죽용 천 위에 올린다. 10분 후, 반죽을 눌러 원반형으로 만든다.

○ 2차 발효

습도가 너무 높으면 표면에 기포가 생겨, 튀길 때 그 부분만 부풀기 때문에 표면이 건조해지지 않을 정도만 습도를 유지한다. 같은 이유로 온도도 약간 낮게 해 천천히 발효시킨다.

○ 튀기기

기름 온도를 165~170℃로 조절하고, 윗부분을 아래로 하여 기름에 넣고 뚜껑을 덮는다. 1분 후 엷게 색이 입혀지면 뒤집는다. 위와 아래가 같은 색이 되면, 다시 1~2회 뒤집으면서 하얀 띠 부분을 확실하게 만든다. 튀기는 시간은 위아래 합쳐 4분 정도다.

○ 마무리

전용 주입기로 잼을 안에 넣고, 표면에 그라뉴당을 뿌린다.

그 외 포인트

- 튀기기 시작할 때 뚜껑을 덮는 것은 표면의 건조를 막고, 볼륨을 내기 위해서다. 이렇게 하면 반죽의 열 전달도 좋아진다.
- 하얀 띠 부분은 열 전달이 약해 식으면 주름이 생기거나 찌그러진다. 뒤집어서 기름을 묻혀, 하얀 색을 남기면서 확실하게 만든다.
- 반죽에 기름이 흡수되지 않도록 만드는 것은 재료의 배합과 관련이 있다. 달걀의 양은 15%까지 제한하고, 그 이상을 넣을 땐 노른자만 넣는다. 유지의 양은 10% 정도, 설탕은 12%까지로 한다.

카레빵

도넛의 응용이라고도 하고, 피로슈키의 속이 다양해지면서 생겼다고도 한다. 어느 쪽이든 쇼와(1925년) 초기에 만들어진 일본산 빵이다. 카레는 메이지 시대 초기에 들어왔다. 속에 넣는 카레는 흘러 나오지 않도록 만든다.

- 제법 : **스트레이트법**
- 밀가루 양 : 1kg
- 분량 : 45g / 40개분

재료	(%)	(g)
강력분	80	800
박력분	20	200
설탕	8	80
소금	2	20
탈지분유	4	40
쇼트닝	10	100
노른자	8	80
생이스트	3.5	35
물	50	500

재료	(%)	(g)
카레		1,600
달걀		
빵가루		

공정과 조건	시간	총시간(분)
준비 재료 계량	10	0 10
믹싱 (수직형 믹서) 1단-3분 2단-3분 유지 1단-2분 3단-5분 반죽 온도 28℃	15	25
1차 발효 50분 30℃	50	75
분할 45g	30	105
성형 카레 40g 배 모양, 달걀과 빵가루를 묻힌다	10	115
2차 발효 40분 온도 33℃ 습도 70%	40	155
튀기기 3~4분 기름 온도 175~180℃	15	170

· POINT ·

반죽은 단맛이 나는 부드러운 맛이다. 카레는 향신료의 효과를 낸다. 막 튀겨 낸 빵은 크러스트가 바삭거려 씹는 맛을 즐길 수 있다. 반죽이 단단하거나 발효가 부족하면, 튀기고 있을 때 이음새가 벌어지므로 믹싱을 마무리할 때 반죽이나 발효 상태에 신경 쓴다.

공정 포인트

○ 믹싱

박력분을 배합하면 빵 속은 부드러워지지만 식감이 질퍽거리지 않도록 주의한다. 어느 정도 믹싱은 필요하나, 믹싱이 지나치면 반죽이 퍼지므로 적절한 믹싱 시간을 찾아야 한다. 반죽은 신장성이 약간 나쁠 정도면 완료한다. 반죽 온도는 27~28℃로 한다.

○ 1차 발효

50~60분간 발효시키며 발효 상태는 일반 빵 반죽과 같은 정도가 좋다.

○ 분할

45g씩 분할해 둥글리기 한다. 벤치타임은 15분.

○ 성형

밀대로 민 후 카레를 감싸고 배 모양으로 만든다. 물을 묻히거나 달걀물을 묻혀 빵가루를 뿌린다. 이음새를 아래로 하여 천 위에 올려 발효실로 옮긴다.

○ 2차 발효

반죽이 건조하면 갈라지는 원인이 되므로 습도 저하에 주의한다.

○ 튀기기

튀김 온도는 175~180℃로 조절하고, 반죽의 윗부분을 아래로 하여 튀긴다. 3~4분에 걸쳐 앞뒤로 색을 입힌다.

천연효모 *Levain naturel*

천연효모를 사용한 빵은 그 공정이 긴 만큼 빵이 만들어졌을 때의 기쁨도 크다. 마치 살아있는 생물을 만들어 길러낸 듯한 묘한 감동이 있다. 고대의 빵 만들기는 발효빵을 발견한 자연의 은혜로부터 시작됐다. 남은 반죽이 발효종에 의해 빵이 되었다는 것이지만, 이후 빵의 안정성을 위해 맥주효모를 이용하였고 이스트 제조에 다다랐다. 이스트를 이용한 빵의 역사는 짧지만, 그동안 여러 가지 맛을 만들어 발전해왔다. 발전하는 동안, 옛 자료를 참고로 해 다시 천연효모에 의한 빵의 맛에 이르렀다는 생각이 든다. 다만 시판되고 있는 이스트(효모)도 살아 있는 것으로, 공업적으로 빵용 효모로 순수 배양된 것이므로, 절대 인공적으로 만들어 낸 것이 아니라는 점을 확실히 해 둔다.

천연효모에는 이스트뿐만 아니라 세균도 들어 있다. 발효력은 약하지만 여러 세균들의 활동으로 인한 부산물인 유기산에 의해, 빵이 구워졌을 때 독특한 향과 신맛이 난다. 이것이 옛 맛을 신선하게 되살려, 자칫 획일화 될 뻔한 현대의 식생활에 받아들여진 이유이기도 할 것이다. 천연효모라고 해서 반드시 맛있는 빵이 되는 것도 아니고, 모든 종류의 빵에 적당한 것도 아니다. 중요한 것은 옛 제법을 일부러 현대에 사용할 때는 그 목적이 확실하다는 것이다.

천연효모의 이용 목적은

(1) 효모의 활동으로 만들어진 부산물에 의해 풍미를 만든다.

(2) 장시간 발효로 크럼이나 크러스트에 독특한 식감을 준다.

(3) 이스트만으로는 나타낼 수 없었던 풍부한 풍미의 맛있는 빵이 (1)과 (2)에 의해 만들어진다

천연효모에 관한 위의 목적에서 벗어난다면 그것은 단지 옛날식 빵이 되고 만다. 따라서 빵의 풍미를 개선하고, 또한 맛있도록 하기 위해서는 팽창을 도울 이스트의 힘을 빌리는 융통성도 가져야 한다.

종 만들기

천연효모의 재료로 맥주, 요구르트, 사과, 건포도를 사용했다. 종 만들기의 기본은 수용액을 만드는 온도를 조절해 3~4일간 방치해 효모를 거두어들이는 것이다. 이 발효액을 가루에 섞어 종을 만든다.

○ 맥주

일반 맥주는 살균공정을 거치기 때문에 맥주 안의 효모가 사멸하였으므로 종 만드는 것이 불가능하다. 따라서 효모가 들어 있는 맥주를 사용한다. 여기서 사용한 맥주는 효모가 들어 있는 벨기에산 맥주다.

○ 요구르트

시판되는 요구르트 가운데 생균이 들어 있는 것을 고른다. 요구르트 중에는 살균된 것도 있는데 이것으로는 종 만들기가 불가능하다. 모든 요구르트는 유산균이 들어 있어서 종 만들기가 비교적 안정적이다.

○ 사과

종 만들기에는 껍질을 사용하므로 무농약 사과나, 적게 사용한 사과가 종 만들기에 좋다. 품종은 따로 없지만 잘 익은 사과로 한다.

○ 건포도

캘리포니아나 커런트가 좋다. 설타너는 물로 씻은 것이 많아 종 만들기에 적당하지 않다. 건포도에는 과당이 많아 효모의 직접적인 영양분이 된다. 증식이 촉진돼 발효력도 높아진다. 재료 가운데 가장 안정적이다.

천연효모 포인트

- 재료에 따른 풍미의 차이는 단순한 빵에는 남지만, 버터나 달걀, 설탕이 많이 들어간 반죽은 이들의 풍미가 강해 종의 재료적인 특징이 나타나지 않는다.
- 반죽한 후의 리프레시 횟수가 적으면 적을수록 재료의 풍미가 남는다.
- 리프레시 횟수가 적을수록 발효력(이스트 균의 수)이 약하다.
- 리프레시 횟수가 늘어날수록, 반죽이 산화해 신맛도 증가한다.
- 리프레시를 반복하면 이스트균의 수가 증가해 발효력이 안정된다.
- 천연효모의 질은 만들어진 빵의 맛으로 결정된다. 풍미가 좋은 빵은 계속 먹어도 질리지 않는다.
- 효모의 증식에는 25~28℃가 적정 온도. 한편, 산은 30℃를 넘기면 순하게 되고, 20℃ 정도에서는 향이 강한 초산계로 변한다.
- 어떤 빵으로 만들 것인지 결정해, 종의 특성을 이해하고 발효력과 신맛을 조절한다.

○ 맥주종

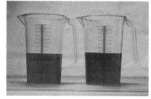

발효액		조건	
맥주	100%	온도	25~28℃
물	100%	발효	72~96시간
꿀	5%		

- 오른쪽이 3, 4일 방치한 것

맥주 바닥에 가라앉은 침전물을 잘 섞어 물과 합친 후 꿀을 첨가, 잘 섞어 3~4일간 방치한다. 액체에서 발포가 왕성하게 일어나면 사용할 수 있는 상태가 된 것이다. 이것을 거른 액체를 0.65로 나눈 양만큼 밀가루를 넣어 발효종을 만든다.

[TA165]

발효종		조건		발효	
강력분	100%	믹싱	1단 10분	15~20시간	
발효액	65%	반죽 온도	25℃	28℃	
꿀	1%				

- 믹싱 후

- 만들어진 종

○ 요구르트종

• 오른쪽이 3, 4일 방치한 것

요구르트는 신선한 생균을 사용한다. 물과 섞은 다음 꿀을 넣는다. 발효된 액체는 발포하며 신 냄새가 난다. 걸러 낸 액체량을 0.65로 나눠 그 양만큼 밀가루를 넣어 발효종을 만든다.

발효액		조건	
요구르트(플레인)	100%	온도	25~28℃
물	100%	발효	72~96시간
꿀	5%		

[TA165]

발효종		조건		발효
강력분	100%	믹싱	1단 10분	15~20분
발효액	65%	반죽 온도	25℃	28℃
꿀	1%			

○ 사과종

• 오른쪽이 3, 4일 방치한 것

사과는 껍질째 믹서에 간다. 물을 잘 섞은 다음 꿀을 넣는다. 발효된 액은 발포하며 알코올과 산을 섞어 놓은 냄새가 난다. 걸러 낸 액체를 0.65로 나눠 그 양만큼 밀가루를 넣어 발효종을 만든다.

발효액		조건	
사과	100%	온도	25~28℃
물	100%	발효	72~96시간
꿀	5%		

[TA165]

발효종		조건		발효
강력분	100%	믹싱	1단 10분	15~20시간
발효액	65%	반죽 온도	25℃	28℃
꿀	1%			

○ 건포도종

• 만들어진 종

건포도에 물을 넣고 잘 섞은 다음 꿀을 섞는다. 발효한 액은 발포해 알코올과 산을 섞어 놓은 냄새가 난다. 걸러 낸 액체를 0.65로 나눠 그 양만큼 밀가루를 넣어 발효종을 만든다.

발효액		조건	
건포도	100%	온도	25~28℃
물	100%	발효	72~96시간
꿀	5%		

[TA165]

발효종		조건		발효
강력분	100%	믹싱	1단 10분	15~20시간
발효액	65%	반죽 온도	25℃	28℃
꿀	1%			

※ 종만들기나 리프레시의 단계에서는 유해균이 번식할 수 있으므로 작업 장소는 한 곳으로 하고 작업 후의 위생관리를 철저히 한다.

Bierbrot

비어브로트

맥주종을 빵 반죽에 첨가해 발효, 팽창시켜 만든 것으로 맥주효모빵의 기원이라고 한다. 맥주를 이용한 빵 만들기에는 효모가 들어간 맥주가 필요하다. 살아 있는 효모를 첨가한 맥주는 현재 벨기에에서 수입된다. 구워진 빵에 맥주의 쓸쓸한 향이 남아 있으면, 이 발효종 빵은 성공이라고 할 수 있다.

- 제법 : **천연효모 (맥주종)**
- 밀가루 양 : 2kg
- 분량 : 400g / 8개분

재료	(%)	(g)
강력분	55	1,100
프랑스분	15	300
발효종 (맥주종)	55	1,100
설탕	2	40
소금	2	40
몰트 엑기스	0.3	6
쇼트닝	3	60
물	44	880

재료	(%)	(g)
양귀비 씨		

공정과 조건		시간/총시간(분)	
준비 재료 계량		10	0 / 10
믹싱 (스파이럴 믹서) 1단-6분 2단-2분] 반죽 온도 28~30℃		10	20
1차 발효 160분 (80분에 펀치) 35℃		160	180
분할 400g		30	210
성형 풋볼형		10	220
2차 발효 60분 온도 35℃, 습도 75%		60	280
굽기 약 30분 굽는 온도 220℃ 스팀		35	315

· POINT ·

발효종을 발효력이 있는 반죽으로 만드는 것이 포인트이다. 그러기 위해서는 종의 단계에서 온도 관리를 확실히 해야 한다. 크럼의 기포는 균일하지 못하며 볼륨을 확실히 내는 데에 주력한다. 크러스트는 하드계의 보통 정도로 만든다.

공정 포인트

○ 믹싱

반죽은 약간 질게 한다. 반죽이 되면 효모의 활동이 둔해지고 발효가 느려 볼륨 없는 빵이 된다. 발효력과 글루텐 조직의 균형이 맞지 않으면 원하는 크기가 나오지 않는다. 천연효모 빵의 경우, 믹싱은 부족한 듯 하는 게 좋다. 반죽 온도는 28~30℃로 조절한다.

○ 1차 발효

반죽의 발효는 서서히 진행된다. 발효 시간은 160분 정도 걸리고, 반 정도 지났을 때 펀치를 준다. 효모나 그 밖의 세균류 수가 부족한 느낌이므로 가스빼기를 한다. 이것은 반죽에 차 있던 탄산가스를 빼내고 새로운 산소를 넣어 효모의 활동을 활성화시킨다. 또한 글루텐에 자극을 주어, 반죽의 가스 보존력을 높인다.

○ 분할

빵 크기는 마음대로 설정해도 좋으나, 작으면 발효력이 떨어지므로 제품이 불안정해진다. 중량 150g 이상이 결과가 좋다.

○ 성형

반죽이 퍼지기 쉬우므로 구형이나 풋볼형처럼, 될 수 있으면 단순한 모양이 좋다. 전체의 가스를 빼서 3~4번 접어 성형한다. 양귀비 씨를 묻힐 경우, 흰자를 칠하면 구운 후에 잘 떨어지지 않는다.

○ 2차 발효

발효실에 넣고 40분 정도 지나면 반죽이 느슨해져 퍼지는 기미를 보인다. 발효종의 발효력이 강하기 때문에 일반적인 이스트 반죽에서 과발효의 상태라고 판단되는 정도까지 발효시킨다.

○ 성형

반죽을 슬립벨트에 올릴 때, 가능한 충격을 주지 않도록 신경 쓴다. 쿠프를 몇 개 넣고 스팀을 주입한 오븐에서 굽는다.

Joghurtbrot

308

요구르트브로트

독일의 호밀빵은 원래 사워종을 이용해 독특한 향과 신맛을 만들어 낸다. 여기에서는 요구르트로부터 종을 만들어 산화시킨 발효종을 사용한다. 호밀빵의 제빵성을 안정시켜 가벼운 빵으로 만들었다. 요구르트와 호밀은 잘 어울려 요구르트의 가벼운 신맛이 호밀의 흙 냄새를 없애 준다.

- 제법 : **천연효모 (요구르트종)**
- 가루 양 : 2kg
- 분량 : 400g / 8개분

재료	(%)	(g)
프랑스분	30	600
호밀분	40	800
발효종 (요구르트종)	55	1,100
소금	2	40
몰트 엑기스	1	20
쇼트닝	0.3	6
요구르트 (플레인)	5	100
물	38	760

· POINT ·

밀가루와 호밀분을 6:4 비율로 섞어 크럼의 기공이 약간 크고, 가벼운 듯한 빵으로 만든다. 요구르트에서는 안정된 종이 만들어지나, 리프레시 횟수가 적으면 조건이 나쁠 경우 발효력이 떨어진다. 이럴 때는 리프레시를 1, 2번 더 해주면 좋다.

공정과 조건	시간	총시간(분)
준비 재료 계량	10	0 10
믹싱 (스파이럴 믹서) 1단-5분 ⎫ 2단-2분 ⎭ 반죽 온도 28℃	10	20
1차 발효 160분 (80분에 펀치) 30℃	160	180
분할 200g, 400g	30	210
성형 풋볼형	10	220
2차 발효 60~70분 온도 35℃, 습도 70%	70	290
굽기 약 40분 굽는 온도 220℃ 스팀	45	335

309

공정 포인트

○ 믹싱

호밀이 많이 들어가 있으므로, 물의 흡수가 늘어난다. 또한 100% 밀가루 반죽만큼 글루텐 형성이 필요하지 않으므로, 믹싱 시간은 짧게 한다. 발효종이 균일하게 반죽에 섞인 것을 확인한다. 반죽 온도는 28℃.

○ 1차 발효

믹싱한 반죽은 질퍽거리나 신장성은 좋다. 원래는 질퍽임이 없어지면 바로 분할하나, 이스트를 첨가하지 않으므로 발효력의 부족을 보충하기 위해 발효를 확실히 시킨다. 호밀이 많이 들어 있는 반죽은 가스빼기의 필요성이 없으나 천연효모 반죽은 한 번 가스빼기를 해 신장성을 주는 편이 안정된다. 가스빼기는 반죽을 접는 정도로 가볍게 한다.

○ 분할

반죽은 가능한 크게 분할하는 편이 좋다. 분할 중량이 작으면 효모의 수가 적으므로 제품이 불안정하다. 200g과 400g씩 분할해 둥글리기 한다.
벤치타임은 15분 준다.

○ 성형

200g씩 분할한 것은 막대형으로 만들어 두 개씩 연결하고, 400g은 성형해 그대로 둔다. 반죽 안에 있는 가스가 전부 빠져나가지 않도록 가볍게 성형한다. 가스를 빼 버리면 발효에 시간이 걸리고, 세게 성형하면 반죽의 결합이 나빠져, 발효시킬 때나 구울 때 반죽이 끊어지는 위험이 있다. 반죽이 퍼지지 않도록 천을 접은 후 반죽을 올린다.

○ 2차 발효

반죽의 팽창이 느리고 약해 굽기시점에 대한 판단이 이스트반죽과 다르다. 30~40분에 반죽은 퍼지기 시작하나, 발효종의 힘이 예상외로 강하므로 반죽은 약간 지나친 정도까지 발효시킨다.

○ 성형

슬립벨트 위에 반죽을 올려, 호밀분을 가볍게 뿌리고 피케 롤러로 표면에 구멍을 낸다. 온도는 보통 호밀빵을 구울 때처럼 낮게 충분히 굽는다. 3분 후 5분간 댐퍼를 열고 스팀을 뺀다.

Raisin loaf

레이즌 로프

천연효모의 재료로 제일 안정된 것이 건포도라고 한다. 건포도는 자체에 과당이 많이 함유되어 있어 효모의 영양원이 되기 때문에 발효시키기 쉬운 재료이다. 프랑스의 뺑 드 캉파뉴나 뺑 오 르방에도 건포도종이 사용된다. 건포도의 발효종은 안정적이지만 반죽이 무거워지거나 힘이 부족해져, 추가하는 건포도나 호두의 양에는 한계가 있다. 치즈를 넣어 샌드위치로 만들면 상승효과로 인해 풍미가 좋아져 좀 더 맛있게 먹을 수 있다.

- 제법 : **천연효모 (건포도종)**
- 가루 양 : 2kg
- 분량 : 240g×2 소형틀 / 8개분

재료	(%)	(g)
강력분	70	1,400
발효종-건포도종	55	1,100
설탕	5	100
소금	1.8	36
탈지분유	3	60
쇼트닝	5	100
노른자	5	100
물	48	960
호두	10	200
건포도	10	200

· POINT ·

크림이 잘 늘어난 산모양처럼 되야 하므로 건포도와 호두의 배합은 제한한다. 볼륨을 내지 않고 되직하게 굽는다면, 건포도와 호두를 각각 25% 정도 배합할 수 있다. 반죽의 결합이 약간 나쁘므로 믹싱을 충분히 돌린다.

공정과 조건	시간	/총시간(분)
준비 재료 계량	10	0 10
믹싱 (수직형 믹서) 1단-2분 2단-5분 유지 1단-2분 3단-4분 4단-1분 건포도 호두 2단-1분 반죽 온도 28~30℃	20	30
1차 발효 160분 (90분에 펀치) 35℃	160	190
분할 240g×2, 용적비 3.5	30	220
성형 (소형 틀) 원형이나 타원형	10	230
2차 발효 90분 온도 35℃, 습도 75%	90	320
굽기 약 30분 굽는 온도 [윗불 200℃ 아랫불 210℃	40	360

공정 포인트

○ 믹싱

발효 중 건포도가 반죽 안의 수분을 흡수하므로, 반죽은 약간 질게 한다. 믹싱 시간이 길어서 질퍽한 느낌이 들지만 발효 중에 회복되므로, 반죽을 되게 할 필요는 없다. 얇은 막으로 잘 늘어나는 상태까지 믹싱한다.

○ 1차 발효

반죽의 발효는 서서히 진행된다. 발효 시간은 160분 정도 걸리고, 중간쯤 가스빼기를 한다. 가스빼기는 반죽에 차 있던 탄산가스를 빼내고 새로운 산소를 넣어 효모의 활동을 활성화시킨다. 한편 글루텐에 자극을 주어, 반죽 안의 가스 보전력을 높인다.

○ 분할

분할은 틀에 맞춰서 한다. 용적비는 3.5 정도로 보면 된다. 과일이나 너트의 양이 많은 경우에는 반죽 양도 증가한다. 일반적인 둥글리기를 하고 벤치타임을 15분 준다.

○ 성형

힘을 가하면 반죽이 끊어지므로 강한 성형은 하지 않는다. 과일류가 표면에 나오지 않도록 주의하고, 반죽 표면을 매끄럽게 당겨 주는 상태로 둥글리기 한다. 틀에 넣을 때 이음새가 바닥에 오도록 담는다.

○ 2차 발효

틀의 100~105% 정도까지 발효시킨다. 발효종의 활성상태에 따라 발효 시간에 다소 차이가 있으므로, 반죽의 상태를 보면서 굽기로 이동한다.

○ 굽기

달걀물을 칠해 오븐에 넣는다. 약간 낮은 온도에서 충분히 구워야 입 안에서 느낌이 좋은 제품이 된다. 윗면은 타기 쉬우므로 윗불을 낮게 설정한다.

Apple roll

애플 롤

사과에서 만든 종은 향이 부드럽지만 완성된 빵에는 그 향이 거의 남아 있지 않다. 풍미를 좋게 하기 위해 말린 사과를 넣으면 제품의 특징을 살릴 수 있다. 다만, 발효력이 약하므로 첨가량은 제한한다. 노른자의 첨가는 크림을 부드럽게 하고 씹는 맛을 좋게 한다. 천연효모로 소프트계의 고배합 빵을 만들려면, 어떻게 해도 발효력이 부족해 볼륨을 내기가 어렵다.

- 제법 : **천연효모 (사과종)**
- 밀가루 양 : 2kg
- 분량 : 200g / 19개분

재료	(%)	(g)
강력분	70	1,400
발효종-사과종	55	1,100
설탕	12	240
소금	1.8	36
탈지분유	2	40
버터	2	40
쇼트닝	2	40
노른자	4	80
물	48	960
말린 사과	5	100

· POINT ·

막대형으로 굽기 때문에 외관상으론 딱딱하게 보이지만 크림의 기포는 가능한 잘고, 부드럽고 식감이 가벼운 빵을 만든다. 말린 사과의 첨가로 사과향을 강조하고 상큼한 신맛을 가진 빵으로 만든다. 크러스트도 가볍게 굽는다.

공정과 조건	시간/총시간(분)	
준비 재료계량	10	0 10
믹싱 (수직형 믹서) 1단-3분　2단-5분　유지 1단-2분　3단-3분　4단-1분 사과　　2단-1분 반죽 온도 28℃	20	30
1차 발효 180분 (100분에 펀치) 30℃	180	210
분할 150~200g	30	240
성형 20~25㎝의 막대형	15	255
2차 발효 60분 온도 35℃ 습도 75%	60	315
굽기 25분 굽는 온도 200℃	25	340

공정 포인트

○ 믹싱

반죽은 질게 한다. 반죽에 유연성이 없으면, 볼륨이 부족하게 된다. 또한, 진 반죽은 발효도 빨라 반죽의 안정으로도 연결된다. 믹싱은 반죽의 막이 얇게 늘어날 때까지 충분히 돌린다. 믹싱한 반죽은 질퍽한 상태가 된다. 반죽 온도는 28℃로 조절한다.

○ 1차 발효

사과의 발효종은 재료의 차이에 따라 발효가 불규칙하기 쉽다. 이것은 발효력에 큰 영향을 준다. 발효 시간은 어디까지나 눈으로 판단한다. 반죽의 팽창을 보고 (믹싱 직후의 250~300%) 발효를 완료한다. 발효종이 좋으면 발효 시간은 약 180분 정도 걸린다. 100분쯤에 가스빼기를 한다. 반죽 안에 있던 탄산가스를 빼내고 새로운 산소를 넣어 효모의 활동을 활성화시킨다. 한편 글루텐에 자극을 주어 반죽 안의 가스 보전력을 높인다.

○ 분할

분할은 틀에 맞춰서 한다. 여기서는 200g씩 분할해 둥글리기 한다. 벤치타임은 15분 준다.

○ 성형

반죽 안에 포함되어 있는 가스를 완전히 빼지 않도록 가볍게 성형한다. 반죽은 가능한 무리를 주지 않게 성형하는 것이 발효를 원만하게 한다. 이는 구워진 빵의 형태를 보존하고 부드러운 빵으로 만든다. 반죽을 접어 성형하면서 20㎝ 길이의 막대형으로 늘인다. 틀에 담아 발효실에 넣는다.

○ 2차 발효

틀에 넣어 굽기 때문에 반죽이 옆으로 퍼지는 것을 막는다. 발효종의 발효력은 예상외로 강해, 충분히 발효시키지 않으면 굽기 중 반죽이 끊어질 수 있다. 발효는 반죽이 꽤 퍼진 상태가 될 때까지 한다.

○ 굽기

달걀물을 칠하고 표면을 가위로 잘라 오븐에 넣는다. 배합에 당분이 많아 표면이 타기 쉬우므로 주의한다. 틀을 사용해 굽는 빵은 아랫불을 약간 높게 해 굽는다.

나타나기 쉬운 빵의 주요 결함과 원인 및 대책

○ 단순한 반죽

주요 결함	원인	대책
볼륨 부족. 납작한 빵 쿠프 주변이 부풀어오르지 않는다	반죽의 힘이 부족. 신장성이 부족	믹싱을 강하게 돌린다 펀치를 세게 넣는다. 성형을 확실히 한다
볼륨 과잉 빵이 너무 가볍다. 맛이 옅다	반죽의 힘이 강하다. 글루텐 함유가 많다 이스트가 많다	믹싱을 억제한다. 밀가루의 힘을 떨어뜨린다 펀치나 성형할 때 반죽을 너무 당기지 않도록 한다
빵 바닥이 둥글다	반죽이 되다 발효가 부족하다	반죽을 질게 한다 발효실에서 발효를 충분히 시킨다

○ 크러스트와 크럼

주요 결함	원인	대책
쿠프의 갈라짐이 심해 식감이 나쁘다	반죽의 힘이 강하다 반죽의 신장성 부족. 반죽이 되다	믹싱을 억제한다 반죽을 질게 한다
크러스트가 두껍다	반죽이 되다. 발효가 부족하다 굽는 온도가 낮다	반죽을 질게 하고, 믹싱을 약간 강하게 한다 발효실에서 발효를 확실히 시킨다
크러스트가 얇다	반죽이 질다. 믹싱을 너무 돌렸다 굽기 부족	스팀 양을 조절한다 굽기 시간을 길게 한다
크러스트의 일부가 뾰족하다	굽기 전 스팀을 너무 많이 주입하였다 반죽이 질다	굽기 전 스팀 양을 조절한다 굽기 시간을 길게 한다
크러스트에 윤기가 없다	반죽이 되다. 구울 때 스팀이 부족하다 발효실에서의 발효과다	반죽의 신장성을 좋게 하기 위해 반죽을 강화시킨다 구울 때 스팀을 적당량 주입 굽는 시간을 길게 한다
크러스트가 거칠다	구울 때 스팀 양이 많다 발효실 온도가 높다	구울 때 스팀 양을 적은 듯 주입한다
크러스트에 기공이 있다	발효실 온도가 높다. 오븐의 온도가 높다 발효 시간이 너무 길다	발효실 온도를 적정하게 조정한다. 반죽의 숙성을 빨리 하기 위해 이스트 양, 반죽 온도를 조절한다
크럼에 점성이 있다	반죽의 숙성이 부족하다 반죽이 너무 부드럽다. 굽기 부족	발효 시간을 길게 한다 반죽을 단단하게 한다
크럼의 기공이 조밀하다	반죽의 숙성 부족 발효 부족	발효를 충분히 시킨다
크럼에 선이 있다	반죽이 단단하다 반죽의 숙성 부족	반죽을 부드럽게 하고 믹싱을 길게 한다 반죽을 충분히 발효시킨다
크럼의 기공이 크다	믹싱이 강하다 이스트 양이 부족하다	이스트 양을 조절, 적당하게 발효시킨다 믹싱을 모자란 듯 돌려, 반죽의 발효를 빨리 처리

○ 틀에 굽는 빵

주요 결함	원인	대책
크러스트가 단단하다	반죽이 되다 믹싱 부족으로 반죽의 신장성이 나쁘다	반죽을 질게 하고, 믹싱을 강하게 돌려 반죽이 잘 늘어나게 한다
빵에 각이 졌다	반죽이 질다. 반죽의 숙성부족 발효실 습도가 높다. 발효실에서의 발효과다	반죽의 힘을 강하게 한다. 믹싱을 강하게 한다 발효실에서 발효를 조절
구울 때 기포가 생겼다	성형할 때 가스빼기가 부족 발효실 온도가 높다	성형을 정성껏 한다. 발효실의 적절한 습도
바닥이 떠 있다	반죽의 힘이 강하다 반죽이 되다	믹싱을 줄인다. 펀치를 약하게 한다 반죽을 질게 한다
케이프인(cape-in)현상이 나타났다	반죽이 질다 틀에 비해 반죽의 양이 많다 굽는 온도가 높아 굽기가 부족	반죽을 되게 한다. 분할 중량을 조절한다 굽기 시간을 조절한다

○ 부드러운 빵

주요 결함	원인	대책
크럼이 점성을 가진다	반죽의 힘이 부족, 굽기 부족 반죽이 너무 질다	믹싱을 강하게 한다 발효 시간을 충분히 준다
크럼의 기포에 구멍이 있다	성형의 결함	성형할 때 가스빼기를 충분히 하고 정성껏 성형한다
표면에 주름이 있다	반죽의 힘이 강하다. 반죽이 너무 질다 발효실의 습도가 높다. 굽기 부족 달걀물의 농도가 진하다	믹싱을 억제한다. 반죽을 되게 한다 발효실 습도를 적당량 조절 달걀물을 연하게 한다
볼륨 부족 납작한 빵	반죽의 힘 부족. 성형할 때 반죽의 당김이 약하다 발효실에서의 과다발효	믹싱을 강화한다. 성형을 확실히 한다 발효실에서의 발효를 적당량 준다
크러스트가 얼룩지다	발효실 온도가 높다. 굽기 전에 반죽에 충격을 주었다	발효실의 온도, 습도, 시간을 적절히 조절한다
크럼의 기공이 조밀하다	반죽의 숙성이 부족하다 발효가 약하다. 반죽의 힘이 부족하다	발효 시간을 길게 한다. 믹싱을 강화한다 발효를 충분히 준다
크럼의 기공이 거칠다	반죽이 질다. 반죽의 힘 부족. 발효력의 부족	믹싱을 강화한다. 이스트의 양을 조절한다
바닥이 부풀어올랐다	반죽이 되다. 발효가 약하다 오븐의 온도(아랫불)가 약하다	반죽을 질게 한다. 굽는 온도를 높인다 발효실에서의 발효를 충분히 준다
바닥이 갈라졌다	반죽이 되다. 발효가 약하다 성형할 때 반죽의 당김이 불충분하다	반죽을 질게 한다. 성형을 확실히 한다

나타나기 쉬운 빵의 주요 결함과 원인 및 대책

○ 하드계

주요 결함	대책
빵을 가볍게 하고 싶다	믹싱을 강화한다 (산화를 촉진한다) 발효력을 높인다. 발효를 충분히 준다
빵의 중량감을 늘이고 싶다	가루의 힘을 떨어뜨린다 믹싱을 억제한다 (결합을 중심으로 한 믹싱) 발효종을 이용한다. 발효를 빠른 듯이 처리한다
빵의 풍미를 좋게 하고 싶다	발효종을 이용한다. 발효 시간을 길게 한다 천연효모를 첨가한다
빵의 보존력을 좋게 하고 싶다	이스트를 적게 넣는다. 발효 시간을 충분히 준다 발효종을 이용한다 물의 흡수를 높인다. 호밀분을 첨가한다

○ 소프트계

주요 결함	대책
빵을 부드럽게 하고 싶다	밀가루의 힘을 떨어뜨린다. 믹싱을 억제한다 노른자의 배합을 늘린다
식감을 좋게 하고 싶다	밀가루의 힘을 늘린다. 발효력을 강화한다 반죽을 되게 한다. 펀치를 넣는다
보존성을 좋게 하고 싶다	이스트의 양을 줄인다. 발효 시간을 길게 한다 노른자의 배합을 늘린다. 물의 흡수를 늘린다

색인

INDEX

Technik für das Backen

프로 제빵 테크닉

저자	에자키 오사무
역자	월간 파티시에
발행인	장상원
편집인	이명원

새 번 역
2쇄 발행 2021년 8월 3일

발행처 (주)비앤씨월드
출판등록 1994. 1. 21. 제16-818호
주소 서울특별시 강남구 청담동 40-19 서원빌딩 3층
전화 (02)547-5233   팩스 (02)549-5235

ISBN 979-11-86519-00-4 93590

http://www.bncworld.co.kr

이 도서의 국립중앙도서관 출판예정도서목록(CIP)은 서지정보유통지원시스템 홈페이지(http://seoji.nl.go.kr)와
국가자료공동목록시스템(http://www.nl.go.kr/kolisnet)에서 이용하실 수 있습니다. (CIP제어번호 : CIP2015011781)